U0361296

工程建设标准规范分类汇编

建筑防水工程技术规范

（修 订 版）

中国建筑工业出版社　编

中国建筑工业出版社
中国计划出版社

图书在版编目（CIP）数据

建筑防水工程技术规范/中国建筑工业出版社编．修订版．—北京：中国建筑工业出版社，中国计划出版社，2003
（工程建设标准规范分类汇编）
ISBN 7－112－06007－9

Ⅰ．建…　Ⅱ．中…　Ⅲ．建筑防水-建筑规范-中国　Ⅳ．TU761.1－65

中国版本图书馆 CIP 数据核字（2003）第 080344 号

工程建设标准规范分类汇编
建筑防水工程技术规范
（修订版）
中国建筑工业出版社　编
*
中国建筑工业出版社
中 国 计 划 出 版 社　出版
新 华 书 店 经 销
北京市兴顺印刷厂印刷
*
开本：787 × 1092 毫米　1/16　印张：15¼　字数：378 千字
2003 年 11 月第二版　2003 年 11 月第五次印刷
印数：10,501 — 15,500 册　定价：37.00 元
ISBN 7-112-06007-9
TU · 5280（12020）
版权所有　翻印必究
如有印装质量问题，可寄本社退换
（邮政编码　100037）
本社网址：http://www.china-abp.com.cn
网上书店：http://www.china-building.com.cn

修 订 说 明

“工程建设标准规范汇编”共35分册，自1996年出版（2000年对其中15分册进行了第一次修订）以来，方便了广大工程建设专业读者的使用，并以其“分类科学，内容全面、准确”的特点受到了社会的好评。这些标准是广大工程建设者必须遵循的准则和规定，对提高工程建设科学管理水平，保证工程质量和工程安全，降低工程造价，缩短工期，节约建筑材料和能源，促进技术进步等方面起到了显著的作用。随着我国基本建设的发展和工程技术的不断进步，国务院有关部委组织全国各方面的专家陆续制订、修订并颁发了一批新标准，其中部分标准、规范、规程对行业影响较大。为了及时反映近几年国家新制定标准、修订标准和标准局部修订情况，我们组织力量对工程建设标准规范分类汇编中内容变动较大者再一次进行了修行。本次修订14册，分别为：

《混凝土结构规范》
《建筑结构抗震规范》
《建筑工程施工及验收规范》
《建筑工程质量标准》
《建筑施工安全技术规范》
《室外给水工程规范》
《室外排水工程规范》
《地基与基础规范》
《建筑防水工程技术规范》
《建筑材料应用技术规范》
《城镇燃气热力工程规范》
《城镇规划与园林绿化规范》
《城市道路与桥梁设计规范》
《城市道路与桥梁施工验收规范》

本次修订的原则及方法如下：

（1）该分册内容变动较大者；

（2）该分册中主要标准、规范内容有变动者；

（3）“▲”代表新修订的规范；

（4）“●”代表新增加的规范；

（5）如无局部修订版，则将“局部修订条文”附在该规范后，不改动原规范相应条文。

修订的2003年版汇编本分别将相近专业内容的标准汇编于一册，便于对照查阅；各册收编的均为现行标准，大部分为近几年出版实施的，有很强的实用性；为了使读者更深刻地理解、掌握标准的内容，该类汇编还收入了有关条文说明；该类汇编单本定价，方便各专业读者购买。

该类汇编是广大工程设计、施工、科研、管理等有关人员必备的工具书。

关于工程建设标准规范的出版、发行，我们诚恳地希望广大读者提出宝贵意见，便于今后不断改进标准规范的出版工作。

中国建筑工业出版社

2003年8月

目　录

"▲"代表新修订的规范；"●"代表新增加的规范。

中华人民共和国国家标准

地下工程防水技术规范

Technical code for waterproofing of underground works

GB 50108—2001

主编部门：国家人民防空办公室
批准部门：中华人民共和国建设部
施行日期：2001年12月31日

关于发布国家标准《地下工程防水技术规范》的通知

建标［2001］140号

根据我部《关于印发一九九八年工程建设国家标准制订、修订计划（第一批）的通知》（建标［1998］94号）的要求，由国家人民防空办公室会同有关部门共同修订的《地下工程防水技术规范》，经有关部门会审，批准为国家标准，编号为GB 50108—2001，自2001年12月31日起施行，其中，3.1.8、3.2.1、3.2.2、4.1.3、4.1.6（2、3）、4.1.18、4.1.22（1）、4.3.4、5.1.3、5.1.4、9.0.5（1）为强制性条文，必须严格执行。自本规范施行之日起，原国家标准《地下工程防水技术规范》GBJ 108—87、《地下防水工程施工及验收规范》GBJ 208—83同时废止。

本规范由国家人民防空办公室负责管理，由总参工程兵科研三所负责具体解释工作，建设部标准定额研究所组织中国计划出版社出版发行。

中华人民共和国建设部

二〇〇一年七月四日

前　言

本规范是根据建设部建标［1998］94号文的要求，由主编部门国家人民防空办公室组织，具体由总参工程兵科研三所会同山西建工集团总公司等单位共同修编完成。该规范于2000年6月经全国审查会议通过，并以建设部建标［2001］140号文批准，由建设部和国家质量监督检验检疫总局联合发布。

《地下工程防水技术规范》在修编过程中，修编组经过广泛地调查研究和收集资料，在总结我国地下工程防水近年来实践经验的基础上，参考有关国际标准，并广泛征求全国有关单位的意见，对《地下防水工程施工及验收规范》（GBJ 208—83）、《地下工程防水技术规范》（GBJ 108—87）中设计、施工方面的内容进行了修订。这次修订的主要内容有：在整体结构上，按地下工程结构主体防水、细部构造防水、排水的思路重新划分章节，进行改写；在设计内容中，增加了对防水等级标准进行量化、对采用不同施工方法的地下工程制定相应防水设计方案等内容；对常用防水方法和材料进行了较大的修改，增加了“塑料防水板防水层”的内容，对选用的材料提出了相应的技术性能指标，对防水混凝土抗渗等级的选取提出了新的规定；在细部构造防水内容中，增加了“预留通道接头”、“桩头”的防水做法，对变形缝的设计、施工补充了有关内容；增加了“逆筑结构”有关防水做法。经修订，原规范（GBJ 108—87）10章32节179条现为10章36节285条，这将为保证地下工程防水质量发挥重要作用。

本规范由国家人民防空办公室负责管理，具体解释由总参工程兵科研三所负责。在规范执行过程中，请各单位结合工程实践，认真总结经验，如发现需要修改和补充之处，请将意见和建议寄交总参工程兵科研三所（地址：河南洛阳，邮政编码：471023 传真：0379－5981432），以供今后修订时参考。

本规范主编单位、参编单位和主要起草人：

主 编 单 位： 总参工程兵科研三所

参 编 单 位： 山西建工集团总公司
冶金建筑研究总院
铁道部专业设计院
中国建筑科学研究院
上海隧道工程轨道交通设计研究院
天津市人防设计研究院
上海市人防科研所
铁道部隧道局科研所

主要起草人： 雷志梁　朱忠厚　朱祖熹　张玉玲
姚源道　李承刚　孟文斌　卓　越
冀文政　梁宝华　哈成德　韩忠存
蔡庆华　沈秀芳　刘慧玲

本规范修编过程中得到北京橡胶十厂建筑防水工程公司、北京金汤建筑防水有限公司、哈尔滨雪佳防水材料厂、上海长宁橡胶厂、浙江金华华夏注浆材料有限公司的大力协助。

目　次

1 总 则

1.0.1 为使地下工程防水的设计和施工符合确保质量、技术先进、经济合理、安全适用的要求，制订本规范。

1.0.2 本规范适用于工业与民用建筑地下工程、市政隧道、防护工程、山岭及水底隧道、地下铁道等地下工程防水的设计和施工。

1.0.3 地下工程防水的设计和施工应遵循“防、排、截、堵相结合，刚柔相济，因地制宜，综合治理”的原则。

1.0.4 地下工程防水的设计和施工必须符合环境保护的要求，并采取相应措施。

1.0.5 地下工程的防水，应采用经过试验、检测和鉴定并经实践检验质量可靠的新材料，行之有效的新技术、新工艺。

1.0.6 地下工程防水的设计和施工除应符合本规范外，尚应符合国家现行的有关强制性标准的规定。

2 术 语

2.0.1 遇水膨胀止水条 water swelling strip

具有遇水膨胀性能的遇水膨胀腻子条和遇水膨胀橡胶条的统称。

2.0.2 可操作时间 operational time

单组份材料自容器打开或多组份材料自混合起，至不适宜施工的时间。

2.0.3 涂膜抗渗性 impermeability of film coating

涂膜抵抗地下水渗入地下工程内部的性能。

2.0.4 涂膜耐水性 water resistance of film coating

涂膜在水长期浸泡下保持各种性能指标的能力。

2.0.5 聚合物水泥防水涂料 polymer cement water proof coating

以聚合物乳液和水泥为主要原料，加入其他添加剂制成的双组份水性防水涂料。

2.0.6 塑料防水板防水层 water-proofing course of water-tight plastic sheet

采用由工厂生产的具有一定厚度和抗渗能力的高分子薄板或土工膜，铺设在初期支护与内衬砌间的防水层。

2.0.7 暗钉圈 concealed nail washer

设置于塑料防水板内侧，并由与防水板相热焊的材料组成，用于固定防水板的垫圈。

2.0.8 无钉铺设 non-nails layouts

将塑料防水板通过热焊固定于暗钉圈上的一种铺设方

法。

2.0.9 背衬材料 backing material

嵌缝作业时填塞在嵌缝材料底部并与嵌缝材料无粘结力的材料，其作用在于缝隙变形时使嵌缝材料不产生三向受力。

2.0.10 加强带 strengthening band

在原留设伸缩缝或后浇带的部位，留出一定宽度，采用膨胀率大的混凝土与相邻混凝土同时浇筑的部位。

2.0.11 诱导缝 inducing joint

通过适当减少钢筋对混凝土的约束等方法在混凝土结构中设置的易开裂的部位。

2.0.12 预注浆 pre-grouting

工程开挖前使浆液预先充填围岩裂隙，达到堵塞水流、加固围岩目的所进行的注浆。可分为工作面预注浆，即超前预注浆；地面预注浆，包括竖井地面预注浆和平巷地面预注浆。

2.0.13 高压喷射注浆法 high-pressurized jet grouting

将带有特殊喷嘴的注浆管置入土层的预定深度后，以20MPa以上的高压喷射流，使浆液与土搅拌混合，硬化后在土中形成防渗帷幕的一种注浆方法。

2.0.14 衬砌前围岩注浆 surrounding ground grouting before lining

工程开挖后，在衬砌前对毛洞的围岩加固和止水所进行的注浆。

2.0.15 回填注浆 back-fill grouting

在工程衬砌完成后，为充填衬砌和围岩间空隙所进行的注浆。

2.0.16 衬砌后围岩注浆 surrounding ground grouting after lining

在回填注浆后需要增强防水能力时，对围岩进行的注浆。

2.0.17 凝胶时间 gel time

浆液自配制时起至不流动时止这段时间。

2.0.18 衬砌内注浆 lining grouting

由于衬砌缺陷引起渗漏水时，在衬砌内进行的注浆。

2.0.19 复合管片 composite segment

钢板与混凝土复合制成的管片。

2.0.20 密封垫沟槽 gasket groove

为使密封垫正确就位、牢固固定、并使垫片被压缩的体积得以储存，而在管片混凝土环、纵面预设的沟槽。

2.0.21 密封垫 gasket

由工厂加工预制，在现场粘贴于管片密封垫沟槽内，用于管片接缝防水的垫片。分为以弹性压密止水的具有特殊形状断面的弹性橡胶密封垫和以遇水膨胀止水的遇水膨胀橡胶密封垫两类。

2.0.22 螺孔密封圈 bolt hole sealing washer

为防止管片螺栓孔渗漏水而设置的密封垫圈。通常将它套在螺杆上，利用螺母、垫片压密，从而堵塞混凝土孔壁与螺栓间的孔隙，满足防水要求。

2.0.23 自流平水泥 artesian cement

在低水灰比下不经振捣能使净浆、砂浆或混凝土达到预定强度和密实度的特种水泥。

3 地下工程防水设计

3.1 一 般 规 定

3.1.1 地下工程必须进行防水设计，防水设计应定级准确、方案可靠、施工简便、经济合理。

3.1.2 地下工程必须从工程规划、建筑结构设计、材料选择、施工工艺等全面系统地做好地下工程的防排水。

3.1.3 地下工程的防水设计，应考虑地表水、地下水、毛细管水等的作用，以及由于人为因素引起的附近水文地质改变的影响。单建式的地下工程，应采用全封闭、部分封闭防排水设计；附建式的全地下或半地下工程的防水设防高度，应高出室外地坪高程500mm以上。

3.1.4 地下工程的钢筋混凝土结构，应采用防水混凝土，并根据防水等级的要求采用其他防水措施。

3.1.5 地下工程的变形缝、施工缝、诱导缝、后浇带、穿墙管（盒）、预埋件、预留通道接头、桩头等细部构造，应加强防水措施。

3.1.6 地下工程的排水管沟、地漏、出入口、窗井、风井等，应有防倒灌措施，寒冷及严寒地区的排水沟应有防冻措施。

3.1.7 地下工程防水设计，应根据工程的特点和需要搜集有关资料：

1 最高地下水位的高程、出现的年代，近几年的实际水位高程和随季节变化情况；

2 地下水类型、补给来源、水质、流量、流向、压力；

3 工程地质构造，包括岩层走向、倾角、节理及裂隙，含水地层的特性、分布情况和渗透系数，溶洞及陷穴，填土区、湿陷性土和膨胀土层等情况；

4 历年气温变化情况、降水量、地层冻结深度；

5 区域地形、地貌、天然水流、水库、废弃坑井以及地表水、洪水和给水排水系统资料；

6 工程所在区域的地震烈度、地热，含瓦斯等有害物质的资料；

7 施工技术水平和材料来源。

3.1.8 地下工程防水设计内容应包括：

1 防水等级和设防要求；

2 防水混凝土的抗渗等级和其他技术指标，质量保证措施；

3 其他防水层选用的材料及其技术指标，质量保证措施；

4 工程细部构造的防水措施，选用的材料及其技术指标，质量保证措施；

5 工程的防排水系统，地面挡水、截水系统及工程各种洞口的防倒灌措施。

3.2 防 水 等 级

3.2.1 地下工程的防水等级分为四级，各级的标准应符合表3.2.1的规定。

3.2.2 地下工程的防水等级，应根据工程的重要性和使用中对防水的要求按表3.2.2选定。

表 3.2.1 地下工程防水等级标准

防水等级	标准
一级	不允许渗水，结构表面无湿渍
二级	不允许漏水，结构表面可有少量湿渍 工业与民用建筑：总湿渍面积不应大于总防水面积（包括顶板、墙面、地面）的 1/1000；任意 $100m^2$ 防水面积上的湿渍不超过 1 处，单个湿渍的最大面积不大于 $0.1m^2$ 其他地下工程：总湿渍面积不应大于总防水面积的 6/1000；任意 $100m^2$ 防水面积上的湿渍不超过 4 处，单个湿渍的最大面积不大于 $0.2m^2$
三级	有少量漏水点，不得有线流和漏泥砂 任意 $100m^2$ 防水面积上的漏水点数不超过 7 处，单个漏水点的最大漏水量不大于 2.5L/d，单个湿渍的最大面积不大于 $0.3m^2$
四级	有漏水点，不得有线流和漏泥砂 整个工程平均漏水量不大于 $2L/m^2 \cdot d$；任意 $100m^2$ 防水面积的平均漏水量不大于 $4L/m^2 \cdot d$

表 3.2.2 不同防水等级的适用范围

防水等级	适用范围
一级	人员长期停留的场所；因有少量湿渍会使物品变质、失效的贮物场所及严重影响设备正常运转和危及工程安全运营的部位；极重要的战备工程
二级	人员经常活动的场所；在有少量湿渍的情况下不会使物品变质、失效的贮物场所及基本不影响设备正常运转和工程安全运营的部位；重要的战备工程
三级	人员临时活动的场所；一般战备工程
四级	对渗漏水无严格要求的工程

3.3 防水设防要求

3.3.1 地下工程的防水设防要求，应根据使用功能、结构形式、环境条件、施工方法及材料性能等因素合理确定。

1 明挖法地下工程的防水设防要求应按表 3.3.1-1 选用；

2 暗挖法地下工程的防水设防要求应按表 3.3.1-2 选用。

3.3.2 处于侵蚀性介质中的工程，应采用耐侵蚀的防水混凝土、防水砂浆、卷材或涂料等防水材料。

3.3.3 处于冻土层中的混凝土结构，其混凝土抗冻融循环不得少于 100 次。

3.3.4 结构刚度较差或受振动作用的工程，应采用卷材、涂料等柔性防水材料。

表 3.3.1-1　明挖法地下工程防水设防

工程部位	主体						施工缝					后浇带				变形缝、诱导缝						
防水措施	防水混凝土	防水砂浆	防水卷材	防水涂料	塑料防水板	金属板	遇水膨胀止水条	中埋式止水带	外贴式止水带	外抹防水砂浆	外涂防水涂料	膨胀混凝土	遇水膨胀止水条	外贴式止水带	防水嵌缝材料	中埋式止水带	外贴式止水带	可卸式止水带	防水嵌缝材料	外贴防水卷材	外涂防水涂料	遇水膨胀止水条
防水等级 一级	应选	应选一至二种					应选二种					应选	应选二种			应选	应选二种					
防水等级 二级	应选	应选一种					应选一至二种					应选	应选一至二种			应选	应选一至二种					
防水等级 三级	应选	宜选一种					宜选一至二种					应选	宜选一至二种			应选	宜选一至二种					
防水等级 四级	宜选	—					宜选一种					应选	宜选一种			应选	宜选一种					

表 3.3.1-2　暗挖法地下工程防水设防

工程部位	主体				内衬砌施工缝					内衬砌变形缝、诱导缝				
防水措施	复合式衬砌	离壁式衬砌、衬套	贴壁式衬砌	喷射混凝土	外贴式止水带	遇水膨胀止水条	防水嵌缝材料	中埋式止水带	外涂防水涂料	中埋式止水带	外贴式止水带	可卸式止水带	防水嵌缝材料	遇水膨胀止水条
防水等级 一级	应选一种			—	应选二种					应选	应选二种			
防水等级 二级	应选一种				应选一至二种					应选	应选一至二种			
防水等级 三级	—		应选一种		宜选一至二种					应选	宜选一种			
防水等级 四级			应选一种		宜选一种					应选	宜选一种			

4 地下工程混凝土结构主体防水

4.1 防水混凝土

Ⅰ 一 般 规 定

4.1.1 防水混凝土应通过调整配合比，掺加外加剂、掺合料配制而成，抗渗等级不得小于S6。

4.1.2 防水混凝土的施工配合比应通过试验确定，抗渗等级应比设计要求提高一级（0.2MPa）。

Ⅱ 设 计

4.1.3 防水混凝土的设计抗渗等级，应符合表4.1.3的规定。

表4.1.3 防水混凝土设计抗渗等级

工程埋置深度（m）	设计抗渗等级
<10	S6
10～20	S8
20～30	S10
30～40	S12

注：①本表适用于Ⅳ、Ⅴ级围岩（土层及软弱围岩）。
②山岭隧道防水混凝土的抗渗等级可按铁道部门的有关规范执行。

4.1.4 防水混凝土的环境温度，不得高于80℃；处于侵蚀性介质中防水混凝土的耐侵蚀系数，不应小于0.8。

4.1.5 防水混凝土结构底板的混凝土垫层，强度等级不应小于C15，厚度不应小于100mm，在软弱土层中不应小于150mm。

4.1.6 防水混凝土结构，应符合下列规定：

1 结构厚度不应小于250mm；

2 裂缝宽度不得大于0.2mm，并不得贯通；

3 迎水面钢筋保护层厚度不应小于50mm。

Ⅲ 材 料

4.1.7 防水混凝土使用的水泥，应符合下列规定：

1 水泥的强度等级不应低于32.5MPa；

2 在不受侵蚀性介质和冻融作用时，宜采用普通硅酸盐水泥、硅酸盐水泥、火山灰质硅酸盐水泥、粉煤灰硅酸盐水泥、矿渣硅酸盐水泥，使用矿渣硅酸盐水泥必须掺用高效减水剂；

3 在受侵蚀性介质作用时，应按介质的性质选用相应的水泥；

4 在受冻融作用时，应优先选用普通硅酸盐水泥，不宜采用火山灰质硅酸盐水泥和粉煤灰硅酸盐水泥；

5 不得使用过期或受潮结块的水泥，并不得将不同品种或强度等级的水泥混合使用。

4.1.8 防水混凝土所用的砂、石应符合下列规定：

1 石子最大粒径不宜大于40mm，泵送时其最大粒径应为输送管径的1/4；吸水率不应大于1.5%；不得使用碱活性骨料。其他要求应符合《普通混凝土用碎石或卵石质量标准及检验方法》（JGJ 53—92）的规定；

2 砂宜采用中砂，其要求应符合《普通混凝土用砂质量标准及检验方法》（JGJ 52—92）的规定。

4.1.9 拌制混凝土所用的水，应符合《混凝土拌合用水标准》（JGJ 63—89）的规定。

4.1.10 防水混凝土可根据工程需要掺入减水剂、膨胀剂、防水剂、密实剂、引气剂、复合型外加剂等外加剂，其品种和掺量应经试验确定。所有外加剂应符合国家或行业标准一等品及以上的质量要求。

4.1.11 防水混凝土可掺入一定数量的粉煤灰、磨细矿渣粉、硅粉等。粉煤灰的级别不应低于二级，掺量不宜大于20%；硅粉掺量不应大于3%；其他掺合料的掺量应经过试验确定。

4.1.12 防水混凝土可根据工程抗裂需要掺入钢纤维或合成纤维。

4.1.13 每立方米防水混凝土中各类材料的总碱量（Na_2O当量）不得大于3kg。

Ⅳ 施 工

4.1.14 防水混凝土的配合比，应符合下列规定：

1 水泥用量不得少于320kg/m^3；掺有活性掺合料时，水泥用量不得少于280kg/m^3；

2 砂率宜为35%～40%，泵送时可增至45%；

3 灰砂比宜为1:1.5～1:2.5；

4 水灰比不得大于0.55；

5 普通防水混凝土坍落度不宜大于50mm。防水混凝土采用预拌混凝土时，入泵坍落度宜控制在120±20mm，入泵前坍落度每小时损失值不应大于30mm，坍落度总损失值不应大于60mm；

6 掺加引气剂或引气型减水剂时，混凝土含气量应控制在3%～5%；

7 防水混凝土采用预拌混凝土时，缓凝时间宜为6～8h。

4.1.15 防水混凝土配料必须按配合比准确称量。计量允许偏差不应大于下列规定：

1 水泥、水、外加剂、掺合料为±1%；

2 砂、石为±2%。

4.1.16 使用减水剂时，减水剂宜预溶成一定浓度的溶液。

4.1.17 防水混凝土拌合物必须采用机械搅拌，搅拌时间不应小于2min。掺外加剂时，应根据外加剂的技术要求确定搅拌时间。

4.1.18 防水混凝土拌合物在运输后如出现离析，必须进行二次搅拌。当坍落度损失后不能满足施工要求时，应加入原水灰比的水泥浆或二次掺加减水剂进行搅拌，严禁直接加水。

4.1.19 防水混凝土必须采用高频机械振捣密实，振捣时间宜为10～30s，以混凝土泛浆和不冒气泡为准，应避免漏振、欠振和超振。

掺加引气剂或引气型减水剂时，应采用高频插入式振捣器振捣。

4.1.21-1 施工缝防水基本构造（一）

1—先浇混凝土；2—遇水膨胀止水条；3—后浇混凝土

4.1.20 防水混凝土应连续浇筑，宜少留施工缝。当留设施工缝时，应遵守下列规定：

1 墙体水平施工缝不应留在剪力与弯矩最大处或底板与侧墙的交接处，应留在高出底板表面不小于300mm的墙体上。拱（板）墙结合的水平施工缝，宜留在拱（板）墙接缝线以下150～300mm处。墙体有预留孔洞时，施工缝距孔洞边缘不应小于300mm；

2 垂直施工缝应避开地下水和裂隙水较多的地段，并宜与变形缝相结合。

4.1.21 施工缝防水的构造形式见图4.1.21。

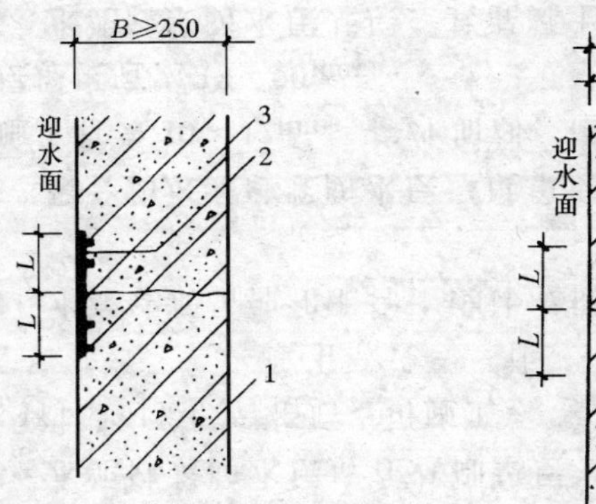

4.1.21-2　施工缝防水基本构造（二）
外贴止水带 $L \geq 150$
外涂防水涂料 $L = 200$
外抹防水砂浆 $L = 200$
1—先浇混凝土；
2—外贴防水层；
3—后浇混凝土

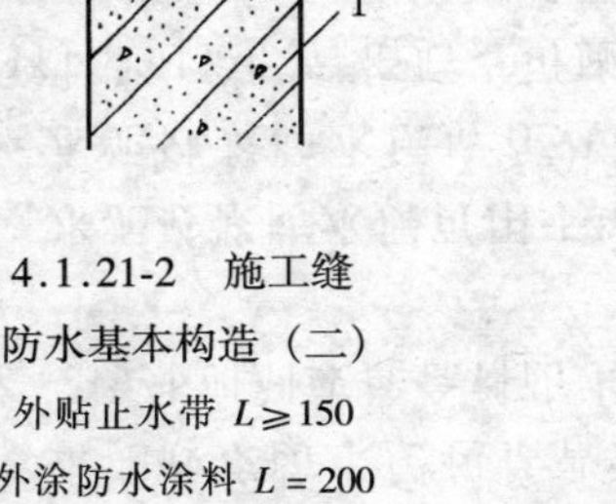

4.1.21-3　施工缝防水基本构造（三）
钢板止水带 $L \geq 100$
橡胶止水带 $L \geq 125$
钢边橡胶止水带 $L \geq 120$
1—先浇混凝土；
2—中埋止水带；
3—后浇混凝土

4.1.22　施工缝的施工应符合下列规定：

1　水平施工缝浇灌混凝土前，应将其表面浮浆和杂物清除，先铺净浆，再铺 30～50mm 厚的 1:1 水泥砂浆或涂刷混凝土界面处理剂，并及时浇灌混凝土；

2　垂直施工缝浇灌混凝土前，应将其表面清理干净，并涂刷水泥净浆或混凝土界面处理剂，并及时浇灌混凝土；

3　选用的遇水膨胀止水条应具有缓胀性能，其 7d 的膨胀率不应大于最终膨胀率的 60%；

4　遇水膨胀止水条应牢固地安装在缝表面或预留槽内；

5　采用中埋式止水带时，应确保位置准确、固定牢靠。

4.1.23　大体积防水混凝土的施工，应采取以下措施：

1　在设计许可的情况下，采用混凝土 60d 强度作为设计强度；

2　采用低热或中热水泥，掺加粉煤灰、磨细矿渣粉等掺合料；

3　掺入减水剂、缓凝剂、膨胀剂等外加剂；

4　在炎热季节施工时，采取降低原材料温度、减少混凝土运输时吸收外界热量等降温措施；

5　混凝土内部预埋管道，进行水冷散热；

6　采取保温保湿养护。混凝土中心温度与表面温度的差值不应大于 25℃，混凝土表面温度与大气温度的差值不应大于 25℃。养护时间不应少于 14d。

4.1.24　防水混凝土结构内部设置的各种钢筋或绑扎铁丝，不得接触模板。固定模板用的螺栓必须穿过混凝土结构时，可采用工具式螺栓或螺栓加堵头，螺栓上应加焊方形止水环。拆模后应采取加强防水措施将留下的凹槽封堵密实，并宜在迎水面涂刷防水涂料。见图 4.1.24。

4.1.25　防水混凝土终凝后应立即进行养护，养护时间不得少于 14d。

4.1.26　防水混凝土的冬期施工，应符合下列规定：

1　混凝土入模温度不应低于 5℃；

2　宜采用综合蓄热法、蓄热法、暖棚法等养护方法，并应保持混凝土表面湿润，防止混凝土早期脱水；

3　采用掺化学外加剂方法施工时，应采取保温保湿措施。

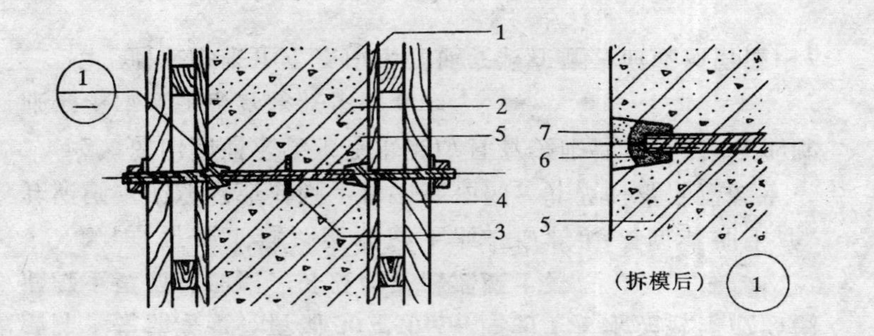

图 4.1.24　固定模板用螺栓的防水做法

1—模板；2—结构混凝土；3—止水环；4—工具式螺栓；
5—固定模板用螺栓；6—嵌缝材料；7—聚合物水泥砂浆

4.2　水泥砂浆防水层

Ⅰ　一 般 规 定

4.2.1　水泥砂浆防水层包括普通水泥砂浆、聚合物水泥防水砂浆、掺外加剂或掺合料防水砂浆等，宜采用多层抹压法施工。

4.2.2　水泥砂浆防水层可用于结构主体的迎水面或背水面。

4.2.3　水泥砂浆防水层应在基础垫层、初期支护、围护结构及内衬结构验收合格后方可施工。

Ⅱ　设　　计

4.2.4　水泥砂浆品种和配合比设计应根据防水工程要求确定。

4.2.5　聚合物水泥砂浆防水层厚度单层施工宜为 6～8mm，双层施工宜为 10～12mm，掺外加剂、掺合料等的水泥砂浆防水层厚度宜为 18～20mm。

4.2.6　水泥砂浆防水层基层，其混凝土强度等级不应小于 C15；砌体结构砌筑用的砂浆强度等级不应低于 M7.5。

Ⅲ　材　　料

4.2.7　水泥砂浆防水层所用的材料，应符合下列规定：

1　应采用强度等级不低于 32.5MPa 的普通硅酸盐水泥、硅酸盐水泥、特种水泥，严禁使用过期或受潮结块水泥；

2　砂宜采用中砂，含泥量不大于 1%，硫化物和硫酸盐含量不大于 1%；

3　拌制水泥砂浆所用的水，应符合《混凝土拌合用水标准》（JGJ 63—89）的规定；

4　聚合物乳液：外观应无颗粒、异物和凝固物，固体含量应大于 35%。宜选用专用产品；

5　外加剂的技术性能应符合国家或行业产品标准一等品以上的质量要求。

4.2.8　水泥砂浆防水层宜掺入外加剂、掺合料、聚合物等进行改性，改性后防水砂浆的性能应符合表 4.2.8 的规定。

表 4.2.8　改性后防水砂浆的主要性能

改性剂种类	粘结强度（MPa）	抗渗性（MPa）	抗折强度（MPa）	干缩率（%）	吸水率（%）	冻融循环（次）	耐碱性	耐水性（%）
外加剂、掺合料	＞0.5	≥0.6	同一般砂浆	同一般砂浆	≤3	＞D50	10% NaOH 溶液浸泡 14d 无变化	—
聚合物	＞1.0	≥1.2	≥7.0	≤0.15	≤4	＞D50		≥80

注：耐水性指标是在浸水 168h 后材料的粘结强度及抗渗性的保持率。

Ⅳ　施　　工

4.2.9　基层表面应平整、坚实、粗糙、清洁，并充分湿润、无积水。

4.2.10　基层表面的孔洞、缝隙，应用与防水层相同的砂浆堵塞抹平。

4.2.11 施工前应将预埋件、穿墙管预留凹槽内嵌填密封材料后，再施工防水砂浆层。

4.2.12 普通水泥砂浆防水层的配合比见表4.2.12。

掺外加剂、掺合料、聚合物等防水砂浆的配合比和施工方法应符合所掺材料的规定，其中聚合物砂浆的用水量应包括乳液中的含水量。

表 4.2.12 普通水泥砂浆防水层的配合比

名称	配合比（质量比）		水灰比	适用范围
	水泥	砂		
水泥浆	1		0.55～0.60	水泥砂浆防水层的第一层
水泥浆	1		0.37～0.40	水泥砂浆防水层的第三、五层
水泥砂浆	1	1.5～2.0	0.40～0.50	水泥砂浆防水层的第二、四层

4.2.13 水泥砂浆防水层应分层铺抹或喷射，铺抹时应压实、抹平，最后一层表面应提浆压光。

4.2.14 聚合物水泥砂浆拌合后应在1h内用完，且施工中不得任意加水。

4.2.15 水泥砂浆防水层各层应紧密贴合，每层宜连续施工；如必须留茬时，采用阶梯坡形茬，但离阴阳角处不得小于200mm；接茬应依层次顺序操作，层层搭接紧密。

4.2.16 水泥砂浆防水层不宜在雨天及5级以上大风中施工。冬季施工时，气温不应低于5℃，且基层表面温度应保持0℃以上。夏季施工时，不应在35℃以上或烈日照射下施工。

4.2.17 普通水泥砂浆防水层终凝后，应及时进行养护，养护温度不宜低于5℃，养护时间不得少于14d，养护期间应保持湿润。

聚合物水泥砂浆防水层未达到硬化状态时，不得浇水养护或直接受雨水冲刷，硬化后应采用干湿交替的养护方法。在潮湿环境中，可在自然条件下养护。

使用特种水泥、外加剂、掺合料的防水砂浆，养护应按产品有关规定执行。

4.3 卷材防水层

Ⅰ 一般规定

4.3.1 卷材防水层适用于受侵蚀性介质作用或受振动作用的地下工程。

4.3.2 卷材防水层应铺设在混凝土结构主体的迎水面上。

4.3.3 卷材防水层用于建筑物地下室应铺设在结构主体底板垫层至墙体顶端的基面上，在外围形成封闭的防水层。

Ⅱ 设计

4.3.4 卷材防水层为一或二层。高聚物改性沥青防水卷材厚度不应小于3mm，单层使用时，厚度不应小于4mm，双层使用时，总厚度不应小于6mm；合成高分子防水卷材单层使用时，厚度不应小于1.5mm，双层使用时，总厚度不应小于2.4mm。

4.3.5 阴阳角处应做成圆弧或45°（135°）折角，其尺寸视卷材品质确定。在转角处、阴阳角等特殊部位，应增贴1～2层相同的卷材，宽度不宜小于500mm。

Ⅲ 材料

4.3.6 卷材防水层应选用高聚物改性沥青类或合成高分子类防水卷材，并符合下列规定：

1 卷材外观质量、品种规格应符合现行国家标准或行业标准；

2 卷材及其胶粘剂应具有良好的耐水性、耐久性、耐刺穿性、耐腐蚀性和耐菌性；

3 高聚物改性沥青防水卷材的主要物理性能应符合表4.3.6-1的要求；

表 4.3.6-1 高聚物改性沥青防水卷材的主要物理性能

项目		性能要求		
		聚酯毡胎体卷材	玻纤毡胎体卷材	聚乙烯膜胎体卷材
拉伸性能	拉力（N/50mm）	≥800（纵横向）	≥500（纵向）	≥140（纵向）
			≥300（横向）	≥120（横向）
	最大拉力时延伸率（%）	≥40（纵横向）	—	≥250（纵横向）
低温柔度（℃）		≤-15		
		3mm 厚，$r=15$mm；4mm 厚，$r=25$mm；3S，弯 180°，无裂纹		
不透水性		压力 0.3MPa，保持时间 30min，不透水		

4 合成高分子防水卷材的主要物理性能应符合表4.3.6-2的要求。

表 4.3.6-2 合成高分子防水卷材的主要物理性能

项目	性能要求				
	硫化橡胶类		非硫化橡胶类	合成树脂类	纤维胎增强类
	JL_1	JL_2	JF_3	JS_1	
拉伸强度（MPa）	≥8	≥7	≥5	≥8	≥8
断裂伸长率（%）	≥450	≥400	≥200	≥200	≥10
低温弯折性（℃）	-45	-40	-20	-20	-20
不透水性	压力 0.3MPa，保持时间 30min，不透水				

4.3.7 粘贴各类卷材必须采用与卷材材性相容的胶粘剂，胶粘剂的质量应符合下列要求：

1 高聚物改性沥青卷材间的粘结剥离强度不应小于8N/10mm；

2 合成高分子卷材胶粘剂的粘结剥离强度不应小于15N/10mm，浸水168h后的粘结剥离强度保持率不应小于70%。

Ⅳ 施 工

4.3.8 卷材防水层的基面应平整牢固、清洁干燥。

4.3.9 铺贴卷材严禁在雨天、雪天施工；五级风及其以上时不得施工；冷粘法施工气温不宜低于5℃，热熔法施工气温不宜低于-10℃。

4.3.10 铺贴卷材前，应在基面上涂刷基层处理剂，当基面较潮湿时，应涂刷湿固化型胶粘剂或潮湿界面隔离剂。基层处理剂配制与施工应符合下列规定：

1 基层处理剂应与卷材及胶粘剂的材性相容；

2 基层处理剂可采取喷涂法或涂刷法施工，喷、涂应均匀一致、不露底，待表面干燥后，方可铺贴卷材。

4.3.11 铺贴高聚物改性沥青卷材应采用热熔法施工；铺贴合成高分子卷材采用冷粘法施工。

4.3.12 采用热熔法或冷粘法铺贴卷材，应符合下列规定：

1 底板垫层混凝土平面部位的卷材宜采用空铺法或点粘法，其他与混凝土结构相接触的部位应采用满粘法；

2 采用热熔法施工高聚物改性沥青卷材时，幅宽内卷材底表面加热应均匀，不得过分加热或烧穿卷材。采用冷粘法施工合成高分子卷材时，必须采用与卷材材性相容的胶粘剂，并应涂刷均匀；

3 铺贴时应展平压实，卷材与基面和各层卷材间必须粘结紧密；

4 铺贴立面卷材防水层时，应采取防止卷材下滑的措施；

5 两幅卷材短边和长边的搭接宽度均不应小于100mm。采用合成树脂类的热塑性卷材时，搭接宽度宜为50mm，并采用焊接法施工，焊缝有效焊接宽度不应小于30mm。采用双层卷材时，上下两层和相邻两幅卷材的接缝应错开1/3～1/2幅宽，且两层卷材不得相互垂直铺贴；

6 卷材接缝必须粘贴封严。接缝口应用材性相容的密封材料封严，宽度不应小于10mm；

7 在立面与平面的转角处，卷材的接缝应留在平面上，距立面不应小于600mm。

4.3.13 采用外防外贴法铺贴卷材防水层时，应符合下列规定：

1 铺贴卷材应先铺平面，后铺立面，交接处应交叉搭接；

2 临时性保护墙应用石灰砂浆砌筑，内表面应用石灰砂浆做找平层，并刷石灰浆。如用模板代替临时性保护墙时，应在其上涂刷隔离剂；

3 从底面折向立面的卷材与永久性保护墙的接触部位，应采用空铺法施工。与临时性保护墙或围护结构模板接触的部位，应临时贴附在该墙上或模板上，卷材铺好后，其顶端应临时固定；

4 当不设保护墙时，从底面折向立面的卷材的接茬部位应采取可靠的保护措施；

5 主体结构完成后，铺贴立面卷材时，应先将接茬部位的各层卷材揭开，并将其表面清理干净，如卷材有局部损伤，应及时进行修补。卷材接茬的搭接长度，高聚物改性沥青卷材为150mm，合成高分子卷材为100mm。当使用两层卷材时，卷材应错茬接缝，上层卷材应盖过下层卷材。

卷材的甩茬、接茬做法见图4.3.13。

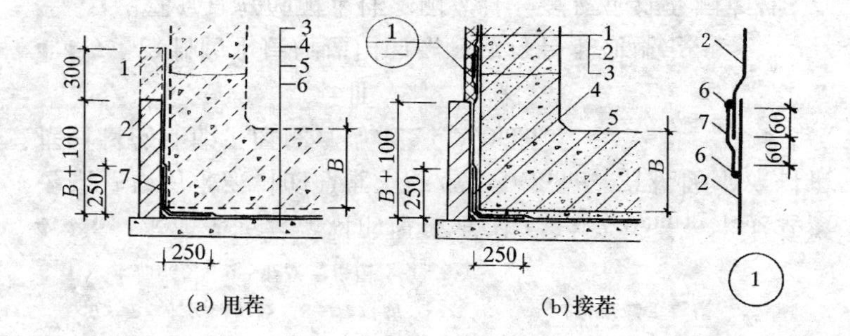

图4.3.13 卷材防水层甩茬、接茬做法

(a) 1—临时保护墙；2—永久保护墙；3—细石混凝土保护层；4—卷材防水层；5—水泥砂浆找平层；6—混凝土垫层；7—卷材加强层

(b) 1—结构墙体；2—卷材防水层；3—卷材保护层；4—卷材加强层；5—结构底板；6—密封材料；7—盖缝条

4.3.14 当施工条件受到限制时，可采用外防内贴法铺贴卷材防水层，并应符合下列规定：

1 主体结构的保护墙内表面应抹1:3水泥砂浆找平层，然后铺贴卷材，并根据卷材特性选用保护层；

2 卷材宜先铺立面，后铺平面。铺贴立面时，应先铺转角，后铺大面。

4.3.15 卷材防水层经检查合格后，应及时做保护层，保护层应符合以下规定：

1 顶板卷材防水层上的细石混凝土保护层厚度不应小于70mm，防水层为单层卷材时，在防水层与保护层之间应设置隔离层；

2 底板卷材防水层上的细石混凝土保护层厚度不应小于50mm；

3 侧墙卷材防水层宜采用软保护或铺抹20mm厚的1:3水泥砂浆。

4.4 涂料防水层

Ⅰ 一般规定

4.4.1 涂料防水层包括无机防水涂料和有机防水涂料。无机防水涂料可选用水泥基防水涂料、水泥基渗透结晶型涂料。有机涂料可选用反应型、水乳型、聚合物水泥防水涂料。

4.4.2 无机防水涂料宜用于结构主体的背水面，有机防水涂料宜用于结构主体的迎水面。用于背水面的有机防水涂料应具有较高的抗渗性，且与基层有较强的粘结性。

Ⅱ 设计

4.4.3 防水涂料品种的选择应符合下列规定：

1 潮湿基层宜选用与潮湿基面粘结力大的无机涂料或有机涂料，或采用先涂水泥基类无机涂料而后涂有机涂料的复合涂层；

2 冬季施工宜选用反应型涂料，如用水乳型涂料，温度不得低于5℃；

3 埋置深度较深的重要工程、有振动或有较大变形的工程宜选用高弹性防水涂料；

4 有腐蚀性的地下环境宜选用耐腐蚀性较好的反应型、水乳型、聚合物水泥涂料并做刚性保护层。

4.4.4 采用有机防水涂料时，应在阴阳角及底板增加一层胎体增强材料，并增涂2~4遍防水涂料。

4.4.5 防水涂料可采用外防外涂、外防内涂两种做法，见图4.4.5-1、4.4.5-2。

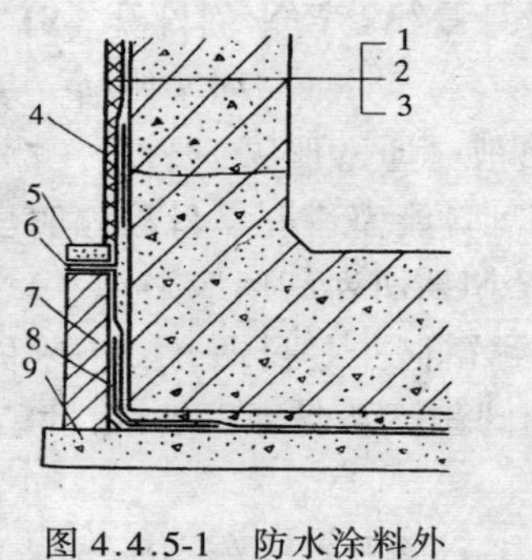

图4.4.5-1 防水涂料外防外涂做法

1—结构墙体；2—涂料防水层；3—涂料保护层；4—涂料防水加强层；5—涂料防水层搭接部位保护层；6—涂料防水层搭接部位；7—永久保护墙；8—涂料防水加强层；9—混凝土垫层

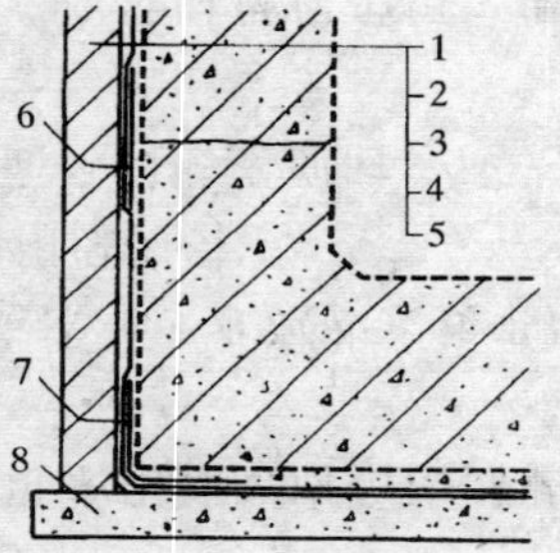

图4.4.5-2 防水涂料外防内涂做法

1—结构墙体；2—砂浆保护层；3—涂料防水层；4—砂浆找平层；5—保护墙；6—涂料防水加强层；7—涂料防水加强层；8—混凝土垫层

4.4.6 水泥基防水涂料的厚度宜为1.5~2.0mm；水泥基渗透结晶型防水涂料的厚度不应小于0.8mm；有机防水涂料根据材料的性能，厚度宜为1.2~2.0mm。

Ⅲ 材料

4.4.7 涂料防水层所选用的涂料应符合下列规定：

1 具有良好的耐水性、耐久性、耐腐蚀性及耐菌性；

2 无毒、难燃、低污染；

3 无机防水涂料应具有良好的湿干粘结性、耐磨性和抗刺穿性；有机防水涂料应具有较好的延伸性及较大适应基层变形能力。

4.4.8 无机防水涂料、有机防水涂料的性能指标应符合表4.4.8-1、4.4.8-2的规定。

表 4.4.8-1 无机防水涂料的性能指标

涂料种类	抗折强度（MPa）	粘结强度（MPa）	抗渗性（MPa）	冻融循环
水泥基防水涂料	>4	>1.0	>0.8	>D50
水泥基渗透结晶型防水涂料	≥3	≥1.0	>0.8	>D50

表 4.4.8-2 有机防水涂料的性能指标

涂料种类	可操作时间（min）	潮湿基面粘结强度（MPa）	抗渗性（MPa）			浸水168h后拉抻强度（MPa）	浸水168h后断裂伸长率（%）	耐水性（%）	表干（h）	实干（h）
			涂膜（30min）	砂浆迎水面	砂浆背水面					
反应型	≥20	≥0.3	≥0.3	≥0.6	≥0.2	≥1.65	≥300	≥80	≤8	≤24
水乳型	≥50	≥0.2	≥0.3	≥0.6	≥0.2	≥0.5	≥350	≥80	≤4	≤12
聚合物水泥	≥30	≥0.6	≥0.3	≥0.8	≥0.6	≥1.5	≥80	≥80	≤4	≤12

注：①浸水168h后的拉伸强度和断裂延伸率是在浸水取出后只经擦干即进行试验所得的值。

②耐水性指标是指材料浸水168h后取出擦干即进行试验，其粘结强度及抗渗性的保持率。

Ⅳ 施 工

4.4.9 基层表面的气孔、凹凸不平、蜂窝、缝隙、起砂等，应修补处理，基面必须干净、无浮浆、无水珠、不渗水。

4.4.10 涂料施工前，基层阴阳角应做成圆弧形，阴角直径宜大于50mm，阳角直径宜大于10mm。

4.4.11 涂料施工前应先对阴阳角、预埋件、穿墙管等部位进行密封或加强处理。

4.4.12 涂料的配制及施工，必须严格按涂料的技术要求进行。

4.4.13 涂料防水层的总厚度应符合设计要求。涂刷或喷涂，应待前一道涂层实干后进行；涂层必须均匀，不得漏刷漏涂。施工缝接缝宽度不应小于100mm。

4.4.14 铺贴胎体材料时，应使胎体层充分浸透防水涂料，不得有白茬及褶皱。

4.4.15 有机防水涂料施工完后应及时做好保护层，保护层应符合下列规定：

1 底板、顶板应采用20mm厚1:2.5水泥砂浆层和40~50mm厚的细石混凝土保护，顶板防水层与保护层之间宜设置隔离层；

2 侧墙背水面应采用20mm厚1:2.5水泥砂浆层保护；

3 侧墙迎水面宜选用软保护层或20mm厚1:2.5水泥砂浆层保护。

4.5 塑料防水板防水层

4.5.1 塑料防水板可选用乙烯－醋酸乙烯共聚物（EVA）、乙烯－共聚物沥青（ECB）、聚氯乙烯（PVC）、高密度聚乙烯（HDPE）、低密度聚乙烯（LDPE）类或其他性能相近的材料。

4.5.2 塑料防水板应符合下列规定：

1 幅宽宜为2~4m；

2 厚度宜为1~2mm；

3 耐刺穿性好；

4 耐久性、耐水性、耐腐蚀性、耐菌性好；

5 塑料防水板物理力学性能应符合表4.5.2的规定。

表4.5.2 塑料防水板物理力学性能

项目	拉伸强度（MPa）	断裂延伸率（%）	热处理时变化率（%）	低温弯折性	抗渗性
指标	≥12	≥200	≤2.5	-20℃无裂纹	0.2MPa24h不透水

4.5.3 防水板应在初期支护基本稳定并经验收合格后进行铺设。

4.5.4 铺设防水板的基层宜平整、无尖锐物。基层平整度应符合 $D/L=1/6\sim1/10$ 的要求。

D——初期支护基层相邻两凸面凹进去的深度；

L——初期支护基层相邻两凸面间的距离。

4.5.5 铺设防水板前应先铺缓冲层。缓冲层应用暗钉圈固定在基层上，见图4.5.5。

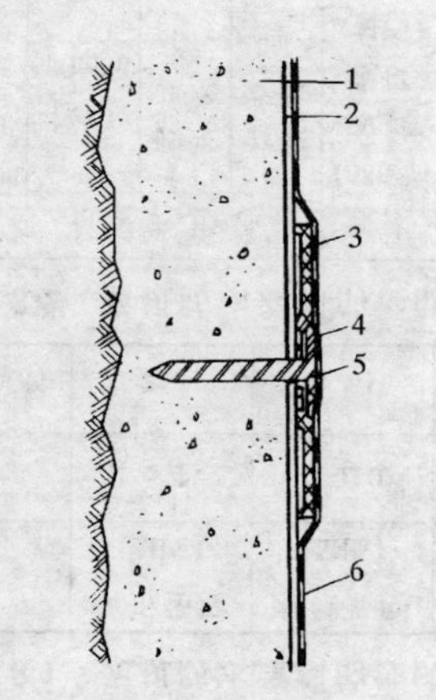

图4.5.5 暗钉圈固定缓冲层示意图

1—初期支护；2—缓冲层；3—热塑性圆垫圈；4—金属垫圈；5—射钉；6—防水板

4.5.6 铺设防水板时，边铺边将其与暗钉圈焊接牢固。两幅防水板的搭接宽度应为100mm，搭接缝应为双焊缝，单条焊缝的有效焊接宽度不应小于10mm，焊接严密，不得焊焦焊穿。环向铺设时，先拱后墙，下部防水板应压住上部防水板。

4.5.7 防水板的铺设应超前内衬混凝土的施工，其距离宜为5~20m，并设临时挡板防止机械损伤和电火花灼伤防水板。

4.5.8 内衬混凝土施工时应符合下列规定：

1 振捣棒不得直接接触防水板；

2 浇筑拱顶时应防止防水板绷紧。

4.5.9 局部设置防水板防水层时，其两侧应采取封闭措施。

4.6 金属防水层

4.6.1 金属防水层所用的金属板和焊条的规格及材料性能，应符合设计要求。

金属板的拼接应采用焊接，拼接焊缝应严密。竖向金属板的垂直接缝，应相互错开。

4.6.2 结构施工前在其内侧设置金属防水层时，金属防水层应与围护结构内的钢筋焊牢，或在金属防水层上焊接一定数量的锚固件，见图4.6.2。

金属板防水层应用临时支撑加固。

金属板防水层底板上应预留浇捣孔，并应保证混凝土浇筑密实，待底板混凝土浇筑完后再补焊严密。

4.6.3 在结构外设置金属防水层时，金属板应焊在混凝土或砌体的预埋件上。金属防水层经焊缝检查合格后，应将其与结构间的空隙用水泥砂浆灌实。见图4.6.3。

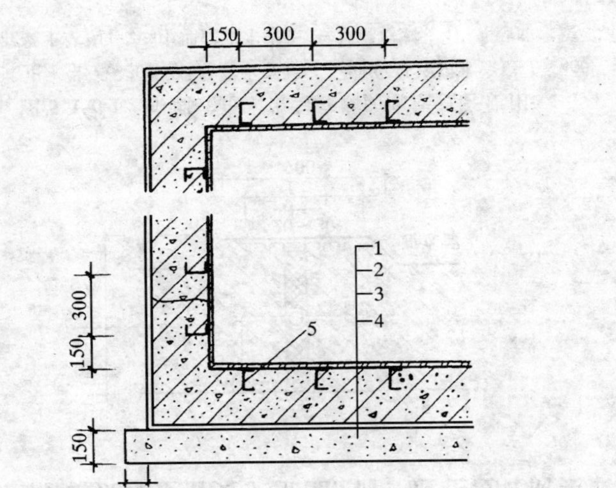

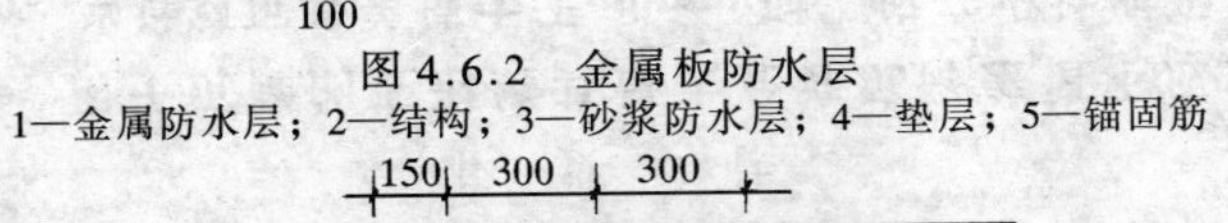

图 4.6.2　金属板防水层

1—金属防水层；2—结构；3—砂浆防水层；4—垫层；5—锚固筋

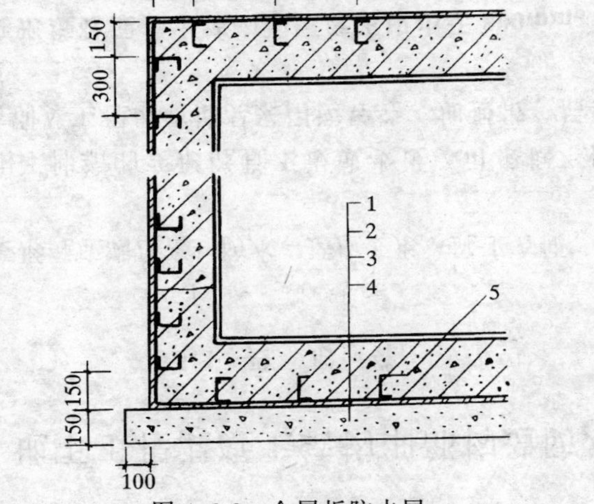

图 4.6.3　金属板防水层

1—砂浆防水层；2—结构；3—金属防水层；4—垫层；5—锚固筋

4.6.4　金属板防水层如先焊成箱体，再整体吊装就位，应在其内部加设临时支撑，防止箱体变形。

4.6.5　金属板防水层应采取防锈措施。

5 地下工程混凝土结构细部构造防水

5.1 变 形 缝

Ⅰ 一 般 规 定

5.1.1 变形缝应满足密封防水、适应变形、施工方便、检修容易等要求。

5.1.2 用于伸缩的变形缝宜不设或少设，可根据不同的工程结构类别及工程地质情况采用诱导缝、加强带、后浇带等替代措施。

5.1.3 变形缝处混凝土结构的厚度不应小于300mm。

Ⅱ 设 计

5.1.4 用于沉降的变形缝其最大允许沉降差值不应大于30mm。当计算沉降差值大于30mm时，应在设计时采取措施。

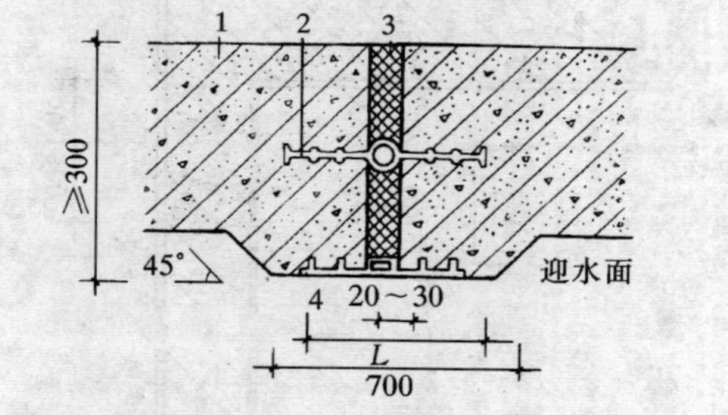

图 5.1.6-1 中埋式止水带与外贴防水层复合使用

外贴式止水带 $L\geq300$ 外贴防水卷材 $L\geq400$ 外涂防水涂层 $L\geq400$

1—混凝土结构；2—中埋式止水带；3—填缝材料；4—外贴防水层

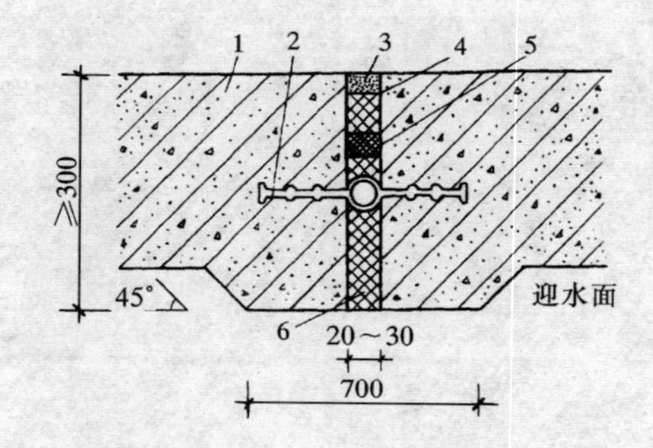

图 5.1.6-2 中埋式止水带与遇水膨胀橡胶条、嵌缝材料复合使用

1—混凝土结构；2—中埋式止水带；3—嵌缝材料；4—背衬材料；5—遇水膨胀橡胶条；6—填缝材料

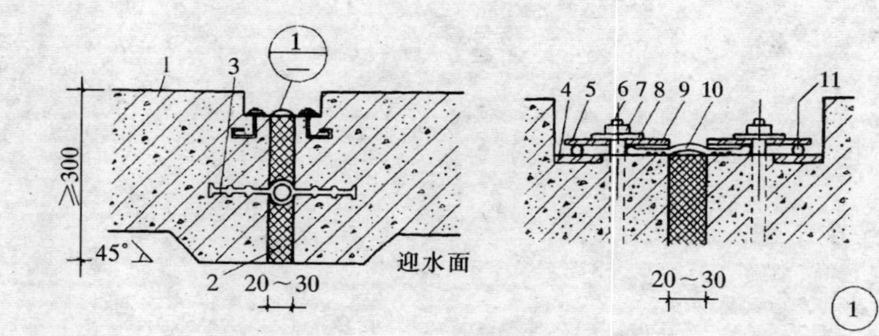

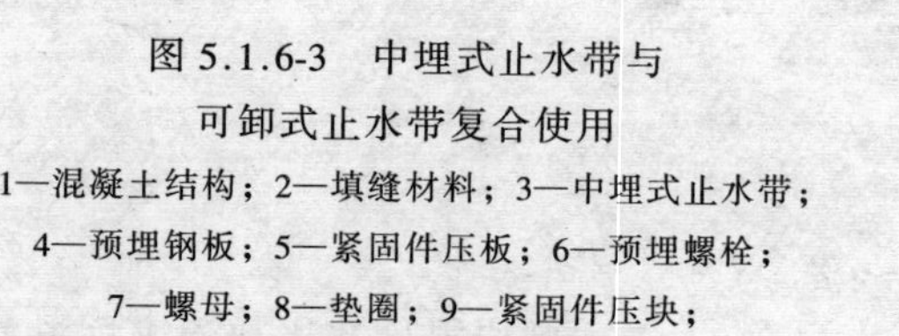

图 5.1.6-3 中埋式止水带与可卸式止水带复合使用

1—混凝土结构；2—填缝材料；3—中埋式止水带；4—预埋钢板；5—紧固件压板；6—预埋螺栓；7—螺母；8—垫圈；9—紧固件压块；10—Ω型止水带；11—紧固件圆钢

5.1.5 用于沉降的变形缝的宽度宜为 20 ~ 30mm，用于伸缩的变形缝的宽度宜小于此值。

5.1.6 变形缝的防水措施可根据工程开挖方法、防水等级按本规范表 3.3.1-1、3.3.1-2 选用。变形缝的几种复合防水构造形式见图 5.1.6-1、5.1.6-2、5.1.6-3。

5.1.7 对环境温度高于 50℃处的变形缝，可采用 2mm 厚的紫铜片或 3mm 厚不锈钢等金属止水带，其中间呈圆弧形，见图 5.1.7。

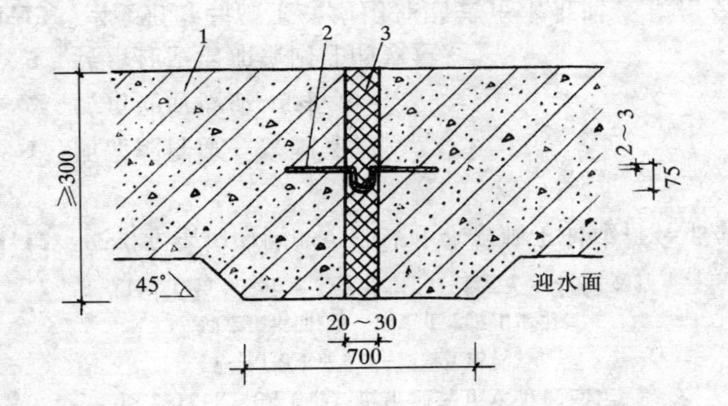

图 5.1.7 中埋式金属止水带

1—混凝土结构；2—金属止水带；3—填缝材料

Ⅲ 材 料

5.1.8 橡胶止水带的外观质量、尺寸偏差、物理性能应符合HG 2288—92的规定。

钢边橡胶止水带的物理力学性能应符合表5.1.8的规定。

5.1.9 遇水膨胀橡胶条的性能指标应符合本规范表 8.1.5-2 中的规定。

5.1.10 嵌缝材料最大拉伸强度不应小于 0.2MPa，最大伸长率应大于 300%，拉伸-压缩循环性能的级别不应小于 8020。

表 5.1.8 钢边橡胶止水带的物理力学性能

项目	硬度（邵氏A）	拉伸强度（MPa）	扯断伸长率（%）	压缩永久变形（70℃×24h）%	扯裂强度（N/mm）	热老化性能（70℃×168h）			拉伸永久变形（70℃×24h拉伸100%）	橡胶与钢带粘合试验	
						硬度变化（邵氏A）	拉伸强度（MPa）	扯断伸长率（%）		破坏类型	粘合强度（MPa）
性能指标	62 ± 5	≥18.0	≥400	≤35	≥35	≤ +8	≥16.2	≥320	≤20	橡胶破坏（R）	≥6

Ⅳ 施 工

5.1.11 中埋式止水带施工应符合下列规定：

1 止水带埋设位置应准确，其中间空心圆环应与变形缝的中心线重合；

2 止水带应妥善固定，顶、底板内止水带应成盆状安设。止水带宜采用专用钢筋套或扁钢固定。采用扁钢固定时，止水带端部应先用扁钢夹紧，并将扁钢与结构内钢筋焊牢。固定扁钢用的螺栓间距宜为 500mm，见图 5.1.11；

3 中埋式止水带先施工一侧混凝土时，其端模应支撑牢固，严防漏浆；

4 止水带的接缝宜为一处，应设在边墙较高位置上，不得设在结构转角处，接头宜采用热压焊；

5 中埋式止水带在转弯处宜采用直角专用配件，并应做成圆弧形，橡胶止水带的转角半径应不小于 200mm，钢边橡胶止水带应不小于 300mm，且转角半径应随止水带的宽度增大而相应加大。

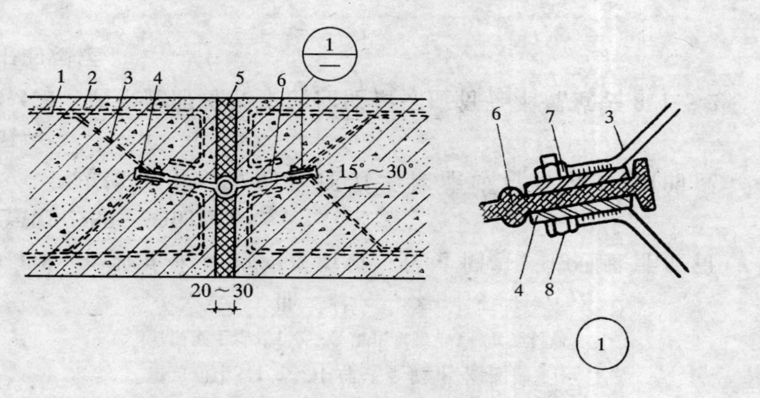

图 5.1.11　顶（底）板中埋式止水带的固定
1—结构主筋；2—混凝土结构；
3—固定用钢筋；4—固定止水带用扁钢；
5—填缝材料；6—中埋式止水带；7—螺母；8—双头螺杆

5.1.12　安设于结构内侧的可卸式止水带施工时应符合下列要求：

1　所需配件应一次配齐；

2　转角处应做成 45°折角；

3　转角处应增加紧固件的数量。

5.1.13　当变形缝与施工缝均用外贴式止水带时，其相交部位宜采用图 5.1.13-1 所示的专用配件。外贴式止水带的转角部位宜使用图 5.1.13-2 所示的专用配件。

5.1.14　宜采用遇水膨胀橡胶与普通橡胶复合的复合型橡胶条、中间夹有钢丝或纤维织物的遇水膨胀橡胶条、中空圆环型遇水膨胀橡胶条。当采用遇水膨胀橡胶条时，应采取有效的固定措施，防止止水条胀出缝外。

5.1.15　嵌缝材料嵌填施工时，应符合下列要求：

1　缝内两侧应平整、清洁、无渗水，并涂刷与嵌缝材料相容的基层处理剂；

2　嵌缝时应先设置与嵌缝材料隔离的背衬材料；

3　嵌填应密实，与两侧粘结牢固。

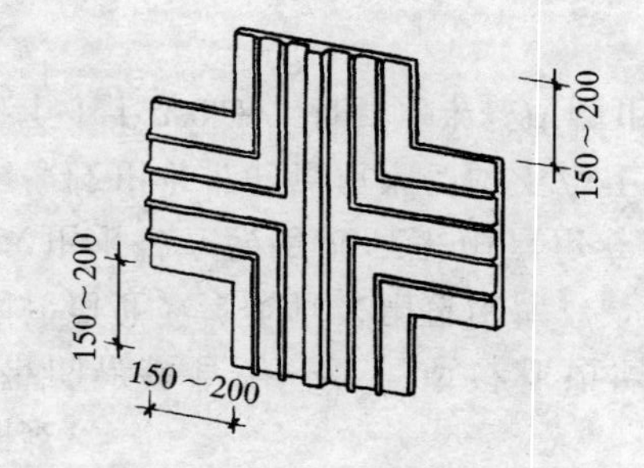

图 5.1.13-1　外贴式止水带在施工缝与变形缝相交处的专用配件

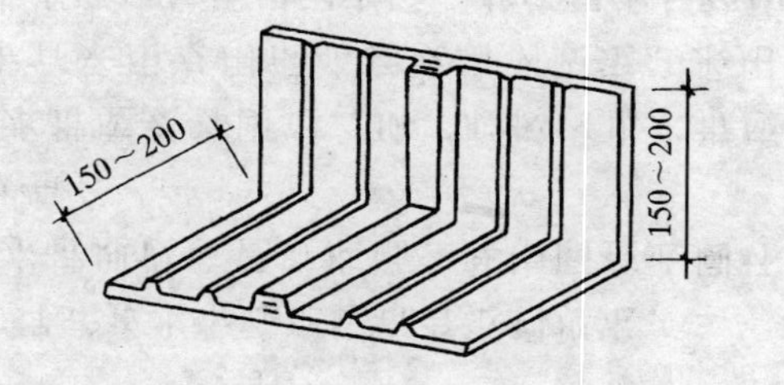

图 5.1.13-2　外贴式止水带在转角处的专用配件

5.1.16　在缝上粘贴卷材或涂刷涂料前，应在缝上设置隔离层，而后再行施工。卷材防水层、涂料防水层的施工应符合本规范 4.3、4.4中的有关规定。

5.2　后　浇　带

5.2.1　后浇带应设在受力和变形较小的部位，间距宜为 30

~60m，宽度宜为 700~1000mm。

5.2.2 后浇带可做成平直缝，结构主筋不宜在缝中断开，如必须断开，则主筋搭接长度应大于 45 倍主筋直径，并应按设计要求加设附加钢筋。后浇带的防水构造见图 5.2.2-1、5.2.2-2、5.2.2-3。

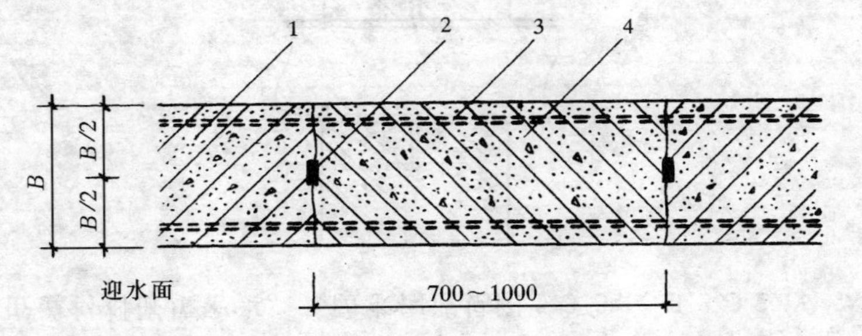

图 5.2.2-1 后浇带防水构造（一）

1—先浇混凝土；2—遇水膨胀止水条；3—结构主筋；4—后浇补偿收缩混凝土

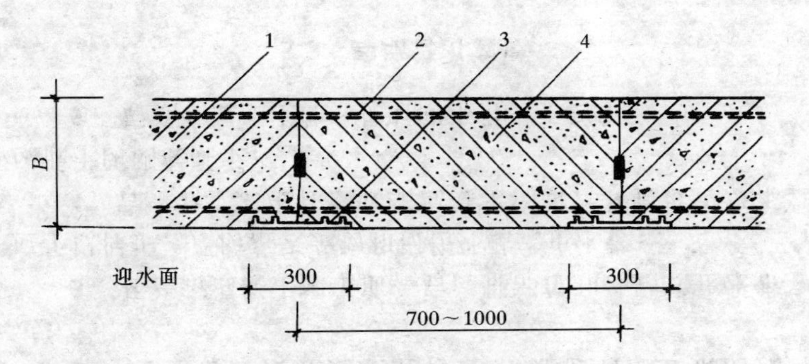

图 5.2.2-2 后浇带防水构造（二）

1—先浇混凝土；2—结构主筋；3—外贴式止水带；4—后浇补偿收缩混凝土

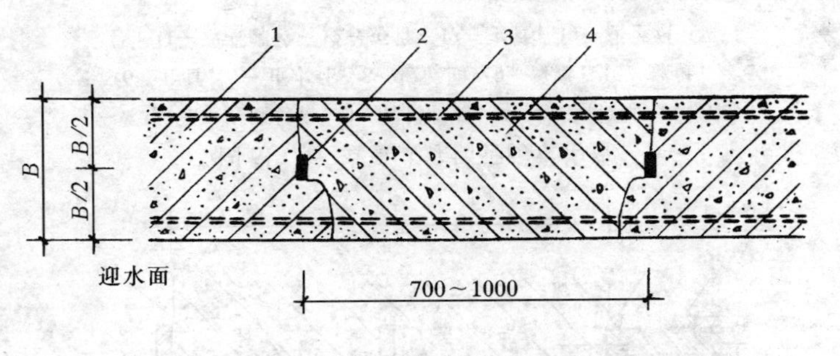

图 5.2.2-3 后浇带防水构造（三）

1—先浇混凝土；2—遇水膨胀止水条；3—结构主筋；4—后浇补偿收缩混凝土

5.2.3 后浇带需超前止水时，后浇带部位混凝土应局部加厚，并增设外贴式或中埋式止水带，见图 5.2.3。

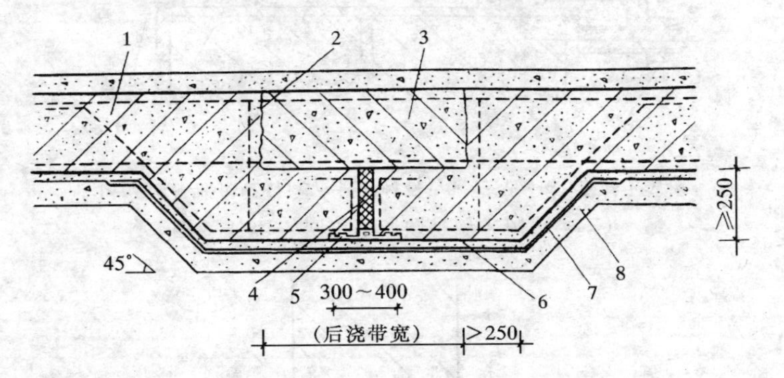

图 5.2.3 后浇带超前止水构造

1—混凝土结构；2—钢丝网片；3—后浇带；4—填缝材料；5—外贴式止水带；6—细石混凝土保护层；7—卷材防水层；8—垫层混凝土

5.2.4 后浇带的施工应符合下列规定：

1 后浇带应在其两侧混凝土龄期达到 42d 后再施工，

但高层建筑的后浇带应在结构顶板浇筑混凝土 14d 后进行；

2 后浇带的接缝处理应符合本规范 4.1.22 条的规定；

3 后浇带混凝土施工前，后浇带部位和外贴式止水带应予以保护，严防落入杂物和损伤外贴式止水带；

4 后浇带应采用补偿收缩混凝土浇筑，其强度等级不应低于两侧混凝土；

5 后浇带混凝土的养护时间不得少于 28d。

5.3 穿墙管（盒）

5.3.1 穿墙管（盒）应在浇筑混凝土前预埋。

5.3.2 穿墙管与内墙角、凹凸部位的距离应大于 250mm。

5.3.3 结构变形或管道伸缩量较小时，穿墙管可采用主管直接埋入混凝土内的固定式防水法，并应预留凹槽，槽内用嵌缝材料嵌填密实。其防水构造见图 5.3.3-1、5.3.3-2。

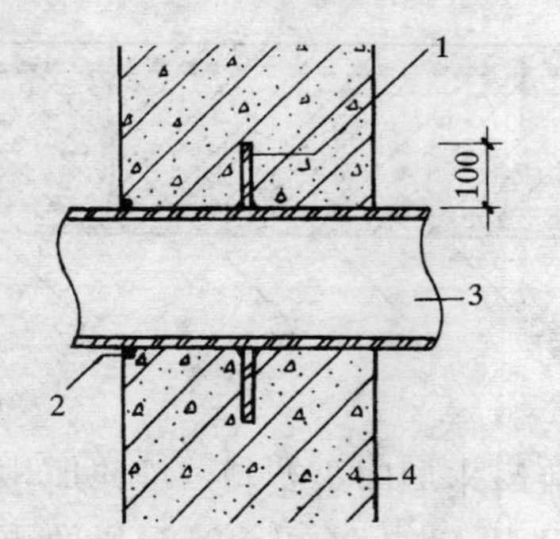

图 5.3.3-1 固定式穿墙管防水构造（一）
1—止水环；2—嵌缝材料；3—主管；4—混凝土结构

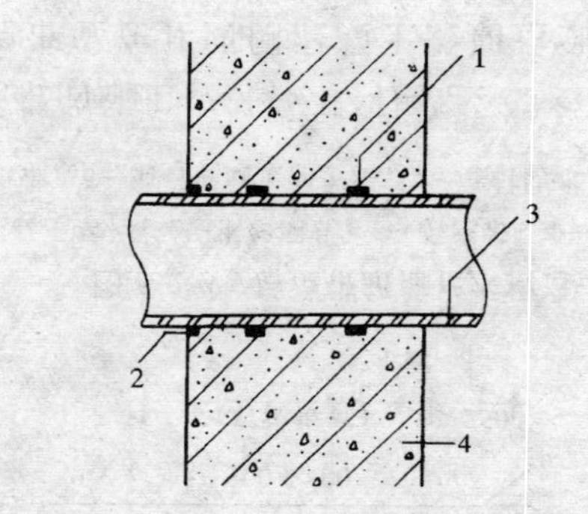

图 5.3.3-2 固定式穿墙管防水构造（二）
1—遇水膨胀橡胶圈；2—嵌缝材料；3—主管；4—混凝土结构

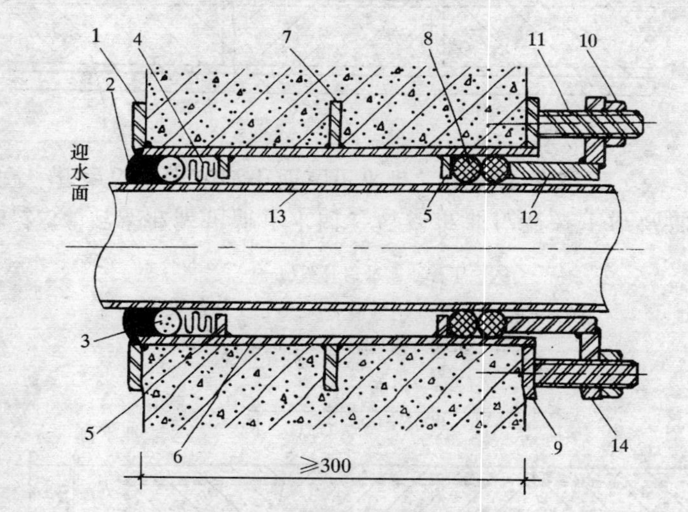

图 5.3.4 套管式穿墙管防水构造
1—翼环；2—嵌缝材料；3—背衬材料；4—填缝材料；5—挡圈；6—套管；7—止水环；8—橡胶圈；9—翼盘；10—螺母；11—双头螺栓；12—短管；13—主管；14—法兰盘

5.3.4 结构变形或管道伸缩量较大或有更换要求时，应采用套管式防水法，套管应加焊止水环，见图 5.3.4。

5.3.5 穿墙管防水施工时应符合下列规定：

1 金属止水环应与主管满焊密实。采用套管式穿墙管防水构造时，翼环与套管应满焊密实，并在施工前将套管内表面清理干净；

2 管与管的间距应大于 300mm；

3 采用遇水膨胀止水圈的穿墙管，管径宜小于 50mm，止水圈应用胶粘剂满粘固定于管上，并应涂缓胀剂。

5.3.6 穿墙管线较多时，宜相对集中，采用穿墙盒方法。穿墙盒的封口钢板应与墙上的预埋角钢焊严，并从钢板上的预留浇注孔注入改性沥青柔性密封材料或细石混凝土处理，见图 5.3.6。

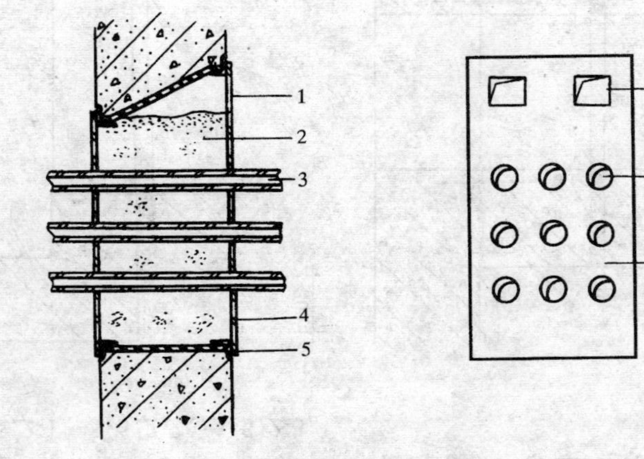

图 5.3.6 穿墙群管防水构造

1—浇注孔；2—柔性材料或细石混凝土；3—穿墙管；4—封口钢板；5—固定角钢；6—预留孔

5.3.7 当工程有防护要求时，穿墙管除应采取有效防水措施外，尚应采取措施满足防护要求。

5.3.8 穿墙管伸出外墙的部位，应采取有效措施防止回填时将管损坏。

5.4 埋 设 件

5.4.1 结构上的埋设件宜预埋。

5.4.2 埋设件端部或预留孔（槽）底部的混凝土厚度不得小于 250mm，当厚度小于 250mm 时，应采取局部加厚或其他防水措施，见图 5.4.2。

5.4.3 预留孔（槽）内的防水层，宜与孔（槽）外的结构防水层保持连续。

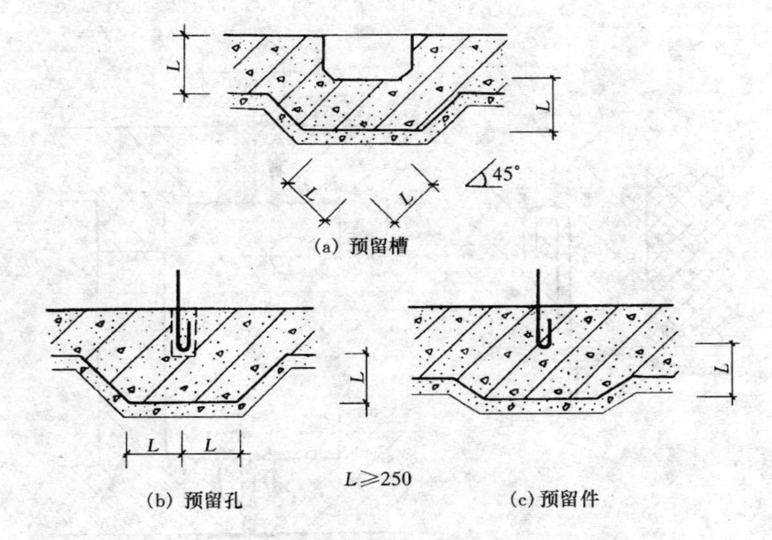

(a) 预留槽 (b) 预留孔 (c) 预留件

图 5.4.2 预埋件或预留孔（槽）处理示意图

5.5 预留通道接头

5.5.1 预留通道接缝处的最大沉降差值不得大于30mm。

5.5.2 预留通道接头应采取复合防水构造形式，见图5.5.2-1、5.5.2-2、5.5.2-3。

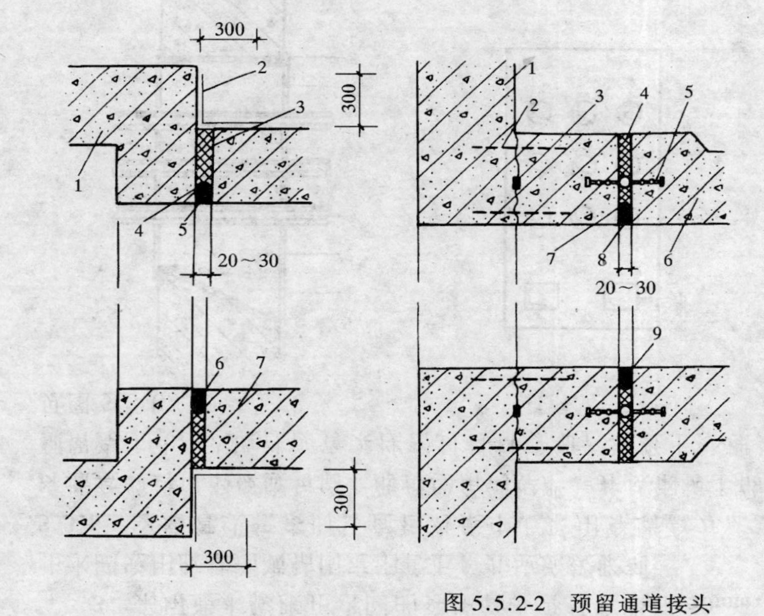

图 5.5.2-1 预留通道接头防水构造（一）

1—先浇混凝土结构；2—防水涂料；3—填缝材料；4—遇水膨胀止水条；5—嵌缝材料；6—背衬材料；7—后浇混凝土结构

图 5.5.2-2 预留通道接头防水构造（二）

1—先浇混凝土结构；2—连接钢筋；3—遇水膨胀止水条；4—填缝材料；5—中埋式止水带；6—后浇混凝土结构；7—遇水膨胀橡胶条；8—嵌缝材料；9—背衬材料

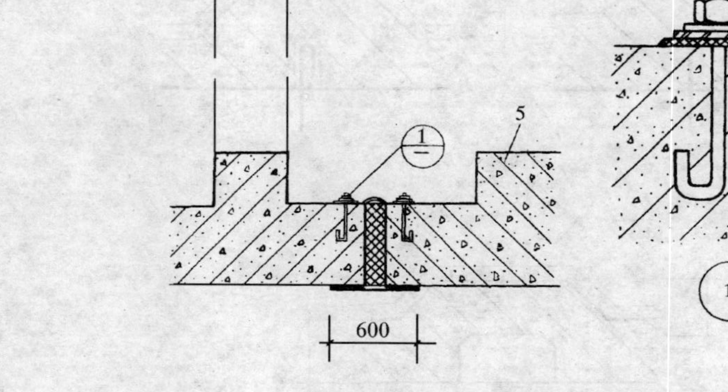

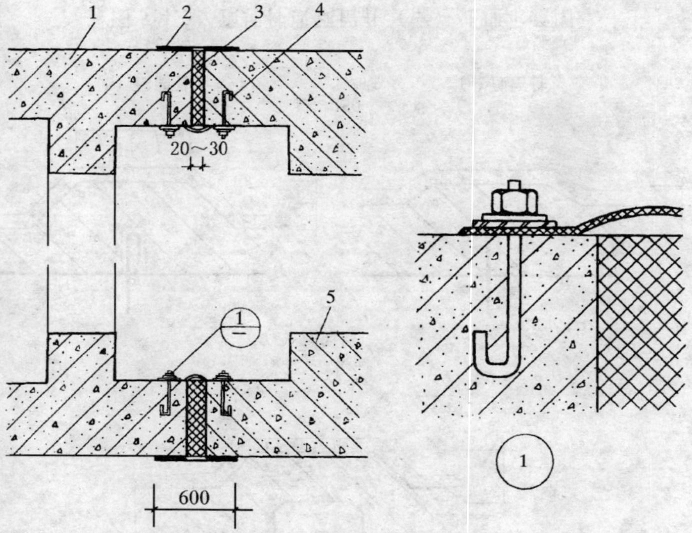

图 5.5.2-3 预留通道接头防水构造（三）

1—先浇混凝土结构；2—防水涂料；3—填缝材料；4—可卸式止水带；5—后浇混凝土结构

5.5.3 预留通道接头的防水施工应符合下列规定：

1 中埋式止水带、遇水膨胀橡胶条、嵌缝材料、可卸式止水带的施工应符合本规范5.1中的有关规定；

2 预留通道先施工部位的混凝土、中埋式止水带、与防水相关的预埋件等应及时保护，确保端部表面混凝土和中埋式止水带清洁，埋件不锈蚀；

3 采用图5.5.2-2的防水构造时，在接头混凝土施工前应将先浇混凝土端部表面凿毛，露出钢筋或预埋的钢筋接驳器钢板，与待浇混凝土部位的钢筋焊接或连接好后再行浇筑；

4　当先浇混凝土中未预埋可卸式止水带的预埋螺栓时，可选用金属或尼龙的膨胀螺栓固定可卸式止水带。采用金属膨胀螺栓时，可用不锈钢材料或用金属涂膜、环氧涂料进行防锈处理。

5.6　桩　　头

5.6.1　桩头防水构造形式见图 5.6.1-1、5.6.1-2。

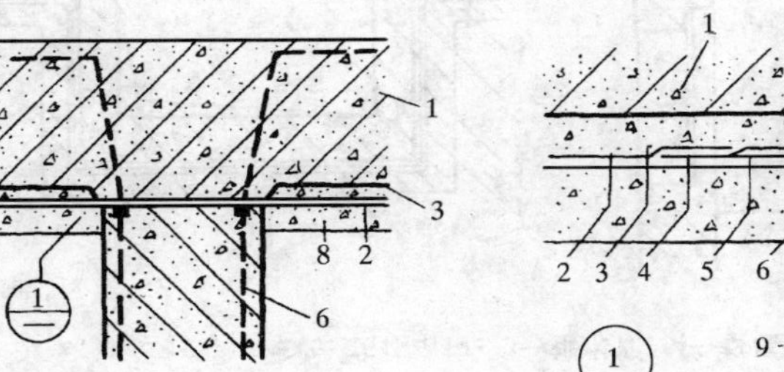

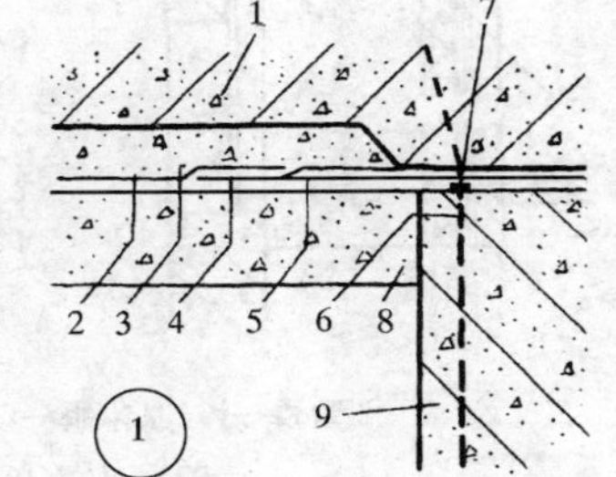

图 5.6.1-1　桩头防水构造（一）

1—结构底板；2—底板防水层；3—细石混凝土保护层；4—聚合物水泥防水砂浆；5—水泥基渗透结晶型防水涂料；6—桩基受力筋；7—遇水膨胀止水条；8—混凝土垫层；9—桩基混凝土

5.6.2　桩头防水施工应符合下列要求：

1　破桩后如发现渗漏水，应先采取措施将渗漏水止住；

2　采用其他防水材料进行防水时，基面应符合防水层施工的要求；

3　应对遇水膨胀止水条进行保护。

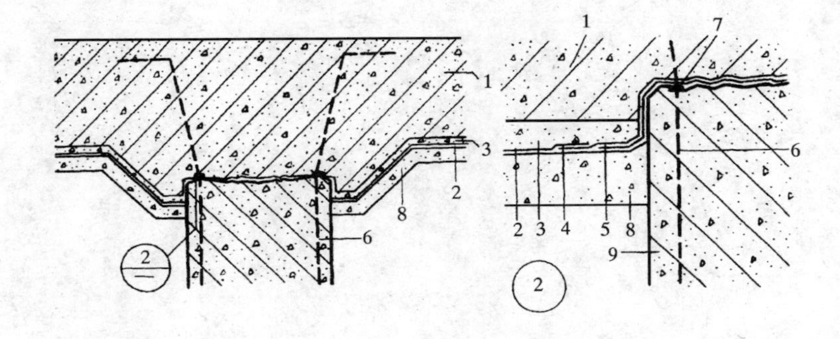

图 5.6.1-2　桩头防水构造（二）

1—结构底板；2—底板防水层；3—细石混凝土保护层；4—聚合物水泥防水砂浆；5—水泥基渗透结晶型防水涂料；6—桩基受力筋；7—遇水膨胀止水条；8—混凝土垫层；9—桩基混凝土

5.7　孔　　口

5.7.1　地下工程通向地面的各种孔口应设置防地面水倒灌措施。人员出入口应高出地面不小于 500mm，汽车出入口设明沟排水时，其高度宜为 150mm，并应有防雨措施。

5.7.2　窗井的底部在最高地下水位以上时，窗井的底板和墙应做防水处理并宜与主体结构断开，见图 5.7.2。

5.7.3　窗井或窗井的一部分在最高地下水位以下时，窗井应与主体结构连成整体，其防水层也应连成整体，并在窗井内设集水井，见图 5.7.3。

5.7.4　无论地下水位高低，窗台下部的墙体和底板应做防水层。

5.7.5　窗井内的底板，应比窗下缘低 300mm。窗井墙高出地面不得小于 500mm。窗井外地面应作散水，散水与墙面间应采用密封材料嵌填。

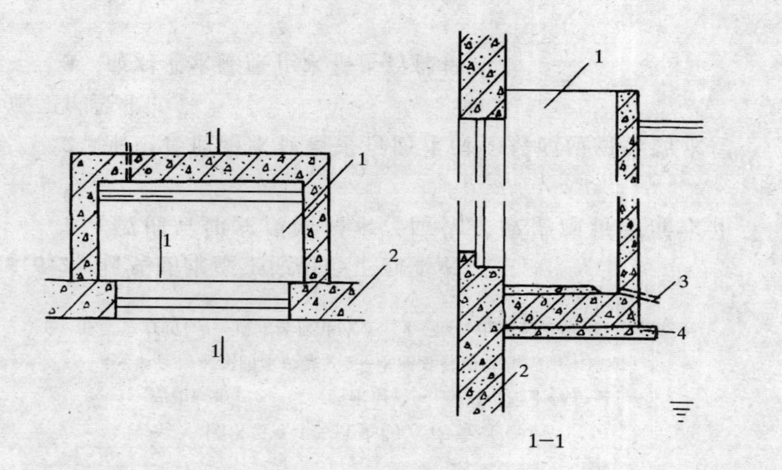

图 5.7.2 窗井防水示意图

1—窗井；2—主体结构；3—排水管；4—垫层

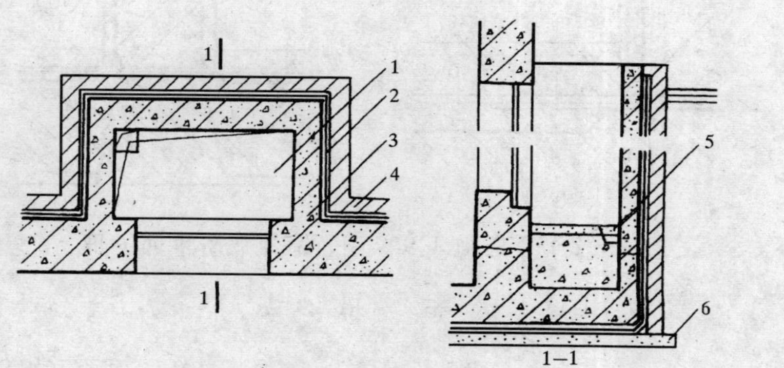

图 5.7.3 窗井防水示意图

1—窗井；2—防水层；3—主体结构；

4—防水层保护层；5—集水井；6—垫层

5.7.6 通风口应与窗井同样处理，竖井窗下缘离室外地面高度不得小于500mm。

5.8 坑、池

5.8.1 坑、池、储水库宜用防水混凝土整体浇筑，内设其他防水层。受振动作用时应设柔性防水层。

5.8.2 底板以下的坑、池，其局部底板必须相应降低，并应使防水层保持连续，见图 5.8.2。

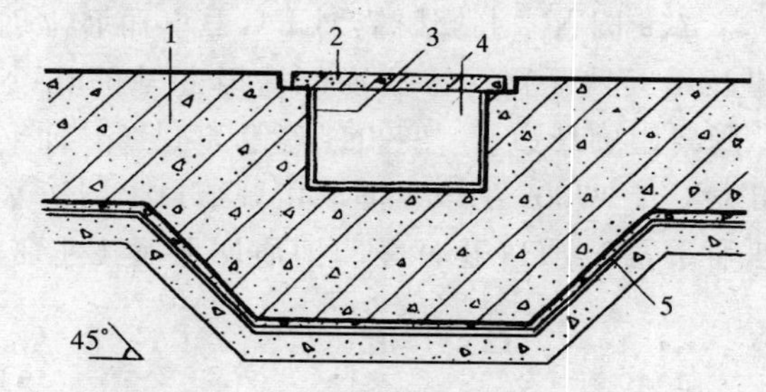

图 5.8.2 底板下坑、池的防水构造

1—底板；2—盖板；3—坑、池防水层；

4—坑、池；5—主体结构防水层

6 地下工程排水

6.1 一般规定

6.1.1 有自流排水条件的地下工程，应采用自流排水法。无自流排水条件且防水要求较高的地下工程，可采用渗排水、盲沟排水或机械排水。但应防止由于排水危及地面建筑物及农田水利设施。

通向江、河、湖、海的排水口高程，低于洪（潮）水位时，应采取防倒灌措施。

6.1.2 隧道、坑道宜采用贴壁式衬砌，对防水防潮要求较高的应优先采用复合式衬砌，也可采用离壁式衬砌或衬套。

6.2 渗排水与盲沟排水

6.2.1 渗排水、盲沟排水适用于无自流排水条件、防水要求较高且有抗浮要求的地下工程。

6.2.2 渗排水应符合下列要求：

1 渗排水层设置在工程结构底板下面，由粗砂过滤层与集水管组成，见图 6.2.2；

2 粗砂过滤层总厚度宜为 300mm，如较厚时应分层铺填。过滤层与基坑土层接触处，应用厚度为 100 ~ 150mm、粒径为 5 ~ 10mm 的石子铺填；过滤层顶面与结构底面之间，宜干铺一层卷材或 30 ~ 50mm 厚的 1:3 水泥砂浆作隔浆层；

3 集水管应设置在粗砂过滤层下部，坡度不宜小于 1%，且不得有倒坡现象。集水管之间的距离宜为 5 ~ 10m。

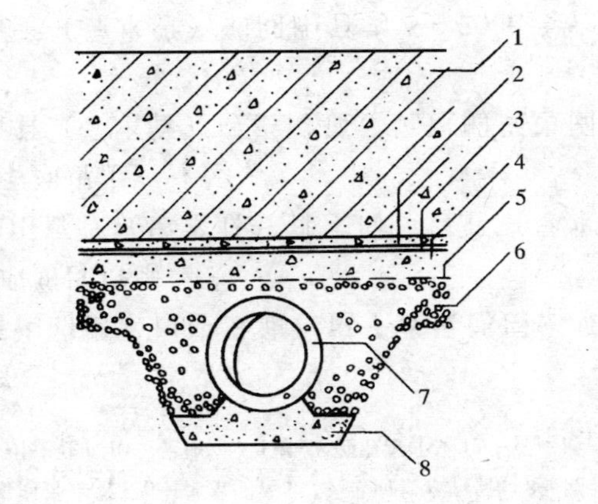

图 6.2.2 渗排水层构造

1—结构底板；2—细石混凝土；3—底板防水层；4—混凝土垫层；5—隔浆层；6—粗砂过滤层；7—集水管；8—集水管座

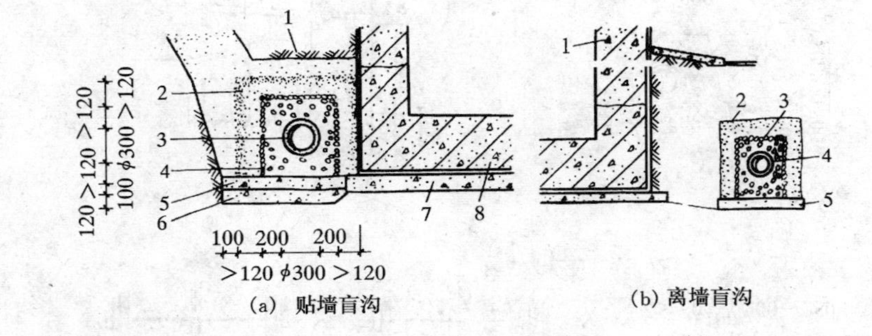

图 6.2.3 盲沟排水构造

(a) 1—素土夯实；2—中砂反滤层；3—集水管；4—卵石反滤层；5—水泥/砂/碎砖层；6—碎砖夯实层；7—混凝土垫层；8—主体结构

(b) 1—主体结构；2—中砂反滤层；3—卵石反滤层；4—集水管；5—水泥/砂/碎砖层

渗入集水管的地下水导入集水井后用泵排走。

6.2.3 盲沟排水应符合下列要求：

1 宜将基坑开挖时的施工排水明沟与永久盲沟结合；

2 盲沟的构造类型、与基础的最小距离等应根据工程地质情况由设计选定。盲沟设置见图 6.2.3；

3 盲沟反滤层的层次和粒径组成应符合表 6.2.3 的规定；

4 渗排水管宜采用无砂混凝土管；

5 渗排水管在转角处和直线段设计规定处应设检查井。井底距渗排水管底应留深 200～300mm 的沉淀部分，井盖应封严。

表 6.2.3 盲沟反滤层的层次和粒径组成

反滤层的层次	建筑物地区地层为砂性土时（塑性指数 IP＜3）	建筑物地区地层为粘性土时（塑性指数 IP＞3）
第一层(贴天然土)	用 0.1～2mm 粒径砂子组成	用 2～5mm 粒径砂子组成
第二层	用 1～7mm 粒径小卵石组成	用 5～10mm 粒径小卵石组成

6.3 贴壁式衬砌

6.3.1 贴壁式衬砌排水系统的构造见图 6.3.1。

6.3.2 贴壁式衬砌围岩渗漏水可通过盲沟、盲管（导水管）、暗沟导入基底的排水系统。

6.3.3 采用盲沟排水时，盲沟的设置应符合下列规定：

1 盲沟宜设在衬砌与围岩间。拱顶部位设置盲沟困难时，可采用钻孔引流措施；

2 盲沟沿洞室纵轴方向设置的距离，宜为 5～15m；

3 盲沟断面的尺寸应根据渗水量及洞室超挖情况确定；

4 盲沟宜先设反滤层，后铺石料，铺设石料粒径由围岩向衬砌方向逐渐减小。石料必须洁净、无杂质，含泥量不

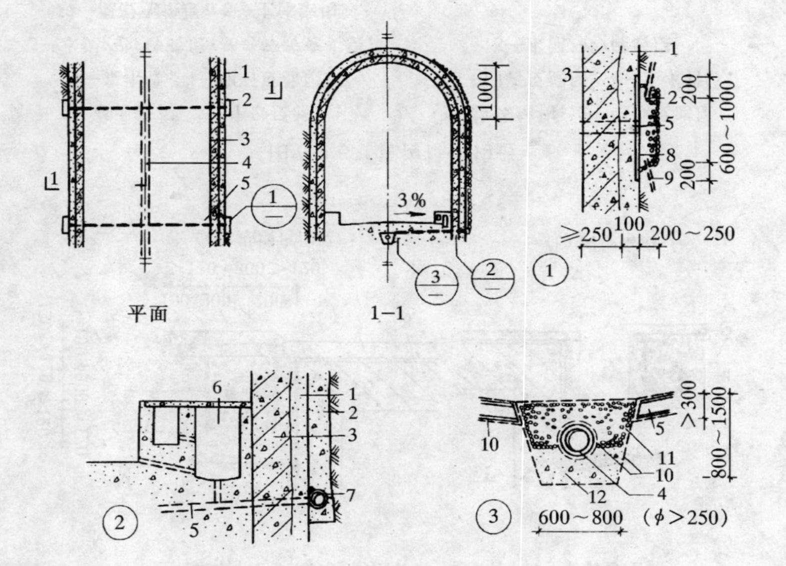

图 6.3.1 贴壁式衬砌排水构造

1—初期支护；2—盲沟；3—主体结构；4—中心排水盲管；5—横向排水管；6—排水明沟；7—纵向集水盲管；8—隔浆层；9—引流孔；10—无纺布；11—无砂混凝土；12—管座混凝土

得大于 2%；

5 盲沟的出水口应设滤水篦子或反滤层，寒冷及严寒地区应采取防冻措施。

6.3.4 采用盲管（导水管）排水时，盲管（导水管）的设置应符合下列规定：

1 盲管（导水管）应沿隧道、坑道的周边固定于围岩表面；

2 盲管（导水管）的间距宜为 5～20m，当水较大时，

可在水较大处增设 1~2 道；

3 盲管（导水管）与混凝土衬砌接触部位应外包无纺布作隔浆层。

6.3.5 排水暗沟可设置在衬砌内，宜采用塑料管或塑料排水带等。

6.3.6 基底排水系统由纵向集水盲管、横向排水管、排水明沟、中心排水盲管组成。

6.3.7 纵向集水盲管的设置应符合下列要求：

1 应与盲沟、盲管（导水管）连接畅通；

2 坡度应符合设计要求，当设计无要求时，其坡度不得小于 0.2%；

3 宜采用外包加强无纺布的渗水盲管，其管径由围岩渗漏水量的大小决定。

6.3.8 横向排水管的设置应符合下列要求：

1 宜采用渗水盲管或混凝土暗槽；

2 间距宜为 5~15m；

3 坡度宜为 2%。

6.3.9 排水明沟的设置应符合下列规定：

1 排水明沟的纵向坡度不得小于 0.5%。铁路公路隧道长度大于 200m 时宜设双侧排水沟，纵向坡度应与线路坡度一致，但不得小于 0.1%；

2 排水明沟的断面尺寸视排水量大小按表 6.3.9 选用；

3 排水明沟应设盖板，排污水时应有密闭措施；

4 在直线段每 50~200m 及交叉、转弯、变坡处，应设置检查井，井口须设活动盖板；

5 在寒冷及严寒地区应有防冻措施。

表 6.3.9 排水明沟断面

通过排水明沟的排水量（m^3/h）	排水明沟净断面（mm）	
	沟 宽	沟 深
50 以下	300	250
50~100	350	350
100~150	350	400
150~200	400	400
200~250	400	450
250~300	400	500

6.3.10 中心排水盲管的设置应符合下列要求：

1 中心排水盲管宜采用无砂混凝土管或渗水盲管，其管径应由渗漏水量大小决定，内径不得小于 ϕ250mm；

2 中心排水盲管的纵向坡度和埋设深度应符合设计规定。

6.3.11 贴壁式衬砌应用防水混凝土浇筑。防水混凝土及细部构造的施工要求应符合本规范 4.1 和第 5 章中的有关规定。

6.4 复合式衬砌

6.4.1 初期支护与内衬结构中间设有塑料防水板的复合式衬砌的排水系统设置要求，除纵向集水盲管应设置在防水板外侧并与缓冲排水层连接畅通外，其他均应符合本规范 6.3 的有关规定。

6.4.2 初期支护基面清理完后，即可铺设缓冲排水层。缓冲排水层用暗钉圈固定在初期支护上。暗钉圈的设置应符合本规范4.5.5条的规定。

6.4.3 缓冲排水层选用的土工布应符合下列要求：

1 具有一定的厚度，其单位面积质量不宜小于 $280g/m^2$；

2 具有良好的导水性；

3 具有适应初期支护由于荷载或温度变化引起变形的能力；

4 具有良好的化学稳定性和耐久性，能抵抗地下水或混凝土、砂浆析出水的侵蚀。

6.4.4 塑料防水板可由拱顶中心向两侧铺设，铺设要求应符合本规范 4.5.6、4.5.7 条的规定。

6.4.5 内衬混凝土应用防水混凝土浇筑。防水混凝土及细部构造的施工要求应符合本规范 4.1、4.5.8 和第 5 章中的有关规定。浇筑时如发现防水板损坏应及时予以修补。

6.5 离壁式衬砌

6.5.1 围岩稳定和防潮要求高的工程可设置离壁式衬砌，衬砌与岩壁间的距离应符合下列规定：

1 拱顶上部宜为 600～800mm；

2 侧墙处不应小于 500mm。

6.5.2 衬砌拱部宜作卷材、塑料防水板、水泥砂浆等防水层。拱肩应设置排水沟，沟底预埋排水管或设排水孔，直径宜为 50～100mm，间距不宜大于 6m。在侧墙和拱肩处应设检查孔，见图6.5.2。

6.5.3 侧墙外排水沟应做明沟，其纵向坡度不应小于 0.5%。

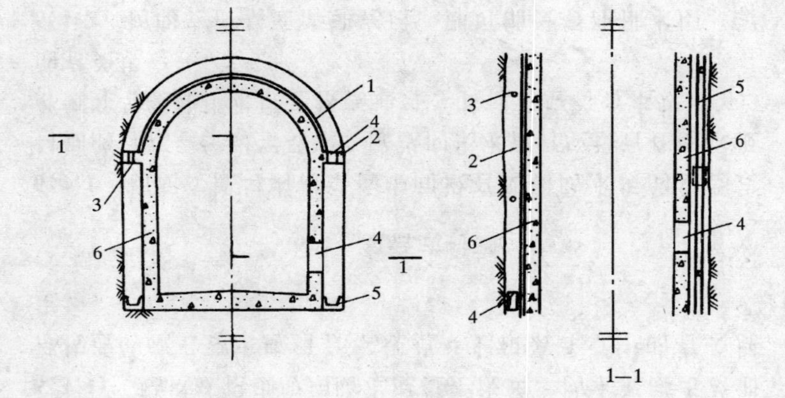

图 6.5.2 离壁式衬砌排水示意图

1—防水层；2—拱肩排水沟；3—排水孔；4—检查孔；5—外排水沟；6—内衬混凝土

6.6 衬 套

6.6.1 衬套应采用防火、隔热性能好的材料，接缝宜采用嵌填、粘结、焊接等方法密封。

6.6.2 衬套外形应有利于排水，底板宜架空。

6.6.3 离壁衬套与衬砌或围岩的间距不应小于 150mm，在衬套外侧应设置明沟。半离壁衬套应在拱肩处设置排水沟。

7 注浆防水

7.1 一般规定

7.1.1 注浆包括预注浆（含高压喷射注浆）、后注浆（衬砌前围岩注浆、回填注浆、衬砌内注浆、衬砌后围岩注浆等），应根据工程地质及水文地质条件按下列要求选择注浆方案：

1 在工程开挖前，预计涌水量大的地段、软弱地层，宜采用预注浆；

2 开挖后有大股涌水或大面积渗漏水时，应采用衬砌前围岩注浆；

3 衬砌后渗漏水严重的地段或充填壁后的空隙地段，宜进行回填注浆；

4 衬砌后或回填注浆后仍有渗漏水时，宜采用衬砌内注浆或衬砌后围岩注浆。

7.1.2 注浆施工前应进行调查，搜集下列有关资料：

1 工程地质纵横剖面图及工程地质、水文地质资料，如围岩孔隙率、渗透系数、节理裂隙发育情况、涌水量、水压和软土地层颗粒级配、土壤标准贯入试验值及其物理力学指标等；

2 工程开挖中工作面的岩性、岩层产状、节理裂隙发育程度及超、欠挖值等；

3 工程衬砌类型、防水等级等；

4 工程渗漏水的地点、位置、渗漏形式、水量大小、水质、水压等。

7.1.3 注浆实施前应符合下列规定：

1 预注浆前先做止浆墙（垫），其在注浆时应达到设计强度；

2 回填注浆应在衬砌混凝土达到设计强度的70%后进行；

3 衬砌后围岩注浆应在回填注浆固结体强度达到70%后进行。

7.1.4 在岩溶发育地区，注浆防水应从勘测、选料、布孔、注浆施工等方面作出专业设计。

7.1.5 在注浆施工期间及工程结束后，应对水源取样检查，如有污染，应及时采取相应措施。

7.2 设　　计

7.2.1 预注浆钻孔，应根据岩层裂隙状态、地下水情况、设备能力、浆液有效扩散半径、钻孔偏斜率和对注浆效果的要求等，综合分析后确定注浆孔数、布孔方式及钻孔角度。

7.2.2 预注浆的段长，应根据工程地质、水文地质条件、钻孔设备及工期要求确定，宜为10～50m，但掘进时必须保留止水岩垫（墙）的厚度。注浆孔底距开挖轮廓的边缘，宜为毛洞高度（直径）的0.5～1倍，特殊工程可按计算和试验确定。

7.2.3 高压喷射注浆孔间距应根据地质情况及施工工艺确定，宜为0.4～2.0m。

7.2.4 高压喷射注浆帷幕宜插入不透水层，其深度应按下式计算：

$$d = \frac{h - b\alpha}{2\alpha} \quad (7.2.4)$$

式中 d——帷幕插入深度（m）；

h——作用水头（m）；

α——接触面允许坡降，取 5～6；

b——帷幕厚度（m）。

7.2.5 衬砌前围岩注浆的布孔，应符合下列规定：

1 在软弱地层或水量较大处布孔；

2 大面积渗漏，布孔宜密，钻孔宜浅；

3 裂隙渗漏，布孔宜疏，钻孔宜深；

4 大股涌水，布孔应在水流上游，且从涌水点四周由远到近布设。

7.2.6 回填注浆孔的孔径，不宜小于 40mm，间距宜为 2～5m，可按梅花形排列。检查注浆孔宜深入岩壁 100～200mm。

7.2.7 衬砌后围岩注浆钻孔深入围岩不应小于 1m，孔径不宜小于 40mm，孔距可根据渗漏水的情况确定。

7.2.8 岩石地层预注浆或衬砌后围岩注浆的压力，应比静水压力大 0.5～1.5MPa，回填注浆及衬砌内注浆的压力应小于 0.5MPa。

7.2.9 衬砌内注浆钻孔应根据衬砌渗漏水情况布置，孔深宜为衬砌厚度的 1/3～2/3。

7.3 材　　料

7.3.1 注浆材料选择原则：

1 原料来源广，价格适宜；

2 具有良好的可灌性；

3 凝胶时间可根据需要调节；

4 固化时收缩小，与围岩、混凝土、砂土等有一定的粘结力；

5 固结体具有微膨胀性，强度能满足开挖或堵水要求；

6 稳定性好，耐久性强；

7 具有耐侵蚀性；

8 无毒、低污染；

9 注浆工艺简单，操作方便、安全。

7.3.2 注浆材料应根据工程地质、水文地质条件、注浆目的、注浆工艺、设备和成本等因素，按下列规定选用：

1 预注浆和衬砌前围岩注浆，宜采用水泥浆液、水泥-水玻璃浆液，超细水泥浆液、超细水泥-水玻璃浆液等，必要时可采用化学浆液；

2 衬砌后围岩注浆，宜采用水泥浆液、超细水泥浆液、自流平水泥浆液等；

3 回填注浆宜选用水泥浆液、水泥砂浆或掺有石灰、粘土、膨润土、粉煤灰的水泥浆液；

4 衬砌内注浆宜选用水泥浆液、超细水泥浆液、自流平水泥浆液、化学浆液。

7.3.3 水泥类浆液宜选用强度等级不低于 32.5MPa 的普通硅酸盐水泥，其他浆液材料应符合有关规定。浆液的配合比，必须经现场试验后确定。

7.4 施　　工

7.4.1 预注浆钻孔误差应符合下列要求：

1 注浆孔深小于 10m 时，孔位最大允许偏差为 100mm，钻孔偏斜率最大允许偏差为 1%；

2 注浆孔深大于 10m 时，孔位最大允许偏差为 50mm，钻孔偏斜率最大允许偏差为 0.5%。

7.4.2 岩石地层或衬砌内注浆前应将钻孔冲洗干净。

7.4.3 注浆前，应进行压水试验，测定注浆孔吸水率和地层吸浆速度。

7.4.4 回填注浆时，对岩石破碎、渗漏水量较大的地段，宜在衬砌与围岩间采用定量、重复注浆法分段设置隔水墙。

7.4.5 回填注浆、衬砌后围岩注浆施工顺序，应符合下列要求：

1 沿工程轴线由低到高，由下往上，从少水处到多水处；

2 在多水地段，应先两头，后中间；

3 对竖井应由上往下分段注浆，在本段内应从下往上注浆。

7.4.6 注浆过程中应加强监测，当发生围岩或衬砌变形、堵塞排水系统、串浆、危及地面建筑物等异常情况时，可采取下列措施：

1 降低注浆压力或采用间歇注浆，直到停止注浆；

2 改变注浆材料或缩短浆液凝胶时间；

3 调整注浆实施方案。

7.4.7 高压喷射注浆的工艺参数应根据试验确定，也可按表7.4.7选用，并在施工中进行修正。

表 7.4.7 高压喷射注浆工艺参数

项目	压力（MPa）						输浆量（L/min）	喷嘴直径（mm）	提升速度（mm/min）
	单管法	双重管法		三重管法					
	浆液	浆液	空气	水	空气	浆液			
指标	20～30	20～30	0.7	20～30	0.7	2～3	40～150	2.0～3.0	50～200

7.4.8 单孔注浆结束的条件，应符合下列规定：

1 预注浆各孔段均达到设计终压并稳定 10min，且进浆速度为开始进浆速度的 1/4 或注浆量达到设计注浆量的 80%；

2 衬砌后回填注浆及围岩注浆达到设计终压；

3 其他各类注浆，满足设计要求。

7.4.9 预注浆和衬砌后围岩注浆结束前，应在分析资料的基础上，采取钻孔取芯法对注浆效果进行检查，必要时进行压（抽）水试验。当检查孔的吸水量大于 1.0L/min·m 时，必须进行补充注浆。

7.4.10 注浆结束后，应将注浆孔及检查孔封填密实。

8　特殊施工法的结构防水

8.1　盾构法隧道

8.1.1　盾构法施工的隧道，宜采用钢筋混凝土管片、复合管片、砌块等装配式衬砌或现浇混凝土衬砌。装配式衬砌应采用防水混凝土制作。当隧道处于侵蚀性介质的地层时，应采用相应的耐侵蚀混凝土或耐侵蚀的防水涂层。

8.1.2　不同防水等级盾构隧道衬砌防水措施应符合表8.1.2的要求。

表 8.1.2　不同防水等级盾构隧道的衬砌防水措施

措施选择 防水措施 / 防水等级	高精度管片	接缝防水				混凝土内衬或其他内衬	外防水涂料
		密封垫	嵌缝	注入密封剂	螺孔密封圈		
一　级	必选	必选	应选	可选	必选	宜选	宜选
二　级	必选	必选	宜选	可选	应选	局部宜选	部分区段宜选
三　级	必选	必选	宜选	—	宜选	—	部分区段宜选
四　级	可选	宜选	可选	—	—	—	—

8.1.3　钢筋混凝土管片应采用高精度钢模制作，其钢模宽度及弧弦长允许偏差均为±0.4mm。

钢筋混凝土管片制作尺寸的允许偏差应符合下列规定：

1　宽度为±1mm；

2　弧、弦长为±1mm；

3　厚度为+3～－1mm。

8.1.4　管片、砌块的抗渗等级应等于隧道埋深水压力的3倍，且不得小于S8。管片、砌块必须按设计要求经抗渗检验合格后方可使用。

8.1.5　管片至少应设置一道密封垫沟槽。接缝密封垫宜选择具有合理构造形式、良好回弹性或遇水膨胀性、耐久性、耐水性的橡胶类材料，其外形应与沟槽相匹配。弹性密封橡胶垫与遇水膨胀橡胶密封垫的性能应符合表8.1.5-1、8.1.5-2的规定。

表 8.1.5-1　弹性橡胶密封垫材料物理性能

序号	项目			指标	
				氯丁橡胶	三元乙丙胶
1	硬度（邵氏）			45±5～60±5	55±5～70±5
2	伸长率（%）			≥350	≥330
3	拉伸强度（MPa）			≥10.5	≥9.5
4	热空气老化	（70℃×96h）	硬度变化值（邵氏）	≤+8	≤+6
			拉伸强度变化率（%）	≥－20	≥－15
			扯断伸长率变化率（%）	≥－30	≥－30
5	压缩永久变形（70℃×24h）（%）			≤35	≤28
6	防霉等级			达到与优于2级	达到与优于2级

注：以上指标均为成品切片测试的数据，若只能以胶料制成试样测试，则其伸长率、拉伸强度的性能数据应达到本规定的120%。

8.1.6　管片接缝密封垫应满足在设计水压和接缝最大张开值下不渗漏的要求。密封垫沟槽的截面积应大于等于密封垫的截面积，当环缝张开量为0mm时，密封垫可完全压入储于密封沟槽内。其关系符合下式规定：

$$A = 1 \sim 1.15A_0 \tag{8.1.6}$$

式中　A——密封垫沟槽截面积；

A_0——密封垫截面积。

表 8.1.5-2 遇水膨胀橡胶密封垫胶料物理性能

序号	项目			指标			
				PZ－150	PZ－250	PZ－400	PZ－600
1	硬度（邵氏 A），度*			42±7	42±7	45±7	48±7
2	拉伸强度，MPa		≥	3.5	3.5	3	3
3	扯断伸长率%		≥	450	450	350	350
4	体积膨胀倍率%		≥	150	250	400	600
5	反复浸水试验	拉伸强度 MPa	≥	3	3	2	2
		扯断伸长率%	≥	350	350	250	250
		体积膨胀倍率%	≥	150	250	500	500
6	低温弯折－20℃×2h			无裂纹	无裂纹	无裂纹	无裂纹
7	防霉等级			达到与优于 2 级			

注：* 硬度为推荐项目。

①成品切片测试应达到标准的 80%。

②接头部位的拉伸强度不得低于上表标准性能的 50%。

③体积膨胀倍率 $=\frac{膨胀后的体积}{膨胀前的体积}\times 100\%$。

8.1.7 螺孔防水应符合下列规定：

1 管片肋腔的螺孔口应设置锥形倒角的螺孔密封圈沟槽；

2 螺孔密封圈的外形应与沟槽相匹配，并有利于压密止水或膨胀止水。在满足止水的要求下，其断面宜小。

螺孔密封圈应是合成橡胶、遇水膨胀橡胶制品。其技术指标要求应符合表 8.1.5-1、8.1.5-2 的规定。

8.1.8 嵌缝防水应符合下列规定：

1 在管片内侧环纵向边沿设置嵌缝槽，其深宽比大于 2.5，槽深宜为 25～55mm，单面槽宽宜为 3～10mm。嵌缝槽断面构造形状宜从图 8.1.8 中选定；

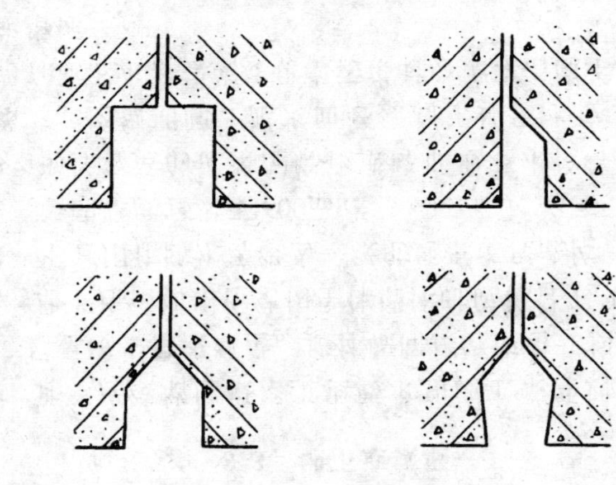

图 8.1.8 管片嵌缝槽构造形式示意图

2 不定形嵌缝材料应有良好的不透水性、潮湿面粘结性、耐久性、弹性和抗下坠性；定形嵌缝材料应有与嵌缝槽能紧贴密封的特殊构造，有良好的可卸换性、耐久性；

3 嵌缝作业区的范围与嵌填嵌缝槽的部位，除了根据防水等级要求设计外，还应视工程的特点与要求而定；

4 嵌缝防水施工必须在盾构千斤顶顶力影响范围外进行。同时，应根据盾构施工方法、隧道的稳定性确定嵌缝作业开始的时间；

5 嵌缝作业应在接缝堵漏和无明显渗水后进行，嵌缝槽表面混凝土如有缺损，应采用聚合物水泥砂浆或特种水泥修补牢固。嵌缝材料嵌填时，应先涂刷基层处理剂，嵌填应密实、平整。

8.1.9 双层衬砌的内层衬砌混凝土浇筑前，应将外层衬砌的渗漏水引排或封堵。采用复合式衬砌时，应根据隧道排水情况选用相应的缓冲层和防水板材料，并按本规范 4.5 和 6.4 的有关规定执行。

8.1.10 管片外防水涂层应符合下列规定：

1 耐化学腐蚀性、抗微生物侵蚀性、耐水性、耐磨性良好，且无毒或低毒；

2 在管片外弧面混凝土裂缝宽度达到 0.3mm 时，仍能抗最大埋深处水压，不渗漏；

3 具有防杂散电流的功能，体积电阻率高；

4 施工简便，且能在冬季操作。

8.1.11 竖井与隧道结合处，可用刚性接头，但接缝宜采用柔性材料密封处理，并宜加固竖井洞圈周围土体。在软土地层距竖井结合处一定范围内的衬砌段，宜增设变形缝。变形缝环面应贴设垫片，同时采用适应变形量大的弹性密封垫。

8.2 沉　　井

8.2.1 沉井主体应采用防水混凝土浇筑，分节制作时，施工缝的防水措施应根据其防水等级按本规范表 3.3.1-1 选用。

8.2.2 沉井施工缝的施工应符合本规范 4.1.22 条的有关规定。固定模板的螺栓穿过混凝土井壁时，螺栓部位的防水处理应符合本规范 4.1.24 条的有关规定。

8.2.3 沉井的干封底应符合下列规定：

1 地下水位应降至底板底高程 500mm 以下，降水作业应在底板混凝土达到设计强度，且沉井内部结构完成并满足抗浮要求后，方可停止；

2 封底前井壁与底板连接部位应凿毛并清洗干净；

3 待垫层混凝土达到 50% 设计强度后，浇筑混凝土底板，应一次浇筑，分格连续对称进行；

4 降水用的集水井应用微膨胀混凝土填筑密实。

8.2.4 沉井水下封底应符合下列规定：

1 封底混凝土水泥用量宜为 350～400kg/m^3，砂率为 45%～50%，砂宜采用中、粗砂，水灰比不宜大于 0.6，骨料粒径以 5～40mm 为宜。水下封底也可采用水下不分散混凝土；

2 封底混凝土应在沉井全部底面积上连续均匀浇筑，浇筑时导管插入混凝土深度不宜小于 1.5m；

3 封底混凝土达到设计强度后，方可从井内抽水，并检查封底质量，对渗漏水部位进行堵漏处理；

4 防水混凝土底板应连续浇筑，不得留施工缝，底板与井壁接缝处的防水措施按本规范表 3.3.1-1 选用，施工要求应符合本规范 4.1.22 条中的有关规定。

8.2.5 当沉井与位于不透水层内的地下工程连接时，应先封住井壁外侧含水层的渗水通道。

8.3 地下连续墙

8.3.1 地下连续墙应根据工程要求和施工条件划分单元槽段，应尽量减少槽段数量。墙体幅间接缝应避开拐角部位。

8.3.2 地下连续墙用作结构主体墙体时应符合下列规定：

1 不宜用作防水等级为一级的地下工程墙体；

2 墙的厚度宜大于 600mm；

3 选择合适的泥浆配合比或降低地下水位等措施，以防止塌方。挖槽期间，泥浆面必须高于地下水位 500mm 以上，遇有地下水含盐或受化学污染时应采取措施不得影响泥浆性能指标；

4 墙面垂直度的允许偏差应小于墙深的 1/250；墙面局

部突出不应大于100mm；

5 浇筑混凝土前必须清槽、置换泥浆和清除沉渣，沉渣厚度不应大于100mm，并将接缝面的泥土、杂物用专用刷壁器清刷干净；

6 钢筋笼浸泡泥浆时间不应超过10h。钢筋保护层厚度不应小于70mm；

7 幅间接缝方式应优先选用工字钢或十字钢板接头，并应符合设计要求。使用的锁口管应能承受混凝土灌注时的侧压力，灌注混凝土时不得位移和发生混凝土绕管现象；

8 混凝土用的水泥强度等级，不应低于32.5MPa，水泥用量不应少于370kg/m^3，采用碎石时不应小于400kg/m^3，水灰比应小于0.6，坍落度应为200±20mm，石子粒径不宜大于导管直径的1/8。浇筑导管埋入混凝土深度宜为1.5~6m，在槽段端部的浇筑导管与端部的距离宜为1~1.5m，混凝土浇筑必须连续进行。冬季施工时应采取保温措施，墙顶混凝土未达到设计强度50%时，不得受冻；

9 支撑的预埋件应设置止水片或遇水膨胀腻子条，支撑部位及墙体的裂缝、孔洞等缺陷应采用防水砂浆及时修补。墙体幅间接缝如有渗漏，应采用注浆、嵌填弹性密封材料等进行防水处理，并做引排措施；

10 顶板、底板的防水措施应按本规范表3.3.1-1选用。底板混凝土达到设计强度后方可停止降水，并应将降水井封堵密实；

11 墙体与工程顶板、底板、中楼板的连接处均应凿毛，清洗干净，并宜设置1~2道遇水膨胀止水条，其接驳器处宜喷涂水泥基渗透结晶型防水涂料或涂抹聚合物水泥防水砂浆。

8.3.3 做地下连续墙与内衬构成的复合式衬砌，应符合下列规定：

1 用作防水等级为一、二级的工程；

2 墙体施工应符合本规范8.3.2条3~10款的规定，并按设计规定对墙面凿毛与清洗，必要时施作水泥砂浆防水层或涂料防水层后，再浇筑内衬混凝土；

3 当地下连续墙与内衬间夹有塑料防水板的复合式衬砌时，应根据排水情况选用相应的缓冲层和塑料防水板，并按本规范4.5和6.4中的有关规定执行；

4 内衬墙应采用防水混凝土浇筑，其缝应与地下连续墙墙缝互相错开。施工缝、变形缝、诱导缝的防水措施应按本规范表3.3.1-1选用，其施工要求应符合本规范4.1.22条及5.1中的有关规定。

8.4 逆筑结构

8.4.1 直接用地下连续墙作墙体的逆筑结构应符合本规范8.3.1、8.3.2条的有关规定。

8.4.2 采用地下连续墙和防水混凝土内衬的复合式逆筑结构应符合下列规定：

1 用作防水等级为一、二级的工程；

2 地下连续墙的施工应符合本规范8.3.2条3~8款和10款的有关规定；

3 顶板、楼板及下部500mm的墙体应同时浇筑，墙体的下部应做成斜坡形；斜坡形下部应预留300~500mm空间，待下部先浇混凝土施工14d后再行浇筑；浇筑前所有缝面应凿毛，清除干净，并设置遇水膨胀止水条，上部施工缝设置遇水膨胀止水条时，应使用胶粘剂和射钉（或水泥钉）固定牢靠。浇筑混凝土应采用补偿收缩混凝土。防水处理见图8.4.2；

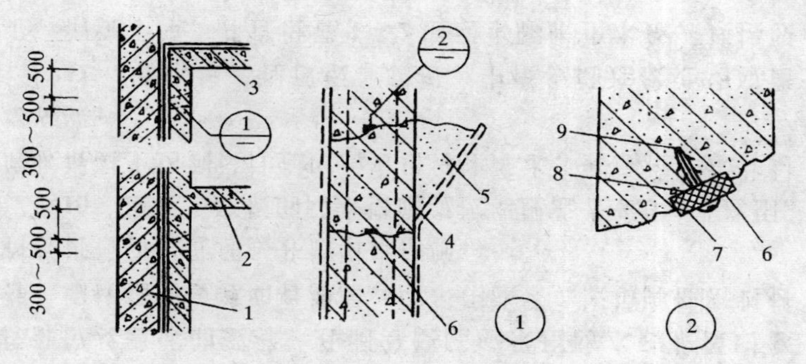

图 8.4.2　逆筑法施工接缝防水构造

1—地下连续墙；2—楼板；3—结构顶板；4—补偿收缩混凝土；5—应凿去的混凝土；6—遇水膨胀止水条；7—缓胀剂；8—粘结剂；9—射钉

4　底板应连续浇筑，不宜留施工缝，底板与桩头相交处的防水处理应符合本规范 5.6 中的有关规定。

8.4.3　采用桩基支护逆筑法施工时应符合下列要求：

1　用于各防水等级的工程；

2　侧墙水平、垂直施工缝，应有二道防水措施；宜用遇水膨胀止水条和防水涂料；

3　逆筑施工缝、底板、底板与桩头的做法应符合本规范8.4.2条 3、4 款的规定。

8.5　锚 喷 支 护

8.5.1　喷射混凝土施工前，应视围岩裂隙及渗漏水的情况，预先采用引排或注浆堵水。

采用引排措施时，应采用耐侵蚀、耐久性好的塑料盲沟、弹塑性软式导水管等柔性导水材料。

8.5.2　锚喷支护用作工程内衬墙时应符合下列规定：

1　适用于防水等级为三、四级的工程；

2　喷射混凝土的抗渗等级，不应小于 S6。喷射混凝土宜掺入速凝剂、减水剂、膨胀剂或复合外加剂等材料，其品种及掺量应通过试验确定；

3　喷射混凝土的厚度应大于 80mm，对地下工程变截面及轴线转折点的阳角部位，应增加 50mm 以上厚度的喷射混凝土；

4　喷射混凝土设置预埋件时，应做好防水处理；

5　喷射混凝土终凝 2h 后，应喷水养护，养护的时间不得少于 14d。

8.5.3　锚喷支护作为复合式衬砌一部分时，应符合下列规定：

1　适用于防水等级为一、二级工程的初期支护；

2　锚喷支护的施工应符合本规范 8.5.2 条 2～5 款的规定。

8.5.4　根据工程情况可选用锚喷支护、塑料防水板、防水混凝土内衬的复合式衬砌，也可把锚喷支护和离壁式衬砌、锚喷支护和衬套结合使用。

9 其　　他

9.0.1 地下工程与城市给水排水管道的水平距离宜大于2.5m，限于条件不能满足这一要求时，地下工程应采取有效的防水措施。

9.0.2 地下工程在施工期间对工程周围的地表水，应采取有效的截水、排水、挡水和防洪措施，防止地面水流入工程或基坑内。

9.0.3 地下工程雨季进行防水混凝土和其他防水层施工时应有防雨措施。

9.0.4 明挖法地下工程的结构自重应大于静水压头造成的浮力，在自重不足时必须采用锚桩或其他措施。抗浮力安全系数应大于1.05～1.1。施工期间应采取有效的抗浮力措施。

9.0.5 明挖法地下工程施工时应符合下列规定：

1 地下水位应降至工程底部最低高程500mm以下。降水作业应持续至回填完毕；

2 工程底板范围内的集水井，在施工排水结束后应用微膨胀混凝土填筑密实；

3 工程顶板、侧墙留设大型孔洞，如出入口通道、电梯井口、天棚口等，应采取临时封闭、遮盖措施。

9.0.6 明挖法地下工程的混凝土和防水层的保护层在满足设计要求、检查合格后，应及时回填。并应满足以下要求：

1 基坑内杂物应清理干净，无积水；

2 工程周围800mm以内宜用灰土、粘土或亚粘土回填，其中不得含有石块、碎砖、灰渣及有机杂物，也不得有冻土。

回填施工应均匀对称进行，并分层夯实。人工夯实每层厚度不大于250mm，机械夯实每层厚度不大于300mm，并应防止损伤防水层；

3 工程顶部回填土厚度超过500mm时，才允许采用机械回填碾压。

9.0.7 地下工程上的地面建筑物四周应作散水，宽度不宜小于800mm，散水坡度宜为5%。

9.0.8 地下工程建成后，其地面应进行整修，地质勘察和施工留下的探坑等应回填密实，不得积水。不宜在工程顶部设置蓄水池或修建水渠。

9.0.9 地面新建工程破坏已建地下工程的防水层时，地面工程承建单位必须将其修缮完整。

10 地下工程渗漏水治理

10.1 一般规定

10.1.1 地下工程渗漏水治理应遵循“堵排结合、因地制宜、刚柔相济、综合治理”的原则。

10.1.2 渗漏水治理前应掌握工程原防、排水系统的设计、施工、验收资料。

10.1.3 渗漏水治理施工时应按先顶（拱）后墙而后底板的顺序进行，应尽量少破坏原有完好的防水层。

10.1.4 有降水和排水条件的地下工程，治理前应做好降水和排水工作。

10.1.5 治理过程中应选用无毒、低污染的材料。

10.1.6 治理过程中的安全措施、劳动保护必须符合有关安全施工技术规定。

10.1.7 地下工程渗漏水治理，必须由防水专业设计人员和有防水资质的专业施工队伍完成。

10.2 治理顺序

10.2.1 地下工程渗漏水治理前，应调查以下内容：

1 渗漏水的现状、水源及影响范围；

2 渗漏水的变化规律；

3 衬砌结构的损害程度；

4 结构稳定情况及监测资料。

10.2.2 渗漏水的原因分析应从设计、施工、使用管理等方面进行：

1 掌握工程原设计、施工资料，包括防水设计等级、防排水系统及使用的防水材料性能、试验数据；

2 工程所在位置周围环境的变化；

3 运营条件、季节变化、自然灾害对工程的影响。

10.2.3 渗漏水治理过程中，应严格每道工序的操作，上道工序未经验收合格，不得进行下道工序施工。

10.2.4 随时检查治理效果，做好隐蔽施工记录，发现问题及时处理。

10.2.5 竣工验收应符合下列要求：

1 施工质量应符合设计和规范要求；

2 施工资料齐全，包括施工技术总结报告、所用材料的技术资料、施工图纸等。

10.3 材料选用

10.3.1 衬砌后注浆宜选用特种水泥浆、掺有膨润土、粉煤灰等掺合料的水泥浆、水泥砂浆。

10.3.2 衬砌内注浆宜选用超细水泥浆液，环氧树脂、聚氨酯等化学浆液。

10.3.3 防水抹面材料宜选用掺各种外加剂、防水剂、聚合物乳液的水泥净浆、水泥砂浆、特种水泥砂浆等。

10.3.4 防水涂料宜选用水泥基渗透结晶型类、聚氨酯类、硅橡胶类、水泥基类、聚合物水泥类、改性环氧树脂类、丙烯酸酯类、乙烯-醋酸乙烯共聚物类（EVA）等涂料。

10.3.5 导水、排水材料宜选用塑料排水板，铝合金、不锈钢金属排水槽，土工织物与塑料复合排水板、渗水盲管等。

10.3.6 嵌缝材料宜选用聚硫橡胶类、聚氨酯类等柔性密封材料或遇水膨胀止水条。

10.4 治理措施

10.4.1 大面积严重渗漏水可采用下列处理措施：

1 衬砌后和衬砌内注浆止水或引水，待基面干燥后，用掺外加剂防水砂浆、聚合物水泥砂浆、挂网水泥砂浆或防水涂层等加强处理；

2 引水孔最后封闭；

3 必要时采用贴壁混凝土衬砌加强。

10.4.2 大面积一般渗漏水和漏水点，可先用速凝材料堵水，再做防水砂浆抹面或防水涂层加强处理。

10.4.3 渗漏水较大的裂缝，可用速凝浆液进行衬砌内注浆堵水，渗水量不大时，可进行嵌缝或衬砌内注浆处理，表面用防水砂浆抹面或防水涂层加强。

10.4.4 结构仍在变形、未稳定的裂缝，应待结构稳定后再进行处理，处理方法按本规范10.4.3条执行。

10.4.5 有自流排水条件的工程，除应做好防水措施外，还应采用排水措施。

10.4.6 需要补强的渗漏水部位，应选用强度较高的注浆材料，如水泥浆、超细水泥浆、环氧树脂、聚氨酯等浆液处理，必要时可在止水后再做混凝土衬砌。

10.4.7 锚喷支护工程渗漏水部位，可采用引水带、导管排水，喷涂快凝材料及化学注浆堵水。

10.4.8 细部构造部位渗漏水处理可采用下列措施：

1 变形缝和新旧结构接头，应先注浆堵水，再采用嵌填遇水膨胀止水条、密封材料或设置可卸式止水带等方法处理；

2 穿墙管和预埋件可先用快速堵漏材料止水后，再采用嵌填密封材料、涂抹防水涂料、水泥砂浆等措施处理；

3 施工缝可根据渗水情况采用注浆、嵌填密封防水材料及设置排水暗槽等方法处理，表面增设水泥砂浆、涂料防水层等加强措施。

附录A 劳动保护

A.0.1 使用有毒材料时，作业人员应按规定享受劳保福利和营养补助，并应定期体检。

A.0.2 配制和使用有毒材料时，必须着防护服、戴口罩、手套和防护眼镜，严禁毒性材料与皮肤接触和入口。

A.0.3 有毒材料和挥发性材料应密封贮存，妥善保管和处理，不得随意倾倒。

A.0.4 使用易燃材料时，应严禁烟火。

A.0.5 使用有毒材料时，施工现场应加强通风。

本规范用词说明

一、为便于执行本规范条文时区别对待，对要求严格程度不同的用词说明如下：

1. 表示很严格，非这样做不可的用词：

正面词采用“必须”；

反面词采用“严禁”。

2. 表示严格，在正常情况下均应这样做的用词：

正面词采用“应”；

反面词采用“不应”或“不得”。

3. 表示允许稍有选择，在条件许可时首先应这样做的用词：

正面词采用“宜”；

反面词采用“不宜”。

表示有选择，在一定条件下可以这样做的，采用“可”。

二、条文中指明应按其他有关标准和规范的规定执行时，写法为“应按……执行”或“应符合……的规定”。非必须按所指定的标准和规范的规定执行时，写法为“可参照……”。

中华人民共和国国家标准

地下工程防水技术规范

GB 50108—2001

条文说明

目　次

1 总 则

1.0.1 （原规范 1.0.1，修改条文）

地下工程由于埋在地下，时刻受地下水的渗透作用，如地下工程防水性能不好，致使地下水渗漏到工程内部，将会带来一系列问题：如影响人员在工程内正常的工作和生活；使工程内部装修和设备加快锈蚀；使用机械排除工程内部渗漏水，需要耗费大量能源和经费，而且大量的排水还可能引起地面和地面建筑物不均匀沉降和破坏；另外，据有关资料记载，美国有 20%左右的地下室存在氡污染，而氡是通过地下水渗漏渗入地下工程内部聚积在地下工程内表面。我国地下工程内部氡污染的情况如何，尚未见到相关报道，但如地下工程存在渗漏水则会使氡污染的可能性增加。

为适应我国地下工程建设的需要，使新建、续建、改建的地下工程能合理正常地使用，充分发挥其经济效益、社会效益、战备效益，因此对地下工程的防水设计、施工内容作出相应规定是极为必要的。在设计和施工中，要贯彻质量第一的思想，把确保质量放在首位。

1.0.2 （原规范 1.0.2，修改条文）

根据 1998 年 3 月建设部标准定额司召开的规范修订协调会的精神，本规范不再涉及验收规范的内容，故删去原条文中验收的内容。

目前，城市市政隧道修建越来越多，为适应这一情况，在本条中增加市政隧道这一内容。

关于水底隧道，根据施工方法可分为矿山法、盾构法、沉管法等，由于目前国内沉管法施工的水底隧道数量太少，所以这次修编时未将沉管法的有关内容纳入。

1.0.3 （原规范 1.0.3，修改条文）

防水原则既要考虑如何适应地下工程种类的多样性问题，也要考虑如何适应地下工程所处地域的复杂性的问题，同时还要使每个工程的防水设计者在符合总的原则的基础上可根据各自工程的特点有适当选择的自由。原《规范》提出的防水原则基本符合上述要求，从修编过程中征求的意见来看，使用单位对这一原则也是基本满意的。

根据征求的意见，这次对原提出的原则增加了“刚柔相济”这一内容。原来的原则只规定了各种防水方法相结合，这次加的内容是从材性角度要求在地下工程中刚性防水材料和柔性防水材料结合使用。实际上目前地下工程不仅大量使用刚性防水材料，如结构主体采用防水混凝土，也大量使用柔性防水材料，如细部构造处的一些部位、主体结构需要采取柔性防水的部位，因此增加的内容是符合目前工程实际的。

1.0.4 （增加条文）

保护环境是我国的基本国策，考虑到地下工程防水施工中的噪音、材料、施工废弃物等会对周围生态环境造成不利影响，因此地下工程防水设计、施工时必须从选择施工方法、材料等方面事先考虑其对周围环境影响程度，并有针对性地采取措施，使对周围生态环境的影响减至最小。

1.0.5 （原规范 1.0.4，修改条文）

由于材料使用是否合适是保证地下工程防水质量的关键一环，因此这次修订时对推广新材料持更加积极和慎重的态度。

1.0.6 （原规范 1.0.5，修改条文）

根据建设部 1996 年颁发的《工程建设技术标准编写规定》第二章十四条的规定改为：“……除应符合本规范外，尚应符合国家现行的有关强制性标准的规定”典型用语。

3 地下工程防水设计

3.1 一般规定

3.1.3 （原规范 2.1.3，修改条文）

本条将“合理确定工程防水标高”做了修改。“工程防水标高”最早的含义是地下工程防水设防高度应为地下水位高度加 1m（1m 即是毛细管水上升的高度）。在原规范编写时，“工程防水标高”被定义为地下工程防水设防高度，它不单纯地以最高地下水位而定，而应综合分析历年水位地质资料、根据工程重要性、工程建成后地下水位变化的可能性等因素而定。上面两个定义虽有差别，但都强调防水设防高度主要由地下水位而定。但地下工程不仅受地下水、上层滞水、毛细管水等作用，也受地表水的作用，同时随着人们对水资源保护意识的加强，合理开发利用水资源的人为活动将会引起水文地质条件的改变，也会对地下工程造成影响，因此地下工程不能单纯以地下最高水位来确定工程防水标高，对单建式地下工程应采用全封闭、部分封闭的防排水设计（全封闭、部分封闭系指防水层的封闭程度，部分封闭只在地层渗透性较好时采用或可采用自流排水排走流入工程内的渗漏水，此时工程结构底板可按结构受力要求考虑）。对附建式的全地下或半地下工程的设防高度，应高出室外地坪高程 500mm 以上，确保地下工程的正常使用。

3.1.4 （原规范 2.1.4，修改条文）

防水混凝土自防水结构作为工程主体的防水措施十余年来已普遍为地下工程界所接受，根据各地的意见，修编时将原《规范》中的“宜采用防水混凝土结构”改为“应采用防水混凝土结构”。

3.1.5 （原规范 2.1.5，修改条文）

根据目前工程实践所遇到的问题及积累的经验，新增了预留通道接头、桩头防水的内容。

3.1.8 （增加条文）

原《规范》对设计内容没做规定，因此工程防水设计时有一定的随意性，加上这条内容的目的是使防水设计规范化，使地下工程建设从设计阶段开始就对防水有明确的要求，为确保地下工程正常使用打下良好的基础。

3.2 防水等级

3.2.1 （原规范 2.2.1，修改条文）

原《规范》规定的防水等级划分为四级，经过十余年的使用，从防水工程界的反映来看基本上是符合实际的、可行的，因此这次仍保留原防水等级的划分。但原《规范》的规定也暴露以下一些问题：

1 有的级别没有数量指标，只有定性要求，这就给施工和验收造成一定困难。

2 原《规范》只规定了整个工程的渗漏水量的指标，而对工程局部的渗漏水量的指标没有规定，这就有可能造成有的工程整体渗漏水量达标，但局部渗漏水量超标，严重影响工程正常使用。

针对上述问题，修订时作了如下修改：

1 除一级外，其他各级都给出了定量指标。

2 定量指标不仅规定了整个工程的量值，也规定了工程任一局部的量值。

修订上述标准的主要依据是：

1 防水等级为一级的工程其结构内壁并不是没有地下水的渗透现象，在原规范的条文说明对此有过明确地叙述，其渗透量约在 0.012 ~ 0.024L/m^2·d。20 世纪 90 年代德国 STUVA 隧道防水等级规定处于完全干燥的隧道其容许渗漏水量为：10m 区间为 0.02L/m^2·d，100m 区间为 0.01L/m^2·d。根据国内外的上述看法，一级标准的结构内壁是有少量渗水的。修订组在讨论要不要对一级标准规定定量指标时认为：由于渗水量极小，且随时都为正常的人工通风所带走，因此量测极为困难，规定了这一指标后将给验收工作带来困难。而不规定定量指标，仍沿用原来的定性描述，通过感观检查也可判断工程是否达到一级标准。因此这次修订时对一级标准仍没有规定定量指标。

2 防水等级为二级的工程的渗漏水量原规范在条文说明中根据国内外资料给出了渗漏量的大概值（0.025 ~ 0.2L/m^2·d），20 世纪 90 年代德国 STUVA 隧道防水等级规定处于基本干燥的隧道其容许渗漏水量为：10m 区间为 0.1L/m^2·d，100m 区间为0.05L/m^2·d；由毛细管现象产生湿迹的隧道，即在衬砌内壁可见局部明显渗水现象，但无水珠滴落现象时其容许渗漏水量为：10m 区间为 0.2L/m^2·d，100m 区间为 0.10L/m^2·d。上述德国标准中的渗漏水量的量值和我国防水等级为二级时的量值基本上是一致的。但由于这一量值仍然较小，难以准确检测，如以这一量值作为标准将给工程验收带来一定困难。在过去十年间，上海地区曾对工程渗漏水量大小与工程表面的湿迹大小进行了长期观测，尽管由于工程通风与否、风量大小、季节、湿度、温度等环境条件对湿迹的状态影响甚大，但经对大量观测数据的分析，在通风不好、工程内部湿度较大的情况下，也得到了一些有价值的数据：每 5 ~ 6 滴水约为 1mL 水量，每分钟 2 ~ 3 滴的渗水量约与 0.06m^2 湿迹相当。因此，铁道、隧道等部门在判断一个工程是否达到二级标准时，采用测量任意 100m^2 防水面积上湿迹总面积、单个湿迹的最大面积、湿迹个数的办法来判断，已得到工程界的认可。因此修订时根据工程的不同用途，规定了工程结构内壁任意 100m^2 防水面积上湿迹总面积值，单个湿迹最大面积值及湿迹个数作为判断工程是否达到二级标准的量化指标。

3 三级标准中明确规定漏点数量、每个漏点的最大渗漏量，单个湿迹的最大面积，以便于工程验收。修订后的标准严于原定的标准，是考虑三级标准的工程对防水仍有一定的要求，标准过低会影响使用。在地下工程中，顶（拱）的渗漏水一般为滴水，而侧墙则多呈流挂湿迹的形式，当侧墙的最大湿迹面积小于 0.3m^2 时，此处的渗漏仍可认为符合三级标准。

4 防水等级为四级的工程的渗漏水量保留了原整个工程渗漏水量的数值，增加了任一局部的渗漏水量的数值，其任意 100m^2 防水面积渗漏水量为整个工程渗漏水量的 2 倍。这是参照 20 世纪 90 年代德国 STUVA 防水等级中的规定，该规定中 100m 区间渗漏水量是 10m 区间的 1/2，是 1m 区间的 1/4。

3.2.2 （原规范 2.2.2，修改条文）

原条文中各类地下工程的防水等级予以删除，而增加了不同防水等级的适用范围。之所以作此变动，一是地下工程用途极广，原表中很难把所有工程类别一一列举；二是根据原表的规定，当某个工程的用途确定后，其整个工程的防水等级也随之确定，但实际上整个工程的不同部位、不同区域的防水等级要求还是有所差别的，如用同一防水等级来要求，这将给施工、验收带来不利的影响，也会相应提高工程造价。在设计时，可根据表中规定的适用范围，结合工程的实际情况合理确定工程的防水等级。如办公用房属人员长期停留场所，档案库、文物库属少量湿迹会使物品变质、失效的贮物场所，配电间、地下铁道车站顶部属少量湿迹会严重影响设备正常运转和危及工程安全运营的场所或部位，指挥工程属极重要的战备工程，故都应定为一级；而一般生产车间属人员经常活动的场所，地下车库属有少量湿迹不会使物品变质、失效的场所，电气化隧道、地铁隧道、城市公路隧道、公路隧道侧墙属有少量湿迹基本不影响设备正常运转和工程安全运营的场所或部位，人员掩蔽工程属重要的战备工程，故应定为二级；城市地下公共管线沟属人员临时活动场所，战备交通隧道和疏散干道属一般战备工程，可定为三级；像涵洞这类对渗漏水无严格要求的工程则定为四级。对于一个工程（特别是大型工程），因工程内部各部分的用途不同，其防水等级可以有所差别，设计时可根据表中适用范围的原则分别予以确定。但设计时要防止防水等级低的部位的渗漏水影响防水等级高的部位的情况。

3.3 防水设防要求

3.3.1 （原规范 2.3.2、2.3.3、2.3.4，修改条文）

不同防水等级的地下工程防水方案是地下工程防水界普遍关心的问题，这次修订时对此做了较大的改动。

从原《规范》编写时调研的资料和这次修编时调查了解的情况来看，地下工程的防水可分为两部分内容，一是结构主体防水，二是细部构造特别是施工缝、变形缝、诱导缝、后浇带的防水。目前结构主体采用防水混凝土结构自防水其防水效果尚好，而细部构造，特别是施工缝、变形缝的渗漏水现象较多，工程界有所谓“十缝九漏”之说。针对目前存在的这种情况，明挖法施工时不同防水等级的地下工程防水方案分为四部分内容，即主体、施工缝、后浇带、变形缝。对于结构主体，其防水采用目前普遍应用的防水混凝土自防水结构，当工程的防水等级为一级时，应再增设一至两道其他防水层，当工程的防水等级为二级时，可视工程所处的地质条件、环境条件等不同情况，应再增设一道其他防水层。之所以做这样的规定，除了确保工程的防水要求外，还考虑到下面的因素：即混凝土材料过去人们一直认为是永久性材料，但通过长期实践，人们逐渐认识到混凝土在地下工程中会受地下水侵蚀，其耐久性会受到影响。现在我国地下水特别是浅层地下水受污染比较严重，而防水混凝土又不是绝对不透水的材料，据测定抗渗等级为 S8 的防水混凝土的渗透系数为 $5\sim8\times10^{-10}$cm/s。所以地下水对地下工程的混凝土、钢筋的侵蚀破坏已是一个不容忽视的问题。防水等级为一、二级的工程，多是一些比较重要、投资较大、要求使用年限长的工程，为确保这些工程的使用寿命，单靠用防水混凝土来抵抗地下水的侵蚀其效果有限，而防水混凝土和其他防水层结合使用则可较好地解决这一矛盾。对于施工缝、后浇带、变形缝，应根据不同防水等级选用不同的防水措施，防水等级越高，拟采用的措施越多，一方面是为了解决目前缝隙渗漏率高的状况，另一方面是由于缝的工程量相对于结构主体来说要小得多，采用多种措施也能做到精心施工，容易保证工程质量。暗挖法施工时，其与明挖法不同处是主体不同的衬砌措施即是不同防水等级的防水措施，二是工程内垂直施工缝多，其防水做法与水平施工缝有所区别。

此条只讲了明挖法和暗挖法施工的地下工程的不同防水等级的防水措施，其他施工方法施工的地下工程不同防水等级的防水措施拟结合其施工方法的特点放在第八章各节内叙述。

4 地下工程混凝土结构主体防水

4.1 防水混凝土

Ⅰ 一般规定

4.1.1 （原规范3.1.1，修改条文）

由于防水混凝土的抗渗等级是根据素混凝土试件试验测得，而地下工程结构主体中钢筋密布，将对混凝土的抗渗性有不利影响，为确保地下工程结构主体的防水效果，故将地下工程结构主体的防水混凝土抗渗等级定为不小于S6。

4.1.2 （原规范3.3.1，保留条文）

规定防水混凝土抗渗压力应比设计要求高0.2MPa，是因为混凝土抗渗压力是试验室得出的数值，而施工现场条件比试验室差，其影响混凝土抗渗性能的因素有些难以控制，因此抗渗等级应提高一个等级（0.2MPa）。

Ⅱ 设 计

4.1.3 （原规范3.1.1，修改条文）

此条对防水混凝土抗渗等级选用表做了较大的修改。原《规范》的选用表是参照水工混凝土抗渗等级的有关规定制定的，通过十余年使用表明，在地下工程中按最大水头和混凝土壁厚比值来确定设计抗渗等级往往选用的抗渗等级较高，不太符合工程实际的需要，如有的工程埋深10m左右，由于结构的壁厚不大，按原表3.1.1的要求，设计抗渗等级要达到S12，这不仅造成工程成本的提高，而且由于高抗渗等级的防水混凝土水泥用量要相应增加，从而混凝土硬化时其水化热的产生量也相应增大，如果施工中不采用相应措施，则极易使混凝土产生裂缝而使工程渗漏。

现在的防水混凝土抗渗等级选用表是参照近十余年来各地工程实践经验制定的：

1 上海盾构隧道混凝土管片，其混凝土抗渗等级等于隧道埋深水压力的3倍，且不得低于0.8MPa。

2 上海宝钢某地下工程，埋深35m，混凝土的抗渗等级为S12。

3 近年来一些埋深10m左右的工程其防水混凝土的抗渗等级多为S6～S8。

4.1.4 （原规范3.1.2，保留条文）

当防水混凝土用于具有一定温度的工作环境时，其抗渗性随着温度提高而降低，温度越高则降低得越显著，当温度超过250℃时，混凝土几乎失去抗渗能力，参见表1。因此规定，最高使用温度不得超过100℃。

表1 不同加热温度的防水混凝土抗渗性能表

加热温度（℃）	抗渗压力（MPa）
常温	1.8
100	1.1
150	0.8
200	0.7
250	0.6
300	0.4

4.1.5 （原规范3.1.3，修改条文）

不少地方反映混凝土的垫层强度和厚度原规定太小，并已在工程中做了相应提高，另外，对于预拌混凝土来说，很难配出低于C15的混凝土，根据调研搜集的这种情况，对此条做了相应的修改。

4.1.6 （原规范3.1.4，修改条文）

此条做了两点修改：

1 衬砌厚度由“不应小于200mm”改为“不应小于250mm”。其理由一是根据十余年工程实践不少地方反映原规定值偏小；二是与其他规范不一致，如《钢筋混凝土高层建筑结构设计与施工规程》规定衬砌厚度不应小于250mm。

2 原规范中钢筋保护层系指主筋的保护层厚度，由于地下工程中主筋外还有箍筋，因此箍筋的保护层厚度较薄，再加上施工中的误差，则会产生箍筋外露或保护层极薄的情况，从而会使地下水沿钢筋渗入工程内部，实际工程中也常见这种原因引起的渗漏水现象，故这次修改时加大了迎水面钢筋保护层厚度。

Ⅲ 材　料

4.1.7 （原规范3.2.1，修改条文）

原《规范》规定可采用325号水泥，这是针对当时325号水泥产量较大的实际情况决定的。随着国民经济的发展，我国制定了新的水泥标准，新标准中取消了325号水泥，并用水泥强度等级代替原水泥标号，规定最低强度等级值为32.5MPa，相当于原标准的425号水泥，因此地下工程配制防水混凝土选用水泥时应按新标准执行。

4.1.8 （原规范3.2.2，修改条文）

泵送防水混凝土的石子最大粒径应根据输送管的管径决定，其石子最大粒径不应大于管径的1/4，否则将影响泵送。

4.1.10 （原规范3.2.4，修改条文）

外加剂对提高防水混凝土的防水质量极有好处，故本条予以保留，但根据目前工程中应用外加剂种类的情况，新增了膨胀剂、防水剂、复合型外加剂等内容。另外根据国产外加剂质量情况，增加了对外加剂质量指标的要求。因目前有的外加剂产品质量仍分为几级，其各级的性能差别较大，考虑地下工程防水的使用要求，故本条增加了对外加剂产品质量要求的内容。

4.1.11 （原规范3.2.5，修改条文）

粉煤灰、磨细矿渣粉、硅粉等均属活性掺合料，他们在水泥水化后期均参与水化反应，掺加这些材料既可填充混凝土空隙，提高密实性，又可使混凝土流动性增加，同时由于它们早期不反应，因此可降低水泥早期的水化热，各地现已大量使用这些掺合料。根据上述情况，删掉了原条文中磨细砂、石粉等内容，新增了磨细矿渣粉、硅粉等内容。至于掺加量，既与这些掺合料的磨细程度有关，也与混凝土要求的强度等级有关，使用时应根据其磨细程度和使用要求通过试验确定其用量。

4.1.12 （增加条文）

防水混凝土要起到防水作用，除混凝土本身具有较高的密实性、抗渗性以外，还要求混凝土施工完后不开裂，特别是不能产生贯穿裂缝。为了防止或减少混凝土裂缝的产生，在配制混凝土时加入一定量的钢纤维或合成纤维，可有效提高混凝土的抗裂性，近年来的工程实践已证明了这一点。但由于掺加纤维后混凝土的成本相应提高，故条文中增加了“根据工程抗裂需要”这一使用条件。

4.1.13 （增加条文）

因碱骨料反应引起混凝土破坏已成为一个世界性普遍存在的问题。由于地下工程长期受地下水、地表水的作用，如果混凝土中水泥和外加剂中含碱量高，遇到混凝土中的集料是碱活性，即有引起碱骨料反应的危险，因此在地下工程中应对所用的水泥和外加剂的含碱量有所控制，以避免碱骨料反应的发生。国内外对混凝土中含碱量的规定各不相同，英国规定混凝土每立方米含碱量不超过3kg，对不重要工程可放宽至4.5kg；南非一些国家认为混凝土每立方米含碱量小于1.8kg时较安全，1.8～3.8kg时为可疑危害，大于3.8kg时为有害；北京市建委于1995年3月1日规定：对于应用于桥梁、地下铁道、人防、自来水厂大型水池、承压输水管、水坝、深基础、桩基等外露或地下结构以及经常处于潮湿环境的建筑结构工程（包括构筑物）必须选用低碱外加剂，每立方米混凝土掺用外加剂加入的碱量不得超过1kg。根据以上资料，本规范建议每立方米防水混凝土中各类材料的总碱量（Na_2O当量）不得大于3kg。

Ⅳ 施 工

4.1.14 （原规范3.3.1，修改条文）

本条做了以下几点修改：

1 水泥标号取消了325号的内容，理由已在4.1.7中述及。

2 增加了泵送防水混凝土对砂率的要求，因泵送时要求混凝土有较好的流动性，故应适当提高其砂率。

3 水灰比的大小对防水混凝土的防水性能影响较大，根据目前外加剂的开发利用的情况，掺加减水剂后其水灰比可以降低，因此把原《规范》规定的最大水灰比0.6降为0.55。

4 增加了预拌混凝土的坍落度的规定。目前工程实践中预拌混凝土的坍落度普遍偏高，有的高达20cm左右，但实际上在地下工程中并没有这种必要。在工程施工中为了达到较高的坍落度有的是采用掺加外加剂的方法，有的是采用提高水灰比的方法，前者会增加工程造价，后者则可能降低混凝土的防水性能。经征求意见，认为预拌混凝土用于地下工程防水时其入泵坍落度宜控制在 12±2cm 的范围内。另外预拌混凝土的搅拌地和浇筑地不在一处，从搅拌到入泵需经过一段时间，因此坍落度会有损失，如损失过大，则会影响混凝土的施工质量，所以条文中规定了坍落度的损失值，以确保混凝土的施工质量。

5 用于防水的预拌混凝土不仅由于从搅拌地到施工处需花一定时间，特别是在城市内部，因交通等问题会使这一时间更长，而且预拌混凝土多用于大型地下工程，混凝土工程量大。如果混凝土凝固时间过短，既有可能运到工地时混凝土就不能施工，更有可能在混凝土浇筑时层与层之间出现冷缝，造成工程渗漏水的隐患。缓凝时间的长短与诸如城市交通状况、搅拌地到施工地距离、天气状况、工程量的大小等很多因素有关，施工时应根据上述因素综合考虑，以确保混凝土浇筑时不会出现冷缝为原则。

4.1.18 （原规范 3.3.5，修改条文）

根据目前工程施工的经验，增加二次掺加减水剂的方法来确保混凝土坍落度满足施工要求的内容。针对施工中遇到坍落度不满足施工要求时有随意加水的现象，本条做了严禁直接加水的规定。因随意加水将改变原有规定的水灰比，而水灰比的增大将不仅影响混凝土的强度，而且对混凝土的抗渗性影响极大，将会造成渗漏水的隐患。

4.1.20 （原规范 3.3.7，修改条文）

墙体水平施工缝距底板的距离由不小于 200mm 改为 300mm，这是考虑现在施工中采用钢模板比较普遍，这一距离的大小应与钢模板的模数相适应。

4.1.21 （原规范 3.3.7，修改条文）

施工缝的构造形式做了较大的改动。原规范推荐的凹缝、凸缝、阶梯缝，从十年实践来看均有不同的问题，凹缝清理困难，这使施工缝的防水可靠性降低，凸缝和阶梯缝则支模困难，不便施工，但目前这几种形式仍在应用，考虑上述情况，这次修改未予保留，即不再提倡。外贴式止水带虽造价高些，但用于施工缝防水处理效果尚好，故将此种形式列入，同时也在此列入外贴卷材、外涂涂层的方法。施工缝上敷设遇水膨胀止水腻子条或遇水膨胀橡胶条的做法目前较为普遍，且随着缓胀问题的解决，此法的效果会更好，故也列入。中埋止水带用于施工缝的防水效果一直不错，故仍予以保留。中埋式止水带从材质上看，有钢板和橡胶两种，从防水角度上这两种材料均可使用。但在防护工程中，宜采用钢板，以确保工程的防护效果。

4.1.22 （原规范 3.3.8，修改条文）

施工缝的防水质量除了与选用的构造措施是否合理有关外，还与施工质量有很大的关系，本条根据各地的实践经验，对原条文做了较大地改动。

1 删除了原条文中凿毛的内容，因混凝土硬化后进行凿毛不仅费时费力，而且还会引起混凝土的松动，造成渗漏水隐患。增加了清除缝表面浮浆的内容，做法是在混凝土终凝后（一般来说，夏季在混凝土浇筑后 24h，冬季则在 36～48h，具体视气温、混凝土强度等级而定，气温高、混凝土强度等级高者可短些），立即用钢丝刷将表面浮浆刷除，边刷边用水冲洗干净，并保持湿润，冬季施工时则应在缝表面采取防冻措施。这不仅是因为混凝土刚刚终凝，浮浆的清除较为容易，更主要的是这层浮浆是妨碍新老混凝土结合的障碍，由于新老混凝土不能紧密结合使施工缝容易产生渗漏水。另外把1:1水泥砂浆层的厚度由20~25mm改为30~50mm，目的是使新老混凝土结合更好，如不先铺水泥砂浆层或铺的厚度不够，将会出现工程界俗称的"烂根"现象，极易造成施工缝的渗漏水。还应注意铺水泥砂浆层或刷界面处理剂后，应及时浇灌混凝土，若时间间隔过久，水泥砂浆已凝固或界面处理剂固化后，则起不到使新老混凝土密切结合的作用，仍会留下渗漏水的隐患。

2 遇水膨胀橡胶止水腻子条或遇水膨胀橡胶止水条是近年来在施工缝上使用的新材料，有的地方用后效果尚好，有的地方用后效果不佳，其效果不佳的原因：一是由于降雨或施工用水等使止水腻子条或止水条过早膨胀，因此条文规定止水腻子条或止水条应具有缓胀性能；二是固定不牢固，故此条文中也明确对此作了规定。

3 中埋止水带只有位置准确、固定牢固才能起到止水作用，因此做此规定。

4.1.23 （原规范3.3.9，修改条文）

大体积混凝土近年来在地下工程中应用越来越多。大体积混凝土与普通混凝土的区别表面上看是厚度不同，但其实质的区别是由于混凝土中水泥水化要产生热量，大体积混凝土内部的热量不如表面的热量散失得快，造成内外温差过大，其所产生的温度应力可能会使混凝土开裂。因此判断是否属于大体积混凝土既要考虑厚度这一因素，又要考虑水泥品种、强度等级、每立方米水泥用量等因素，比较准确的方法是通过计算水泥水化热所引起的混凝土的温升值与环境温度的差值大小来判别，一般来说，当其差值小于25℃时，其所产生的温度应力将会小于混凝土本身的抗拉强度，不会造成混凝土的开裂，当差值大于25℃时，其所产生的温度应力有可能大于混凝土本身的抗拉强度，造成混凝土的开裂，此时就可判定该混凝土属大体积混凝土，并应按条文中规定的措施进行施工，以确保混凝土不致开裂，造成工程渗漏水的隐患。

通过水泥水化热来计算温升值比较麻烦，《工程结构裂缝控制》（王铁梦著）中根据最近几年来的现场实测降温曲线及实测数据，经统计整理水化热温升值，可直接应用于相类似的工程，见表2。

当使用其他品种水泥，强度等级、模板、水泥用量有变化时，应将上表中的数值乘以修正系数：$T_{max} = T' \times k_1 \times k_2 \times k_3 \times k_4$，各修正系数的值见表3。

表2 混凝土结构物水化热温升值（T'）

壁厚（m）	温升 T'（℃）	夏季（气温32~38℃）		壁厚（m）	温升 T'（℃）	冬季（气温+3~−5℃）	
		入模温度（℃）	最高温度（℃）			入模温度（℃）	最高温度（℃）
0.5	6	30~35	36~41	0.5	5	10~15	15~20
1.0	10	30~35	40~45	1.0	9	10~15	19~24
2.0	20	30~35	50~55	2.0	18	10~15	28~33
3.0	30	30~35	60~65	3.0	27	10~15	37~42
4.0	40	30~35	70~75	4.0	36	10~15	46~51

注：表中数据是在以下条件下获得的：①水泥品种：矿渣水泥；②水泥强度等级：32.5MPa；③水泥用量：275kg/m³；④模板：钢模板；⑤养护条件：两层草包保温养护。

表 3　修正系数表

水泥强度等级修正系数 k_1		水泥品种修正系数 k_2		水泥用量修正系数 k_3	模板修正系数 k_4	
32.5MPa	1.00	矿渣水泥	1.00	$k_3 = w/275$	钢模板	1.0
42.5MPa	1.13	普通硅酸盐水泥	1.20	w 为实际水泥用量（kg/m³） 1.4	木模板 其他保温模板	1.4

注：如遇有中间状态可用插入法确定。

现举例说明以上二表的用法。某工程混凝土厚度 2m，采用普通硅酸盐水泥强度等级为 42.5MPa，水泥用量 360kg/m³，木模板，夏季施工，试计算最高温升。

$$T_{max} = T' \times k_1 \times k_2 \times k_3 \times k_4$$
$$= 20 \times 1.13 \times 1.2 \times 360/275 \times 1.4$$
$$= 49.7℃$$

夏季入模温度为 32.5℃，则混凝土的最高温度可达 49.7 + 32.5 = 82.2℃。而有一类似工程的实测温度记录为 80℃，故上二表直接用于相似的工程中，是比较切合实际的。

根据各地大体积混凝土施工的经验，增补了大体积混凝土施工时防止裂缝产生的有关技术措施。大体积混凝土施工时，一是要尽量减少水泥水化热，推迟放热高峰出现的时间，如采用 60d 龄期的混凝土强度作为设计强度（此点必须征得设计单位的同意），以降低水泥用量；掺粉煤灰可替代部分水泥，既可降低水泥用量，且由于粉煤灰的水化反应较慢，可推迟放热高峰的出现时间；掺外加剂也可达到减少水泥、水的用量，推迟放热高峰出现的时间；夏季施工时采用冰水拌和、砂石料场遮阳等措施可降低混凝土的出机和入模温度。以上这些措施可减少混凝土硬化过程中的温度应力值。二是进行保温保湿养护，使混凝土硬化过程中产生的温差应力小于混凝土本身的抗拉强度，从而可避免混凝土产生贯穿性的有害裂缝。

4.1.24　（原规范 3.3.10，修改条文）

根据近十年来的工程实践，只保留了螺栓加堵头这种防水效果较好的做法。在采用螺栓加堵头的方法时，人们创造出一种工具式螺栓，可简化施工操作并可反复使用，因此重点介绍了这种做法。

4.1.25　（原规范 3.3.11，保留条文）

防水混凝土的养护是至关重要的。在浇灌后，如混凝土养护不及时，混凝土内水分将迅速蒸发，使水泥水化不完全。而水分蒸发造成毛细管网彼此连通，形成渗水通道；同时混凝土收缩增大，出现龟裂，使混凝土抗渗性急剧下降，甚至完全丧失抗渗能力。若养护及时，防水混凝土在潮湿的环境中或水中硬化，能使混凝土内的游离水分蒸发缓慢，水泥水化充分，水泥水化生成物堵塞毛细孔隙，因而形成不连通的毛细孔，提高了混凝土的抗渗性（见表 4）。

表 4　不同养护龄期的混凝土抗渗性能表

养护方式	雾室养护			备　注
龄期（d）	7	14	23	水灰比为 0.5，砂率为 35%
坍落度（cm）	7.1	7.1	7.1	
抗渗压力（MPa）	1.1	>3.5	>3.5	

4.1.26　（原规范 3.3.12，保留条文）

地下工程进行冬季施工时，必须采取一定的技术措施。因为混凝土温度在 +4℃时，强度增长速度仅为 +15℃时的一半。当混凝土温度降到 -4℃时，水泥水化作用停止，混凝土强度也停止增长。水冻结后，体积膨胀 8%～9%，使混凝土内部产生很大的冻胀应力。如果此时混凝土的强度较低，就会被冻裂，使混凝土内部结构破坏，造成强度、抗渗性显著下降。

冬季施工措施，既要便于施工、成本低，又要保证混凝土质量，具体应根据施工现场条件而选择。

化学外加剂主要是指防冻剂和防冻复合剂。在混凝土拌合物拌合用水中加入防冻剂或防冻复合剂能降低水溶液的冰点，以保证混凝土在低温或负温下硬化。如掺亚硝酸钠-三乙醇胺等防冻复合剂的防水混凝土，可在外界温度不低于 -10℃的条件下硬化。但由于防冻剂或防冻复合剂的掺入会使溶液的导电能力倍增，故此不得在高压电源和大型直流电源的工程中应用，在施工时，还要适当延长混凝土搅拌时间，混凝土入模温度应为正温，振捣要密实。并要注意早期养护。

暖棚法是采取暖棚加温，使混凝土在正温下硬化，当建筑物体积不大或混凝土工程量集中的工程，宜采用此法。暖棚法施工时，暖棚内可以采用蒸汽管片或低压电阻片加热，使暖棚保持在 5℃以上，混凝土入模温度也应为正温。在室外平均气温为 -15℃以下，或者表面系数在 6～8 以下的结构，应优先采用蓄热法，如经热工计算，采用加厚保温材料或使用早强剂配合时，此法能用于表面系数大于 8 的结构和温度低于 -15℃的情况。采用蓄热法需经热工计算，根据每立方米混凝土从浇筑完毕的温度降到 0℃的过程中，透过模板及覆盖的保温材料所放出的热量与混凝土所含的热量及水泥在此期间所放出的水化热之和相平衡，与此同时混凝土的强度也正好达到临界强度。当利用水泥水化热不能满足热量平衡时，可采用原材料加热法（即分别加热水、砂、石）或增加保温材料的热阻。

蒸汽加热法和电加热法，由于易使混凝土局部热量集中，故不宜在防水混凝土冬季施工中使用。

4.2 水泥砂浆防水层

Ⅰ 一 般 规 定

4.2.1 （增加条文）

水泥砂浆防水层原规范只提到普通水泥砂浆防水层，掺外加剂（掺合料）水泥砂浆防水层这两类，根据目前国内外刚性防水材料发展趋向及近十年来国内防水工程实践的情况，增加了聚合物水泥砂浆防水层这一类材料。

Ⅱ 设 计

4.2.5 （原规范 4.2.4，修改条文）

根据新品种防水材料的特性及目前应用的实际情况，将防水层的厚度分二种情况重新规定，对普通水泥砂浆防水层和掺外加剂（掺合料）的水泥砂浆防水层，其厚度定为 18～20mm，对聚合物水泥砂浆防水层根据施工层数的不同分别进行了规定。

Ⅲ 材 料

4.2.7 （原规范 4.2.1，修改条文）

本条做了以下几点修改：

1 水泥强度等级改为32.5MPa，去掉原选用 325 号水泥的内容。原条文中“膨胀水泥”用“特种水泥”代替，以适应目前的实际情况；

2 因现在外加剂、掺合料的品种越来越多，在砂浆中掺用聚合物进行改性的做法也越来越普遍，所以有必要列出对聚合物乳液和外加剂的主要技术要求。目前使用的聚合物种类较多，在地下工程中常用的聚合物有：乙烯-醋酸乙烯共聚物、聚丙烯酸酯、有机硅、丁苯胶乳、氯丁胶乳等。

4.2.8 （增加条文）

目前掺各种外加剂、掺合料、聚合物的防水砂浆品种繁多，给设计、施工单位选用这些材料带来一定的困难，但《规范》中又不可能将他们一一列出。为便于设计、施工单位选用，现根据地下工程防水的要求，列出选用这些材料所配制的防水砂浆应满足的主要技术性能指标要求。凡符合这些指标要求的材料，设计和施工单位方可使用。

Ⅳ 施 工

4.2.17 （原规范 4.2.7，修改条文）

本条增加了关于聚合物水泥砂浆防水层应采用干湿交替养护方法的规定。聚合物水泥砂浆防水层早期（硬化后 7d 内）采用潮湿养护的目的是为了使水泥充分水化而获得一定的强度，后期采用自然养护的目的是使胶乳在干燥状态下使水分尽快挥发而固化形成连续的防水膜，赋予聚合物水泥砂浆良好的防水性能。

4.3 卷材防水层

Ⅰ 一 般 规 定

4.3.1 （增加条文）

此条明确提出卷材防水层的适用范围，这是根据卷材的性能提出的。因为高聚物改性沥青卷材和合成高分子卷材耐腐蚀性能较好，这两类卷材中有些品种卷材延伸率较高，因此可根据工程的实际需要选用适合要求的卷材品种。

4.3.2 （增加条文）

本条提出卷材防水层应铺设在结构主体迎水面的基面上，是为保护结构主体不受侵蚀性介质作用，并为达到防御外部压力水渗入结构主体内部的目的。同时由于卷材与混凝土基面粘结力不大，卷材铺贴在迎水面则可避免卷材这一短处。

4.3.3 （增加条文）

1 近几年在渗漏治理工程中遇到有些工程地下室的卷材防水层只做在结构主体的侧墙上而底板部位不做，致使结构主体卷材防水层不交圈、不封闭，产生渗漏水。这是因为有些设计人员认为，建筑物（尤其是高层建筑）地下室的防水混凝土底板很厚，足以发挥防水作用而可不设卷材防水层造成的。

2 墙体顶端是指卷材防水层的设防高度应符合本规范 3.1.3条规定，即高出室外地坪高程 500mm 以上。

Ⅱ 设 计

4.3.4 （增加条文）

卷材防水层必须具有足够的厚度，才能保证防水的可靠性和耐久性。按照两层做法防水质量较优的经验，建议卷材尽可能不单层使用。高聚物改性沥青卷材双层使用时，宜采用两层 3mm 厚或一层 4mm 与一层 3mm 厚或两层 4mm 厚的方案，不宜采用较薄的 2mm 厚卷材与 4mm 厚卷材复合，因 2mm 厚卷材在热熔法施工时卷材易被烧穿，影响防水层质量。

Ⅲ 材 料

4.3.6 （原规范 4.3.1，修改条文）

1 删掉原条文中过时的笼统提法“采用橡胶、塑料、沥青类”等卷材。明确提出应选用现时国家要求推广的新型防水卷材，即高聚物改性沥青类和合成高分子类防水卷材。过去常用的传统防水卷材“石油沥青纸胎油毡”，由于其物理性能指标差以及在现场熬制热沥青玛瑞脂存在环境污染等原因，已在各地陆续被淘汰或限制使用，故本规范不再列入。

2 目前适用于地下工程的高聚物改性沥青类防水卷材的主要品种有：(1) 弹性体改性沥青防水卷材，是用苯乙烯-丁二烯-苯乙烯嵌段共聚物（简称 SBS）改性沥青和聚酯毡或玻纤毡胎体制成；(2) 塑性体改性沥青防水卷材是用无规则聚丙烯（APP）等改性沥青和聚酯毡或玻纤毡胎体制成；(3) 改性沥青聚乙烯胎防水卷材（JC/T 633—96）是以改性沥青为基料、高密度聚乙烯膜为胎体制成的卷材。

3 目前适用于地下工程的合成高分子卷材的类型有：(1) 硫化橡胶类卷材，主要有 JL_1 三元乙丙橡胶（EPPM）和 JL_2 氯化聚乙烯-橡胶共混等产品；(2) 非硫化橡胶类卷材，主要有 JF_3 氯化聚乙烯（CPE）等产品；(3) 合成树脂类卷材，主要有 JS_1 聚氯乙烯（PVC）等产品；(4) 纤维胎增强类卷材，主要有丁基、氯丁橡胶、聚氯乙烯、聚乙烯等产品。

4 根据地下工程防水的特殊性，增加了对卷材及其胶粘剂应具有良好的耐水性、耐久性、耐穿刺性、耐腐蚀性、耐菌性的要求。

5 除对卷材性能提出以上原则要求外，增加了对卷材内在质量要求的主要物理性能指标，并列于表 4.3.6-1 和表 4.3.6-2 中。两表列出的指标数据是为保证产品质量满足地下工程防水需要，分别从卷材标准中经过比较选其一等品或偏优等级产品技术指标编制的。

制订以上两表数据的原因在于：目前国产卷材的国家标准或行业标准的产品等级大都分为优等品、一等品、合格品三级，也有分为一等品、合格品二级的，在合成高分子防水卷材标准中，按不同制造方法把卷材分为硫化橡胶类、非硫化橡胶类、树脂类和纤维增强类，并再分品种，致使各类各级产品性能指标差异较大，质量不在同一档次上，考虑到地下工程使用年限长，耐久质量要求高，且在工程渗漏水治理时卷材无法更换等特点，因此对两类卷材产品的质量分别提出统一、较高的要求是完全必要的。

4.3.7 （原规范 4.3.2 条，修改条文）

卷材胶粘剂的粘结质量是保证卷材防水层不产生渗漏的关键之一。采用热熔法铺贴高聚物改性沥青卷材和采用热风焊接法粘结合成树脂类热塑性卷材的接缝，卷材接缝粘结质量较易保证。本条增加的内容，主要是为保证两类卷材当采用冷胶粘剂时，冷粘法或自粘法铺贴大面积卷材时的粘结质量而提出这一要求的。

Ⅳ 施 工

4.3.10 （原规范 4.3.2 条、4.3.4 条，修改条文）

本条是为提高卷材与基面的粘结力而提出的统一要求。目前大部分合成高分子卷材只能采用冷粘法铺贴，为保证其在较潮湿基面上的粘结质量，故提出施工时应选用湿固化型胶粘剂或潮湿界面隔离剂。

4.3.11 （增加条文）

本条提倡高聚物改性沥青卷材采用热熔法施工，因其对基面的干燥程度要求较低，比较适合地下工程基面较潮湿、工期较紧的情况，且热熔的粘结材料系改性沥青，耐久性较好，符合防水要求。

4.3.12 （原规范 4.3.5 条，修改条文）

1 考虑地下工程的工期一般较紧，要求基面干燥到符合卷材铺设要求需时较长，且防水层上压有较厚的底板防水混凝土等因素，因此修改为卷材可空铺或用胶粘剂点粘在底板垫层上的内容。

2 为保证卷材施工时的粘结质量，增加了热熔法和冷粘法铺贴卷材的具体要求。为保证合成高分子卷材冷粘法施工的防水层具有良好的密闭性，故提出了热塑性卷材宜采用焊接法施工接缝的做法，并规定了焊缝的有效焊接宽度值。

4.3.13 （原规范 4.3.6 条，修改条文）

原规范采用外防外贴法铺设卷材防水层的规定未作大的变动，主要变动处一是增加了永久性保护墙部位采用空铺，这是为了适应工程主体有较大变形时避免拉坏该部位的卷材。二是增加了第四款采用不设临时性和永久性保护墙的施工方法。

4.3.14 （原规范 4.3.7 条，修改条文）

1 在原规范采用外防内贴法铺贴卷材防水层的规定中，删去了“应将永久性保护墙砌筑在与围护结构同一垫层上”的内容，因为永久性保护墙必须先砌筑在垫层上，不可能与后浇筑的混凝土主体结构分设两个垫层。

2 增加了铺贴卷材后应根据卷材特性选用保护层的内容，主要是为防止主体结构施工绑扎钢筋和浇筑混凝土时损伤卷材防水层。

4.3.15 （原规范 4.3.9 条，修改条文）

本条主要增加了底板垫层、立墙和顶板部位卷材防水层铺贴完成后应做保护层的各项规定。顶板保护层细石混凝土规定较厚，主要考虑顶板上部使用机械碾压回填土，如采用人工回填土，则厚度可适当减小，但不宜小于 50mm。条文中建议保护层和防水层间设隔离层，如采用干铺油毡，主要是防止保护层伸缩破坏防水层。软保护层目前多采用聚乙烯泡沫塑料片材。

4.4 涂料防水层

Ⅰ 一般规定

4.4.1 （增加条文）

地下工程应用的涂料既有有机类涂料，也有无机类涂料。

有机类涂料主要为高性能合成橡胶及合成树脂乳液类涂料。无机类涂料主要是水泥类无机活性涂料，条文中除列出过去已有的水泥基防水涂料外，还列入现已开始应用的水泥基渗透结晶型防水涂料，这是一种以水泥、石英砂等为基材，掺入各种活性化学物质配制的一种新型刚性防水材料。它既可作为防水剂直接加入混凝土中，也可作为防水涂层涂刷在混凝土基面上。该材料借助其中的载体不断向混凝土内部渗透，并与混凝土中某种组分形成不溶于水的结晶体充填毛细孔道，大大提高混凝土的密实性和防水性。当前国内采用聚合物水泥防水材料发展很快，用量日益增多（日本称此类材料为水凝固型涂料），在地下工程防水中应用日益广泛。聚合物水泥防水涂料，是以有机高分子聚合物为主要基料，加入少量无机活性粉料（如水泥及石英粉等）。该涂料具有比一般有机涂料干燥快、弹性模量低、体积收缩小、抗渗性好等优点，国外称之为弹性水泥防水涂料。

4.4.2 （增加条文）

有机防水涂料常用于工程的迎水面，这是充分发挥有机防水涂料在一定厚度时有较好的抗渗性，在基面上（特别是在各种复杂表面上）能形成无接缝的完整的防水膜的长处，又能避免涂料与基面粘结力较小的弱点。目前有些有机涂料的粘结性、抗渗性均较高，已用在埋深10～20m地下工程的背水面。

无机防水涂料由于凝固快，与基面有较强的粘结力，与水泥砂浆防水层、涂料防水层粘结性好，最宜用于背水面混凝土基层上做防水过渡层。

Ⅱ 设 计

4.4.3 （增加条文）

地下工程由于受施工工期的限制，要想使基面达到比较干燥的程度较难，因此在潮湿基面上施作涂料防水层是目前地下工程常遇到的问题之一。目前一些有机或无机涂料在潮湿基面上均有一定的粘结力，可从中选用粘结力较大的涂料。在过于潮湿基面上还可采用两种涂料复合使用的方法，即先涂水泥基防水涂料，利用其凝固快和与其他涂层防水层粘结好的特点，做成防水过渡层，而后再涂反应型、水乳型、聚合物水泥涂料。

冬季施工时，由于气温低，用水乳型涂料已不适宜，此时宜选用反应型涂料。溶剂型涂料也适于在冬季施工使用，但由于涂料中溶剂挥发会给环境造成污染，故不宜在封闭的地下工程中使用。

4.4.4 （原规范4.4.5，修改条文）

阴阳角处因不好涂刷，故要在这些部位设置增强材料，并增加涂刷遍数，以确保这些部位的施工质量。底板相对工程的其他部位来说承受水压力较大，且后续工序有可能损坏涂层防水层，故也应予以加强。

4.4.5 （增加条文）

根据近年来的工程实践，本条列举了防水涂料在地下工程中的两种做法。

4.4.6 （增加条文）

防水涂料必须具有一定厚度才能保证防水功能，所以本条对各类涂料的厚度作了相应规定。

Ⅲ 材 料

4.4.7 （原规范4.4.1，修改条文）、4.4.8 （增加条文）

以上两条是对材料的要求，这是根据地下工程对材料的基本要求和目前材料性能的现状提出来的。

防水涂料目前品种极多，这既使设计和施工单位在材料选择上有较大余地，又给如何选择适合于地下工程防水要求的材料造成一定难度。根据地下工程防水对涂料的要求及现有涂料的性能，在表4.4.8-1、4.4.8-2中分无机涂料和有机涂料两大类分别规定了其性能指标要求。要想在地下工程中充分发挥防水涂料的防水作用，一是要有可操作时间，可操作时间过短的涂料将不利于大面积防水涂料施工；二是要有一定的粘结强度，特别是在潮湿基面（即基面饱和但无渗漏水）上有一定的粘结强度，因地下工程施工工期较紧，不允许基面干燥后再进行防水涂料施工；抗渗性是防水涂料最重要的性能，对有机涂料表中分别规定涂膜、涂膜在砂浆迎水面、背水面所应达到的值；有机防水涂料的特点是有较好的延伸率，根据目前在地下工程中应用较广的几种防水涂料提出了这一指标值，考虑地下工程的使用要求，此处提出的是浸水后的延伸率值；耐水性也是用于地下工程中的涂料需要强调的一个指标，因地下工程处于地下水的包围之中，如涂料遇水产生溶胀现象，性能降低，就会失去其应有的防水功能。目前国内尚无适用于地下工程防水涂料耐水性试验的方法和标准，表中的方法和标准是根据地下工程使用要求制定的；实干时间也是实际施工中应予以注意的指标，它也是根据目前材料的实际情况提出的。

Ⅳ 施 工

4.4.9 （原规范 4.4.2，修改条文）

涂料施工前必须对基层表面的缺陷和渗水处进行认真处理，因为涂料尚未凝固时，如受到外水压力的作用会使涂料无法凝固或形成空洞，形成渗漏水的隐患。基面干净、无浮浆，有利于涂料均匀涂敷，使与基面有一定的粘结力。基面干燥在地下工程中很难做到，所以此条只提出无水珠、不渗水的要求。

4.4.10 （增加条文）

基层阴阳角涂布较难，根据工程实践，规定阴阳角做成圆弧形，以确保这些部位的涂布质量。

4.4.11 （增加条文）

本条提到的部位均是防水薄弱环节，在精心施工的同时，还应有密封或加强措施，以确保这些部位的防水质量。

4.4.13 （原规范 4.4.4，修改条文）

涂料防水性能除与涂料本身的性能有关外，一定的厚度是保证涂层良好防水性能的关键之一，因此本条规定了涂料厚度必须达到设计要求值。

由于在地下工程施工会出现施工面积较大的情况，施工搭接缝有可能出现，为确保搭接缝处的防水质量，故本条新增了搭接缝宽度的规定。

4.4.15 （增加条文）

涂料防水层的施工只是地下工程施工过程中的一道工序，其后续工序，如回填、底板侧墙绑扎钢筋、浇筑混凝土等均有可能损伤已做好的涂料防水层，特别是采用有机涂料所做的防水层，所以本条对保护层的做法做了明确的规定。

4.5 塑料防水板防水层

4.5.1 （增加条文）

塑料防水板防水层是用于初期支护与二次衬砌间的一种防水层，原《规范》称为“夹层防水层”，并在防水卷材中列为一条。这种防水做法已在地铁、隧道中广泛使用，较之以前的做法无论在材料的选用、施工的方法上都趋于成熟，有鉴于此，这次修编时单列一节予以叙述。本条列举了目前在工程中常用的一些塑料防水板材料。

4.5.2 （增加条文）

本条对塑料防水板物理力学性能作了一些规定，便于在设计施工中选用。

防水板的幅宽应尽量宽些，这样防水板的搭接缝数量就会少些，如 1m 宽的防水板的搭接缝数量是 4m 宽板的 4 倍，而搭接缝又是防水板防水的薄弱环节。但防水板的幅宽又不能过宽，否则防水板的重量变大，会造成铺设困难。根据近年来工程实践来看，防水板的幅宽以 2～4m 为宜。

防水板的厚度与板的重量、造价、防水性能有关，板过厚则较重，于铺设不利，且造价较高，但过薄又不易保证防水施工质量，根据我国目前的使用情况以 1.0～2.0mm 较为合适。

防水板系置于初期支护与二次衬砌之间，在二次衬砌浇筑时会受到一定的拉力，故应有足够的抗拉强度。

初期支护为锚喷支护时，支护后围岩仍在变形，即使整个工程建成后，由于使用或地质等方面的原因工程结构也存在着变形问题，故防水板应有较高的延伸率值。

耐刺穿性是施工中对材料提出的要求，因二次衬砌时有的地段需要采用钢筋混凝土结构，在绑扎钢筋时会对防水板造成损伤，故要求防水板有一定的耐刺穿性，以免板被刺破使其完整的防水性遭到破坏。当二次衬砌用素混凝土浇筑时，可不考虑这一指标要求。

防水板因长期处于地下并要长期发挥其防水性能，故应具有良好的耐久性、耐腐蚀性、耐菌性。

抗渗性是防水板必备的一种性能。但目前的试验方法不能反映防水板处于地下受水长期作用这一条件，而要制定一套符合地下工程使用环境的试验方法也不是短期能解决的问题，故只好沿用现在工程界公认的试验方法所测得的数据。

防水板的物理力学性能系根据现在使用较多的几种防水板的性能综合考虑提出的，有些防水板的某些指标值可能远远大于表中的规定值，设计选用时可根据工程的要求及投资等情况合理选用。目前常用的几种防水板的性能见表5。

表5 几种常用塑料防水板的性能

项目＼品种	ECB	EVA	LLDPE	LDPE	HDPE	P型PVC优等品
	Q/SSJ·J02·01—1999					GB 12952—91
拉伸强度（MPa）	≥15.5	≥20	≥20	≥16	≥20	≥15
断裂延伸率（%）	≥560	≥600	≥600	≥500	≥600	≥250
热处理变化率（%）	≤2.5	≤2	≤2	≤2	≤2	≤2
低温弯折性	-35℃无裂纹					-20℃无裂纹
抗渗透性	0.2MPa24h无渗水					不透水

4.5.4 （原规范4.5.2，修改条文）

防水板系在初期支护如喷射混凝土、地下连续墙上铺设，要求初期支护基层表面十分平整则费时费力，且也达不到这一要求，故条文中只提宜平整，并根据工程实践的经验提出平整度的定量指标，以便于铺设防水板。但基层表面上伸出的钢筋头、铁丝等坚硬物体必须予以清除，以免损伤防水板。

4.5.5 （增加条文）

设缓冲层的目的一是因基层表面不甚平整，铺设缓冲层后便于铺设防水板；二是能避免基层表面的坚硬物体清除不彻底时刺破防水板；三是有的缓冲层（如土工布）有渗排水性能，能起到引排水的作用。

4.5.6 （原规范4.3.8，修改条文）

原条文中固定防水板的做法使防水板在固定处被穿过，破坏了防水板的整体性，易造成固定处渗漏水。采用暗钉圈焊接固定防水板可以消除这一弊端，确保防水板的整体性。搭接缝的连接删掉粘结法，因胶粘剂在地下长期使用很难确保其性能不变。采用焊接法时，应采用双焊缝，这一方面能确保焊接效果，另一方面也便于充气检查焊缝质量。下部防水板压住上部防水板这一规定是为了使防水板外侧上部的渗漏水能顺利流下，不至于积聚在防水板的搭接处而形成渗漏水的隐患。

4.5.7 （增加条文）

防水板的铺设和内衬混凝土的施工系交叉作业，如两者施工距离过近，则相互间易受干扰，但过远，有时受施工条件限制达不到规定的要求，且过远铺好的防水板会因自重造成脱落。根据现在施工的经验，两者施工距离宜为5~20m。

4.5.8 （增加条文）

防水板虽有一定强度，但如振捣棒直接接触防水板，有可能造成防水板的破坏，从而形成渗漏水的隐患。

浇筑拱顶时，因拱顶防水板易绷紧，从而产生混凝土封顶厚度不够的现象，因此需将绷紧的防水板割开，并将切口封焊严密，再行浇筑混凝土，以确保封顶混凝土的厚度。

4.5.9 （增加条文）

局部设置防水板时，若两侧封闭不好，则地下水会从铺有防水板部位流出，这会形成渗漏水隐患。由于防水板与混凝土粘结性不好，工程上一般采用设过渡层的方法。即选用一种既能与防水板焊接，又能与混凝土粘结的材料作为过渡层，以保证防水板两侧封闭严密。

4.6 金属防水层

4.6.1 （原规范 4.5.1，修改条文）

金属板防水层在一般工业与民用建筑工程中很少使用，仅用在抗渗要求高、且面积较小的工程，如冶炼厂的浇铸坑、电炉基坑等。金属板包括钢板、铜板、铝板、合金钢板等。金属板和焊条应由设计部门根据工艺要求及具体情况确定，故对选材问题本规范不作限制。

金属板防水层采用焊接拼接，检验焊缝质量是至关重要的。对外观检查和无损检验不合格的焊缝，应予修整或补焊。

4.6.2 （原规范 4.5.2，修改条文）

为了清楚地表示金属防水层的内防水做法，增加了图 4.6.2。

在内防水做法时，金属防水层是预先设置的，因此金属防水层底板上应预留浇捣孔，以便于底板混凝土的浇捣、排气，确保底板混凝土的浇捣质量。

4.6.3 （原规范 4.5.3，修改条文）

为了更清楚地表示金属防水层外防水的做法，增加了图 4.6.3。

4.6.4 （原规范 4.5.4，保留条文）

有些炉坑金属防水层，系焊接成型后整体吊装，应采取内部加设临时支撑和防止箱体变形措施。

4.6.5 （原规范 4.5.5，保留条文）

金属板防水层应加保护，本规范只提到了防锈，对金属板需用的其他保护材料应按设计规定使用。

5 地下工程混凝土结构细部构造防水

5.1 变 形 缝

Ⅰ 一 般 规 定

5.1.1 （原规范 8.1.1，修改条文）

地下工程设置变形缝的目的是为了在工程伸缩、沉降变形条件下，结构不致损坏，因此变形缝防水设计首先要满足密封防水、适应变形的要求，在这个前提下，还应考虑施工、检查、维修方便，材料易得。

5.1.2 （增加条文）

伸缩缝的设置距离一直是防水工程界关心的问题，就这一问题的探索和实践目前一直十分活跃，但尚未取得一致的看法。国外对伸缩缝间距的规定有三种情况，一是前苏联、东欧、法国等国家，规定室内和土中的伸缩缝间距约为 30 ~ 40m，而英国规定处于露天条件下连续浇筑钢筋混凝土构造物最小伸缩缝间距为 7m；二是美国，没有明确规定伸缩缝的间距，而只要求设计者根据结构温度应力计算和配筋自己确定合理的伸缩缝间距；三是日本，虽有要求，如伸缩缝间距不大于 30m，施工缝间距为 9m，但设计人员往往按自己的经验和各公司的内部规定进行设计。国内规定伸缩缝间距为 30m，但由于地下工程的规模越来越大，而在城市中建设的地下工程工期往往有一定的要求，加上多设缝以后缝的防水处理难度较大，因此工程界采取了不少措施，如设置后浇带、加强带、诱导缝，以求取消伸缩缝或延长伸缩缝的间距。后浇带是过去常用的一种措施，这种措施对减少混凝土干缩和温度变化收缩所产生裂缝起较好地抑制作用，但由于后浇带需待一定时间后才能浇筑混凝土，故对工期要求较紧的工程应用时受到一定限制。加强带是近年来工程界尝试使用的一种新的方法，它是在原规定的伸缩缝间距上，留出 1m 左右的距离，浇筑混凝土时缝间和其他地方同时浇筑，但缝间浇筑掺有膨胀剂的补偿收缩混凝土，宝鸡、沧州、济南等地采用这种方法后，伸缩缝间距可延长至 60 ~ 80m。诱导缝是上海地铁近年来采用的一种方法，在原设置伸缩缝的地方作好防水处理，并在结构受力许可的条件下减少这部分（1m 左右）位置上的结构配筋，有意削弱这部分结构的强度，使混凝土伸缩产生应力造成的裂缝在这一位置上产生，采用这一措施后其他部位混凝土裂缝明显地减少，这一方法虽有一定效果，但尚不能完全令人满意。

根据上述情况，条文作了相应规定。

5.1.3 （增加条文）

因变形缝处是防水薄弱环节，特别是采用中埋式止水带时，止水带将此处的混凝土分为二部分，由此会对缝处的混凝土抵抗地下水渗透造成不利影响，因此条文作了变形缝处混凝土局部加厚的规定。

Ⅱ 设 计

5.1.4 （增加条文）

沉降缝和伸缩缝统称变形缝，由于两者防水做法有很多相同之处，故一般不细加区分。但实际上两者是有一定区别的，沉降缝主要用于在上部建筑变化明显的部位及地基差异较大的部位，而伸缩缝是为了解决因干缩变形和温度变化所引起的变形时避免产生裂缝而设置的，因此修编时针对这点对两种缝作了相应的规定。沉降缝渗漏水目前工程上比较多，除了选材、施工等诸多因素外，沉降量过大也是一个重要原因。因目前所用的最好材料，如带钢边的止水带虽大大增加了与混凝土的粘结力，但如沉降量过大，也会造成钢边止水带与混凝土脱开，使工程渗漏。根据现有材料适应变形能力的情况，本条规定了沉降缝最大允许沉降差值。

5.1.5 （原规范 8.1.2，修改条文）

对防水要求来说，如果用于沉降的变形缝宽度过大，则会使处理变形缝的材料在同一水头情况下所承受的压力增加，这对防水是不利的，但如变形缝宽度过小，在采取一些防水措施时施工有一定难度，无法按设计要求施工。根据目前工程实践，本条规定了宽度的取值范围，如果工程有特殊要求，可根据实际需要确定宽度。用于伸缩的变形缝在板、墙等处往往留有剪力杆、凹凸榫，接缝宽了不利于结构受力与控制沉降。

5.1.6 （原规范 8.1.3、8.1.4、8.1.5，修改条文）

随着地下空间的开发利用，地下工程的数量越来越多，埋置深度越来越深，由于变形缝是防水薄弱环节，因此变形缝的渗漏成为地下工程的通病之一。究其原因，除变形缝防水施工难度较大外，原来的防水措施仅考虑一道防线过于单薄也是原因之一。在本规范表 3.3.1-1、3.3.1-2 中根据防水等级和工程开挖方法对变形缝的防水措施作了相应的规定，本条中只列举几种复合形式作为例子。

5.1.7 （原规范 8.1.7，修改条文）

金属止水带适应变形能力较差，制作较难，故在环境温度较高场合使用较为合适。在具有一定加工能力，变形缝变形量不太大时，也可用在一般的温度环境中。

Ⅲ 材　料

5.1.8 （增加条文）、5.1.9 （增加条文）、5.1.10 （增加条文）

上述几条是对变形缝所用材料的性能（卷材、涂料已在 4.3、4.4 中列出）的规定，便于设计、施工人员选用。遇水膨胀橡胶条根据材料现状和地下工程对材料的要求列出一些性能指标。地下工程使用的嵌缝材料根据变形缝的功能和目前材料的性能列出了三项指标，因变形缝应具有一定的变形能力，有时还需具有反复变形的能力，所以提出了拉伸压缩循环性能级别这一指标。8020 中的 80 是指在 80℃的情况，目前材料中对温度的要求有 70℃、80℃、90℃三种温度情况，地下工程温度虽没有那么高，但考虑其他性能指标的要求，故选了 80℃这种；20 是指每次拉伸压缩的变形量，这一变形量值也分为三级，有 5、10、20，由于地下工程中的变形缝对反复变形有较高的要求，故选了 20 这一指标。

Ⅳ 施　工

5.1.11 （增加条文）

变形缝的渗漏水除设计不合理的原因之外，施工不合理也是一个重要的原因，针对目前存在的一些问题，本条作了一些规定。

中埋式止水带施工时常存在以下一些问题：一是埋设位置不准，严重时止水带一侧往往折至缝边，根本起不到止水的作用。过去常用铁丝固定止水带，但铁丝在振捣力的作用下会变形甚至振断，故其效果不佳，规范推荐目前使用的专用钢筋套和扁钢两种方法。在采用扁钢固定止水带时，先用扁钢固定止水带，而后将扁钢（扁钢的宽度应小于 40mm，以 20mm 为宜，厚度宜为 2～3mm）焊在结构的主钢筋上，可避免产生这一弊端；二是顶、底板止水带下部的混凝土不易振捣密实，气泡也不易排出，且混凝土凝固时产生的收缩易使止水带与下面的混凝土产生缝隙，从而导致变形缝漏水。根据这种情况，条文中规定顶、底板中的止水带安装成盆形，有助于消除上述弊端；三是中埋式止水带的安装，在先浇一侧混凝土时，此时端模被止水带分为二块，这给支模固定造成困难，故条文中规定端模要支撑牢固，严防漏浆。施工时由于端模支撑不牢，不仅造成漏浆，而且也不敢按规定要求进行振捣，致使变形缝处的混凝土密实性较差，从而导致渗漏水；四是止水带的接缝是止水带本身的防水薄弱处，因此接缝数愈少愈好，考虑到工程规模不同，缝的长度不一，故对接缝数量未做严格的限定；五是转角处止水带不能折成直角，故条文规定转角处应做成圆弧形，以便于止水带的安设。

5.1.12 （增加条文）

可卸式止水带全靠其配件压紧橡胶止水带止水，故配件质量是保证防水的一个重要因素，因此要求其配件一次配齐，特别是在两侧混凝土浇筑时间有一定间隔时，更要确保配件质量。

另外，转角处的可卸式止水带还存在不易贴严的问题，故在转角处除要做成45°折角外，还应增加紧固件的数量，以确保此处的防水施工质量。

5.1.14 （增加条文）

实心的遇水膨胀止水条遇水后在三个方向上都会发生膨胀，其中，横方向的膨胀有助于挤密缝隙，对防水有利，长度方向上的膨胀不是我们所需要的，因为这一膨胀使止水条变长而胀出缝外，解决的方法，一是采用牢固的固定措施，限制止水条的运动；二是不采用实心的遇水膨胀橡胶条，条文中推荐了几种形式，对抑制遇水膨胀橡胶条在长度方向的膨胀都有明显的作用。

5.1.15 （增加条文）

要使嵌填密封材料具有良好的防水性能，除了嵌填的密封材料要密实外，缝两侧的基面处理也十分重要，否则密封材料与基面粘结不紧密，就起不到防水作用。另外，嵌缝材料下面的背衬材料不可忽视，否则会使密封材料三向受力，对密封材料的耐久性和防水性都有不利影响。

5.1.16 （增加条文）

在缝上材料变形时的应变值大小不仅与材料变形量的绝对值大小成正比，而且与缝的原始宽度成反比，在缝上设置隔离层后，比如在缝上先放置 ϕ40～60mm 聚乙烯泡沫棒，可起到增加缝的原始宽度的作用，这使得在缝变形大小相同的情况下，材料变形的应变值大小确不相同，加了隔离层后材料变形的应变值可以减小，使材料更能适应缝间的变形。

5.2 后 浇 带

5.2.1 （原规范 8.2.1，修改条文）

后浇带部位在结构中实际形成了两条施工缝，对结构在该处的受力有些影响，所以应设在受力较小的部位，因后浇带的接缝系刚性接缝，故也应设在变形较小的部位。

后浇带的间距系根据近年来工程实践总结出来的。其宽度为了同国家有关规范一致也作了相应修改。

5.2.2 （原规范 8.2.2，修改条文）

增加了结构主筋是否断开的规定，以与国家其他规范一致。

5.2.3 （增加条文）

后浇带如在有水情况下施工，很难把缝清理干净，从而无法保证接缝的防水质量，因此在地下水位较高，需要进行超前止水时，可采用本条所推荐的方法。

5.2.4 （原规范 8.2.3，修改条文）

后浇带应在两侧混凝土干缩变形基本稳定后施工，混凝土的收缩变形值在龄期为 6 周后才能基本稳定，因此规定龄期达 6 周后再施工。在条件许可时，间隔时间越长越好。高层建筑后浇带的施工时间是根据国家其他规范的规定确定的。

后浇带的两条接缝实际是两条施工缝，因此缝的处理应符合防水混凝土施工缝的处理规定。

要想保证后浇带部位的防水质量，必须保持带内清洁，同时也应对预设的防水设施进行保护，否则很难保证防水质量。

后浇带采用补偿收缩混凝土，是为了使新旧混凝土粘结牢固，避免出现新的收缩裂缝造成工程渗漏水的隐患。

5.3 穿墙管（盒）

5.3.1 （原规范 8.3.1，保留条文）

预先埋设穿墙管（盒），主要是为了避免浇筑混凝土完成后，再重新凿洞破坏防水层，以形成工程渗漏水的隐患。

5.3.2 （增加条文）

本条规定的距离要求是为了便于防水施工和管道安装施工操作。

5.3.3 （原规范 8.3.2，修改条文）

穿墙管外壁与混凝土交界处是防水薄弱环节，穿墙管中部加上止水环可改变水的渗透路径，延长水的渗透路线，加遇水膨胀橡胶则可堵塞渗水通道，从而达到防水目的。针对目前穿墙管部位渗漏水较多的情况还增设一道嵌缝防水层，以确保穿墙管部位的防水性能。另外，止水环的形状以方形为宜，以避免管道安装时所加外力引起穿墙管的转动。

5.3.4 （原规范 8.3.4，保留条文）

当穿墙管与混凝土的相对变形较大或有更换要求时，管道外壁交界处会产生间隙而渗漏，此时采用套管式穿墙管，可使穿墙管与套管发生相对位移时不致渗漏。

5.3.5 （增加条文）

止水环的作用是改变地下水的渗透路径，延长渗透路线。如果止水环与管不满焊，或满焊而不密实，则止水环与管接触处仍是防水薄弱环节，形成工程在此处的漏水隐患，故止水环与管一定要满焊密实。套管内因还需采用其他防水措施，故其内壁表面应清理干净，以保证防水施工的质量。

管间距离过小，防水混凝土在此处不易振捣密实，同时采用其他防水措施时，因操作空间太小，易影响其他防水措施的质量，故对管间距作了相应规定。

5.3.7 （增加条文）

对有防护要求的地下工程，穿墙管部位不仅是防水薄弱环节，也是防护薄弱环节，因此此时的措施要兼顾防水和防护两方面的要求。

5.3.8 （增加条文）

伸至迎水面外的穿墙管可能在回填时被损坏，一旦损坏不仅影响使用，而且可能形成渗漏水通道，故应采取可靠措施，如施工时在管的下部加支撑的方法，回填时在管的周围细心操作等，以杜绝此类现象发生。

5.4 埋 设 件

5.4.1 （原规范 8.4.1，保留条文）

埋设件的预先埋设是为了避免破坏工程的防水层，如采用滑模式钢模施工确无预埋条件时，方可后埋，但必须采用有效的防水措施。

5.5 预留通道接头

5.5.1 （增加条文）

参见本规范 5.1.4 条的条文说明。

5.5.2 （增加条文）

预留通道接头是防水的薄弱环节之一，这不仅由于接头两边的结构重量及荷载可能有较大差异，从而可能产生较大的沉降变形，而且由于接头两边的施工时间先后不一，其间隔可达几年之久。条文中三种防水构造做法，既能适应较大沉降变形，同时由于遇水膨胀止水条、可卸式止水带、嵌缝材料等均是在通道接头完成后才设置的，所以比较适合通道接头防水这种特殊的情况。

5.5.3 （增加条文）

由于预留通道接头两边施工时间先后不一，因此特别要强调中埋式止水带的保护，以免止水带受老化影响降低其性能，同时也要保持先浇部分混凝土端部表面平整、清洁，以使遇水膨胀止水条和可卸式止水带有良好的接触面。而预埋件的锈蚀将严重影响后续工序的施工，故也应确实保护好。

5.6 桩 头

5.6.1 （增加条文）

近年来因桩头处理不好形成的渗漏水引起工程底板渗漏水的情况时有发生，因此桩头部分应做防水处理，条文的防水构造是近年来应用效果较好的几种做法。

5.7 孔 口

5.7.1 （原规范 8.5.1，修改条文）

10 年来的实践表明，原定的出入口高出地面的高度偏低，时常造成孔口倒灌现象，现予以适当加高。

5.7.2 （原规范 8.5.2，保留条文）

窗井的底部在最高地下水位以上时，为了方便施工，降低造价，利于泄水，窗井的底板和墙宜与主体断开，以免窗井底部积水流入窗内。

6 地下工程排水

6.1 一般规定

6.1.1 （原规范 7.1.1，修改条文）

地下工程排水是指采用各种排水措施，使地下水能顺着预设的各种管沟排到工程外，以降低地下水位，减轻地下水对衬砌结构的威胁，达到使工程不渗漏的目的。

当排水口高程低于最高洪（潮）水位时，为防止洪（潮）水倒灌，应在排水口处采取自密封措施。

6.1.2 （原规范 7.1.2，修改条文）

近几年来，地下工程采用复合式衬砌的结构越来越多，防水效果也较好，根据这种情况增加了复合式衬砌的内容。

6.2 渗排水与盲沟排水

6.2.1 （增加条文）

渗排水、盲沟排水适用于无自流排水条件的地下工程，具体采用时应对地下水文及地质情况分析后确定。

对地下水较丰富、土层属于透水性砂质土的地基，应设置渗排水层；对常年地下水位低于建筑物底板，只有丰水期在短期内水位较高、土层为弱透水性的地基，可考虑盲沟排水。

6.2.2 （增加条文）

本条介绍渗排水层的构造、施工程序及要求。设计渗排水层时，对材料来源还应因地制宜。

渗排水法是将排水层渗出的水，通过集水管流入集水井内，然后采用专用水泵机械排水。集水管可采用无砂混凝土集水管或软塑盲管，可根据工程的排水量大小、造价等因素进行选用。

6.2.3 （增加条文）

盲沟排水，一般设在建筑物周围，使地下水流入盲沟内，根据地形使水自动排走。如受地形限制，没有自流排水条件，则可设集水井，再由水泵抽走。

6.3 贴壁式衬砌

6.3.1 （增加条文）

贴壁式衬砌在隧道、坑道应用较多，由于多数有自流排水条件，因此在做好衬砌本体防水的同时，也要充分利用自流排水条件，形成完整的防排水系统。

6.3.2 （增加条文）

贴壁式衬砌的排水系统可分为两部分，一部分是将围岩的渗漏水从拱顶、侧墙引至基底即本条介绍的盲沟、盲管（导水管）、暗沟等几种方法。一部分是将水引至工程的基底排水系统。盲沟所用的材料来源广泛，造价低，但施工较麻烦；特别是拱顶部分。而拱顶部分采用钻孔引流措施时，由于拱部钻孔较困难，还需先设钻孔室，投资较大，所以只作为一种措施以供选择。盲管（导水管）施工简单，但造价高，因此选用什么方法可根据工程所处的实际情况和造价的高低来进行。

6.3.4 （增加条文）

盲管（导水管）即弹塑软式透水管，是以高强弹簧钢丝为骨架，经特殊防腐处理绕成的弹簧圈，外包无纺布和高强涤纶丝而成。它具有良好的透水性且不易堵塞，能随围岩基面紧贴铺设。导水管铺设的位置和每处铺设的数量应根据现场围岩的渗漏水具体情况确定。

6.3.6 （增加条文）

纵向集水盲管汇集拱顶、侧墙围岩表面下渗的地下水，而后通过排水明沟将水排至工程外。横向排水沟是将衬砌后排水明沟未排走的水及底板下部水引至中心排水盲管排走。

6.4 复合式衬砌

6.4.1 （增加条文）

复合式衬砌近年发展较快，在铁路隧道、地下铁道工程中已大量使用。在使用过程中特别是在长大隧道的使用中，发现初期支护和内衬紧密结合时，内衬混凝土干缩时因受初期支护的约束，易使内衬混凝土产生裂缝，从而形成工程渗漏水的隐患，在两层衬砌中设置一道防水板防水层，不仅增加了一道防水防线，而且也使内衬混凝土干缩时的约束大大减少，使内衬混凝土的裂缝变少，提高了结构主体防水能力，故本节只叙述初期支护与内衬结构中间设有防水板的复合式衬砌。

6.4.2 （增加条文）

参见本规范 4.5.4、4.5.5 的条文说明。

6.4.3 （增加条文）

无纺布起两个作用，一是起保护作用，防止防水板被具有表面凹凸不平基面的喷射混凝土损坏，因大面积施工时极难作到基面平整、无砂浆等坚硬凸起物，而要起到这一作用，无纺布就必须有一定的厚度，故此条中规定了单位面积质量的最小限值；二是起渗排水作用，因此要求其导水性良好；由于渗排水是要长期进行的，故要求具有良好的化学稳定性，应耐地下水（包括有腐蚀性的地下水）、微生物等的腐蚀；初期支护后，围岩仍在继续变形，因此也要求无纺布有适应这种变形的能力。

6.4.4 （增加条文）

防水板由拱顶中心向两侧铺设，施工人员可同时进行施工互不干扰，且防水板的自重可分散到两侧，自重荷载不致集中，有利于施工操作与安装固定，同时也便于相邻板间焊接牢固。

6.5 离壁式衬砌

6.5.1 （原规范 7.3.1，保留条文）

衬砌与围岩间距离主要是为便于人员检查、维修而定的最小尺寸。

6.5.2 （原规范 7.3.2，修改条文）

原条文中拱部外表面的防水层称附加防水层，在征求意见时，部分工程界人士对此提法提出异议，为避免混乱起见，取消原规范中的附加防水层提法，凡有附加防水层提法的地方均用防水层的名称替代。

6.6 衬　　套

6.6.1 （原规范 7.4.1，修改条文）

原条文列举了用于衬套的材料，但普通玻璃钢防火性能不能满足地下工程防火对材料的要求，而金属板因其导热系数大，在衬套内外温差较大时容易结露，影响衬套内部的使用功能。故本条修改后对材料性能只作原则规定，以避免产生目前工程中应用的弊端。

6.6.2 （原规范 7.4.2，保留条文）

衬套外形要有利于排水，一般可用人字形坡或拱形，底板架空则有利于防潮。

6.6.3 （原规范 7.4.3，保留条文）

为便于设置排水沟，保证一定的空气隔离层厚度，以提高防潮效果，因此规定离壁衬套与衬砌或围岩的间距。

7 注浆防水

7.1 一般规定

7.1.1 （原规范 5.1.1，修改条文）

注浆分类方法很多，按地下工程施工顺序可为预注浆和后注浆；按注浆目的可分为加固注浆和堵水注浆；按浆液扩散形态可分为渗透注浆和劈裂注浆等等。本条是按地下工程施工顺序划分的。

高压喷射注浆原规范在“特殊施工法的结构防水”一章中单列一节，修订时考虑它仅是一种特殊的注浆方法，且不是用作结构，故把它移入此章，因它多在工程开挖前使用，故把它列在预注浆范畴。

本条所列条款可单独进行，也可按工程情况采用几种注浆，确保工程达到要求的防水等级。

7.1.2 （原规范 5.1.2，修改条文）

此条仅增加了应搜集工程防水等级的内容，因工程的防水等级与注浆所采用的方法、材料及注浆的造价密切相关。

7.1.3 （原规范 5.1.3，修改条文）

预注浆（特别是工作面预注浆）时为防止浆液从工作面漏出，必须做止浆墙。止浆墙有平底式或单级球面式，其厚度按以下经验公式求得：

（1）单级球面形止浆墙：

$$B = \frac{P_0\ (r^2 + h^2)^2}{4r^2h^2\ [\sigma]} \approx \frac{P_0 r}{[\sigma]} \tag{1}$$

式中　B——单面球形止浆墙厚（m）；

P_0——注浆终压（MPa）；

r——开挖半径（m）；

h——球面矢高（m）；

$[\sigma]$——混凝土允许抗压强度（MPa），即止浆墙设计强度。

（2）平底式止浆墙：

$$B_n = \frac{P_0 r}{[\sigma]} + 0.3r \qquad (2)$$

式中　B_n——平底式止浆墙厚度（m）。

由于止浆墙厚度是按止浆墙混凝土设计强度计算的，预注浆时混凝土止浆墙必须达到设计强度才可进行。

为保证注浆安全和质量，一般止浆墙的安全系数取2~3。

7.2 设　　计

7.2.2　（原规范5.3.2，修改条文）

预注浆的段长，不仅要考虑工程地质和水文地质条件，主要是把相同孔隙率或裂隙宽度的地层放在同一注浆段内，以便浆液均匀扩散，而且要考虑工作实际，不使成本增大过多，还需要考虑钻孔时间，充分发挥钻机效率，缩短工程建设工期。

注浆段长的选用，原规范条文说明中建议为20~50m，但随着液压凿岩台车的引进，其最大凿岩能力（ϕ108孔）为15m，孔深10m内效率发挥最好，因此，此次修改为10~50m。由于开挖后要留2~3m止浆岩墙，注浆段越长，开挖也越长，工期越短；但钻孔越深，钻孔速度越低，进度越慢。因此，合理选择段长是加快注浆工期的关键。

7.2.8　（原规范5.4.5，修改条文）

注浆压力是浆液在裂隙中扩散、充填、压实、脱水的动力。注浆压力太低，浆液就不能充填裂隙，扩散范围也有限，注浆质量也差。注浆压力太高，会引起裂隙扩大，岩层移动和抬升，浆液易扩散到预定注浆范围之外，造成浪费。特别在浅埋隧道，会引起地表隆起，破坏地面设施，造成事故，因此，合理选择注浆压力，是注浆成败的关键。

原条文规定，预注浆压力应比静水压力大2~4MPa，回填注浆压力应比静水压力大0.1~1.0MPa。实践证明，该压力显得太高，特别是回填注浆，结构强度往往承受不了。因此修改为预注浆比静水压力大0.5~1.5MPa，回填注浆及衬砌内注浆压力应小于0.5MPa。

7.2.9　（原规范5.3.6，修改条文）

衬砌内注浆通常用于处理结构渗漏水，为防止壁后泥砂涌入影响注浆效果或浆液流失，因此规定孔深宜为壁厚的1/3~2/3。

7.3 材　　料

7.3.2　（原规范5.2.2，修改条文）

注浆材料的品种很多，且某种材料不能完全符合所有条件，因此必须根据工程水文地质条件、注浆目的、注浆工艺及设备、成本等因素综合考虑，合理选择注浆材料。

1　预注浆、衬砌前堵水注浆，注浆情况比较复杂，裂隙孔隙有大有小，裂隙宽度大于0.2mm的岩层或砂子平均粒径大于1.0mm的粗砂地层可采用水泥浆、水泥-水玻璃浆；裂隙宽度小于0.2mm的岩层或平均粒径小于1.0mm的中细砂层，且堵水要求较高，可采用超细水泥浆，超细水泥-水玻璃浆，特殊情况下可采用化学浆液。也可将水泥浆和化学浆配合使用。

2 防水混凝土衬砌一般孔隙小、裂缝细微，普通水泥浆颗粒大，难以注入，必须选用特种水泥浆或化学浆。

特种水泥浆是除普通水泥浆之外的其他水泥浆，如超细水泥浆，自流平水泥浆、硫铝酸盐水泥浆等等。

7.3.3 （原规范 5.2.3，修改条文）

本条将 325 号水泥删掉，改为强度等级不低于 32.5MPa 的普通硅酸盐水泥，其改动理由见 4.1.7 的修订说明。

7.4 施　　工

7.4.1 （增加条文）

钻孔精确度是注浆效果好坏的关键，因此，要尽量保证开孔误差和钻孔偏斜率。

一般孔按规范条文控制，但对堵水要求较高的孔或单排注浆帷幕孔，可按设计要求，不受此限。

7.4.4 （原规范 5.4.2，修改条文）

根据近年来的实践，条文中增加了设置止水墙的做法。

7.4.7 （原规范 6.6.5，修改条文）

高压喷射注浆工艺参数，和工程地质条件关系相当密切，因此，注浆前应在相似（或相同）地层进行试验。当无条件试验时，可采用工程类比法按表 7.4.7 选用，在施工过程中修改完善。

7.4.8 （原规范 5.4.6，修改条文）

本次修改中预注浆增加了注浆量的控制，主要为了防止因其他原因造成压力升高或进浆量减少。修改了进浆速度，原规范规定适合于岩石大、中裂隙的单液水泥注浆，对细小裂隙或空隙较小的地层，进浆速度很慢，大部分开始就达到 50L/min以下，因此改为原速度的 1/4，较适合于“充填—堵塞—再充填—饱满”的注浆规律。

7.4.9 （增加条文）

注浆结束前，为了检验注浆效果，防止开挖时发生坍塌涌水事故，必须进行效果检查。通常是在分析资料的基础上采取钻孔取芯法进行检查。有条件时，还可采用物探法等方法进行检查。

分析资料时要结合注浆设计、注浆记录、注浆结束标准，分析各注浆孔的注浆效果，看哪些达到了，哪些是薄弱环节，有无漏注或未达结束标准的孔，原因何在，如何补救等等。

钻孔取芯法是按设计要求在注浆薄弱地方，钻检查孔，检查浆液扩散、固结情况，取芯率，并进行压力（抽水）试验，检查地层的吸水率（透水率），计算渗透系数及开挖时的出水量。

8 特殊施工法的结构防水

8.1 盾构法隧道

8.1.1 （原规范 6.1.1，修改条文）

原条文对盾构法隧道防水作了总体规定，故予以保留。其中“工程处于侵蚀性介质时，应采用……耐侵蚀性附加防水层”一句，因这种防水层为涂于管片外背面的防水涂料而非防水卷材、防水砂浆类材料，故明确地改写为“外防水涂料”。

8.1.2 （增加条文）

针对不同防水等级的盾构隧道确定相应的防水措施。表 8.1.2主要依据国内多年盾构隧道防水的实践总结，同时参照了盾构隧道建设实践较多的上海市的市标“盾构法隧道防水技术规程”而制定；考虑到“阴极保护与金属埋露件防腐”等主要是关于防腐蚀措施，“回填注浆”措施主要是控制盾构推进，防止地面沉降，它们虽与防水也有关系，但不直接影响防水等级，故不予列入。

对嵌缝密封的意义与功效国内外评价不尽相同，因此即使防水等级为一级的工程也不要求“必选”，而用“应选”。混凝土内衬往往也是加强初次衬砌的防水措施，它可以按要求全断面或局部（如底部）采用，但考虑到造价、工期等因素，对防水等级为一级的工程用“宜选”，二级的工程为“局部宜选”。应该指出的是，随着盾构法施工技术的发展，除了二次衬砌（内衬）在减少，嵌缝作业也有减少的趋势。

外防水涂料采用与否，虽然由地层中是否有侵蚀性介质为主要确定因素，隧道防水等级为次要因素。但外防水涂料不仅有防腐蚀作用，也能起到防渗作用，故仍列入。在一级防水等级中用“宜选”，在二、三级防水等级中，因并非隧道经过的全部地段都有侵蚀性介质，并且各地段埋深差异也可能很大，因而要求也不尽相同，故规定“部分区段宜选”。

8.1.3 （原规范 6.1.2，修改条文）

管片的精度直接影响拼装后隧道衬砌接缝缝隙的防水，应予列入。考虑到精度不高的砌块可用于防水等级 4 级的隧道工程，因此，原 6.1.2 条对管片尺寸精度规定为“不应大于 1.5mm”，就欠妥当了。本条对钢筋混凝土管片的制作钢模及管片本身的尺寸误差作了相应规定，以保证管片拼装后隧道衬砌接缝缝隙的防水性能。

8.1.4 （增加条文）

管片抗渗等级应等于埋深的 3 倍，且不得小于 0.8MPa 的理由是：

1 目前盾构法隧道管片防水混凝土 ≥ C30 时，混凝土试块的抗渗等级都大于 S8，通常达 S10。

2 国内施工的盾构隧道管片混凝土试块抗渗等级均大于 S8。

3 根据国内外地下工程对密封材料的抗水压要求，有不少是按抗实际水压力的 3 倍进行设计，显然管片抗渗等级至少应与接缝抗水压能力相当。

为此，条文中规定混凝土管片设计的抗渗等级应等于埋深水压力的 3 倍，且不得小于 0.8MPa，而管片混凝土试块的抗渗应大于主体抗渗压力 0.2MPa。

8.1.5 （原规范 6.1.3，修改条文）

原 6.1.3 条除个别字有差错作调整外，仍予保留，但改为8.1.5。

密封垫是衬砌防水的首要防线。因此，应对其技术性能指标作出规定。由于目前密封垫的材质以氯丁橡胶、三元乙丙橡胶为主，这里将弹性密封垫分列为氯丁橡胶与三元乙丙橡胶。遇水膨胀橡胶（但 PZ—600 型应慎用）应用得也多，技术也较成熟，所以通过表 8.1.5-1、8.1.5-2 将这三种（包括以它们为主、适量加入其他橡胶为辅的混合胶）材料的部分性能作为检验项目。所列性能指标中的防霉、热老化等性能检测较繁杂，可列入形式检验项目。遇水膨胀橡胶的技术性能指标及测试方法，作为国家标准已作出规定，这里按国家规定列出。溶出物量是一项反映耐久性的重要指标，它受试件断面、浸泡时间、浸泡量，试件是否受约束等影响，故此指标可作试验时比较，未作正式指标列入。按规定，密封垫应直接从成品切片制成试样测试，由于遇水膨胀橡胶密封垫的断面尺寸一般较小，难以由成品切片检测，故宜从胶料制成试样。

8.1.6　（增加条文）

本条文规定“密封垫沟槽截面积”应大于、等于“密封垫的截面积”，这样才能使密封垫在完全压缩，即接缝张开 0mm 状态下可藏于密封沟槽。但是若接缝初始已设置一定厚度的传力衬垫，形成初始缝隙时则“沟槽截面积”应等于、大于密封垫与传力衬垫形成缝隙面积的差值。

8.1.7　（原规范 6.1.4，修改条文）

早期螺孔密封圈直接设在环纵面螺孔口来防水防腐蚀的，由于固定困难等问题，现几乎不再使用。在管片肋腔螺孔口加工成锥形的沟槽较方便，也利于螺孔密封圈的固定与压密，因而成为普遍的做法。

螺孔密封圈与沟槽相匹配的含义是它的外形与构造最利于在沟槽中压密与固定，最利于防水。

螺孔密封圈虽也有石棉沥青、塑料等制品，但最多的还是橡胶类制品（包括遇水膨胀橡胶），故条文中加以突出。

8.1.8　（原规范 6.1.3，修改条文）

鉴于目前嵌缝槽的形式已趋于集中，可以归结成图 8.1.8 所示的几类，并对槽的深、宽尺寸及其关系加以定量的规定。

与地面建筑、道路工程变形缝嵌缝槽不同，因隧道衬砌嵌缝材料在背水面防水，故嵌缝槽槽深应大于槽宽，又由于盾构隧道衬砌承受水压较大，相对变形较小，因而嵌缝材料应是：（1）中、高弹性模量类的防水密封材料，如聚硫、聚氨酯、改性环氧类材料，也可以是有限制膨胀措施下的遇水膨胀类腻子或密封材料等未定形类材料；（2）特殊外形的预制密封件为主，辅以柔性密封材料或扩张型材料构成复合密封件。

根据我国常用的定形与不定形两类材料特性以及施工的要求，参考德国 STUVA、美国盾构隧道接缝密封膏应用指南及日本有关实践，提出的嵌缝槽深宽比为 > 2.5。

“嵌缝作业区的范围和嵌填嵌缝槽的部位应视工程的特点与要求而定”这一规定，是因为底部嵌缝对防止隧道，尤其是铁路隧道沉降是必要的；整环嵌缝对水工隧道减少流动阻力是有利的；顶部嵌缝对防止渗漏影响公路隧道、地铁隧道的运营安全与防腐蚀是需要的。

8.1.9　（原规范 6.1.7，修改条文）

复合式衬砌在盾构隧道中也有使用，根据实际工程的经验增加了缓冲层、防水板的应用等规定。

8.1.10 （增加条文）

对有侵蚀性介质的地层，或埋深显著增加的地段等需要增强衬砌防腐蚀、防水能力时，需要采用外防水涂料。它既可以是防水涂料涂抹，又可以是水泥基防水粉类在混凝土表面干撒抹平压实。

上海地铁一号线、新加坡地铁线、香港地铁二线采用的分别是环氧-焦油氯磺化聚乙烯、环氧-聚氨酯、环氧-焦油、改性沥青类，在埃及哈迈德·哈姆迪水下公路隧道管片外背面也有类似材料采用，在委内瑞拉加拉加斯地铁以及国内几条地铁新线将部分采用水泥基渗透结晶型防水涂料。

涂刷了外防水涂料后，衬砌的渗透系数有明显下降，通常可达到原有值的1/10，但因工程实例有限，在条文中未作具体规定。

8.1.11 （原规范6.1.6，修改条文）

为满足环缝变形要求，变形缝环面上需设置垫片，因而变形缝密封垫的高度加厚。通常是在原密封垫表面用同样材料的橡胶薄片，或遇水膨胀橡胶薄片迭合或复合，作为适应变形量大的密封垫。

8.2 沉　井

8.2.1 （原规范6.3.1，修改条文）

各种沉井因用途不同对防水的要求也不同。由于沉井施工的环境与明挖法相近，故不同防水等级的沉井施工缝防水措施可参照明挖法的防水措施。

8.3 地下连续墙

8.3.2 （原规范6.4.2、6.4.3、6.4.4、6.4.5、6.4.7，修改条文）

地下连续墙在原《规范》编写时仅仅是作为地下工程周围土体支护的一种措施，而现在这种施工方法在有的地下工程中还作为内衬墙来使用。采用地下连续墙既做工程周围土体的支护，又兼做地下工程的内衬，作为永久性结构的一部分，无疑对降低工程造价、缩短工程周期、充分利用地下空间都极为有利，但由于地下连续墙的钢筋混凝土是在泥浆中浇筑，影响混凝土质量的因素较多，从耐久性考虑较不利，加上连续墙幅间接缝的防水处理难度较大，通常不适合防水等级为一级的地下工程，但也不强性限制，因为不少地铁车站已采用单层地下墙为主体结构，且防水效果尚好，尤其在强调采用高分子稳定浆液作为护壁泥浆时，混凝土的质量，包括耐久性得到提高，故规定为不宜用作防水等级为一级的地下工程中。根据修改后防水等级适用范围的规定，有的工程各部位防水等级可有差别，故不能说采用地下连续墙直接作主体结构的墙体的整个工程均为防水等级为二级以下的工程，当其工程顶、底板的防水等级要求较高，而墙面防水等级较低或受施工环境限制时，则可使用地下连续墙直接作主体结构的墙体。

地下连续墙直接作主体结构的墙体时，需要有一定的厚度才能保证工程达到所要求的防水等级。根据近年来工程实践经验，其厚度以不小于0.6m为宜。

成槽精度越高，对防水越有利，但施工难度加大，根据目前的施工水平提出成槽精度小于1/250。

幅间接缝是防水的薄弱环节，根据工程实践提出两种较好的形式。锁口管的质量也是影响幅间接缝防水质量的一个因素，所以条文中也对此作了相应要求。

8.3.3 （增加条文）

地下连续墙作为复合衬砌的一部分时，由于还有内衬墙，而内衬墙均用防水混凝土浇筑，因此可用做防水等级为一、二级工程。但应指出，由于地下连续墙和内衬墙在板的位置上的钢筋连为一体，此处防水如处理不好，极易形成渗漏水通道，而一旦内衬墙渗漏，很难找出渗漏水点，因此内衬墙，特别是这些细部构造的施工更要精心。

为了解决地下连续墙与内衬墙因钢筋相连造成防水难度加大这一问题，有些工程的内衬墙与地下连续墙已不相连，在两者之间的塑料防水板防水层可以连续铺设形成一个完整的防水层，防水效果很好，故本条第三款对此做了相应的规定。

8.4 逆筑结构

8.4.1 （增加条文）

逆筑法是由上而下逐层进行地下工程结构施工的一种方法。近10年来采用此种方法施工的工程日渐增多，无论是单建式地下工程还是附建式地下工程均有采用。除地下连续墙不用再加设临时支撑外，其他做法均与8.3.2条相同。

8.4.2 （增加条文）

当采用地下连续墙和防水混凝土内衬的复合式衬砌的逆筑法施工时，为确保整个工程的防水等级达到一、二级，必须处理好逆接施工缝的防水。逆接施工缝与顶板、中楼板的距离要较大些，否则不便于逆接施工缝处的混凝土浇筑施工；逆接施工缝采用土胎模，容易作成斜坡形，目前工程中也常用这种形式，故本条予以推荐；在浇筑侧墙混凝土时，一次浇筑至逆接施工缝在施工时要方便快速些，但这样的做法于防水不利，因逆接施工缝本身就是防水薄弱环节，一次浇至逆接施工缝时，由于混凝土沉降收缩、干燥收缩等原因会在逆接施工缝处形成裂缝，造成渗漏水隐患，又因整个侧墙的工程量较大，如全部用补偿收缩混凝土浇筑则会使工程造价增加，故本条中规定逆接施工缝处采用二次浇筑，待先浇混凝土收缩大部分完成后再进行浇筑，以确保逆接施工缝处的防水质量。

8.4.3 （增加条文）

在城市地下工程的建设中，特别是处于闹市区和交通繁忙地带的单建式地下工程建设中，为了尽量减少施工对城市生活的影响，在地下水位较低（低于地下工程底部标高）的区域，也常采用不用地下连续墙的逆筑法施工。这种方法施工时顶板的防水处理较容易，可参照明挖法施工的做法，逆接施工缝的做法可参照8.4.2的规定。比较难办的是由于没有地下连续墙这一初期支护，而施工时为了安全不可能把结构内的土体一次挖除，而需边挖边浇筑混凝土侧墙，这就会留下一些垂直施工缝，而垂直施工缝又与水平施工缝、逆接施工缝相交，给防水处理带来较大难度。故施工时在保证安全的前提下应尽量少留垂直施工缝，需要留设时一方面要作好垂直施工缝本身的防水，同时也要作好垂直施工缝与水平施工缝、逆接施工缝相交处的防水处理，确保工程的防水要求。逆筑法的底板应一次浇筑，同时按防水等级的要求作好底板与侧墙、桩柱相交处的防水处理。

8.5 锚喷支护

8.5.2 （原规范 6.5.2、6.5.3、6.5.4、6.5.5，修改条文）

锚喷支护的混凝土因是喷射施工，影响混凝土的质量因素较多，因此不宜单独用于防水等级高的工程的内衬墙。

因影响喷射混凝土的抗渗性能的因素多，匀质性较差故规定喷射混凝土的抗渗等级不应小于 S6。外掺料对喷射混凝土的抗渗性能影响较大，特别是对收缩开裂及后期强度下降有较大影响，故选用前应通过试验确定。

地下工程变截面及曲线转折点的阳角，即突出部位，喷射混凝土的质量往往不易保证，原规定增加厚度稍小，现根据工程实践经验改为 50mm。

8.5.3 （增加条文）

复合式衬砌既有防水板防水层，又有内衬防水混凝土，故可用于防水等级为一、二级的工程。

9 其　他

9.0.1 （原规范 9.0.1，修改条文）

城市给排水管道与地下工程的水平距离原来的规定实际很难做到，故对此作了相应修改。并增加了当达不到这一要求时应采取有效防水措施的内容。

9.0.4 （原规范 9.0.4，保留条文）

明挖法地下工程在回填前，由于地下水位上升，工程浮起破坏事故曾多次发生。例如武汉某工程位于亚粘土地区，埋深 6.75m，地下水位 -1.0m，建筑面积 850.39m²，工程为三跨结构。1980 年工程主体完工后，尚未回填，大雨将工程全部淹没，工程上浮1.8m，造成工程底板断裂破坏。因此工程应有抗浮力措施。

9.0.5 （原规范 9.0.5，修改条文）

根据各地工程实践，地下水位应降到工程底部最低标高 500mm 以下较为合理。如控制距离较小，往往会造成基础施工困难，而影响地下工程防水质量。

由于一般工程的抗浮力均考虑工程上部覆土的重量，如在防水工程完工而尚未回填时就停止抽水，则有可能由于水位上升而造成工程上浮，导致工程防水层破坏，因此规范规定降水作业直至回填作业完毕为止。

9.0.6 （原规范 9.0.6，修改条文）

工程实践证明，密实的回填是工程防水的一道防线，而疏松的回填不仅起不到防水作用，还使得回填区成为一个积水区。回填密实与否与土质关系密切，因此对土质也相应提出了要求。为此，“规范”规定在工程范围800mm以内采用灰土、粘土、亚粘土、黄土回填，考虑到有的地区取土困难，可采用原土，但不得夹有石块、碎砖、灰渣及有机物等，也不得用冻土。

采用机械进行回填碾压时，土中产生的压应力随着深度增加而逐渐减少，超过一定深度后，工程受机械回填碾压影响减小，其深度与施工机械、土质、土的含水量等因素有关。

1 《铁路工程技术规范》条文说明：“涵顶具有不少于1m的填土厚度时，机械才能越过涵顶。”因为涵顶填土厚度1m以上时，一般说来涵洞可以消除机械冲击影响，并可将机械压力匀散减小。

2 10t压路机碾压最佳含水量状态下的轻亚粘土，其压实影响可达0.45m，若为重粘土，则只能达到0.3m。

3 北京地铁规定：回填厚度超过0.6m，才允许采用机械回填碾压。

综合上述数据，规范规定允许机械回填碾压时的回填厚度值。

9.0.9 （增加条文）

新建工程破坏已建工程原有防水层这是近年来出现的新情况，作出此条规定是为了确保地下工程的防水质量不受人为因素的损坏。

10　地下工程渗漏水治理

10.1　一般规定

10.1.1 （增加条文）

地下工程的渗漏水是普遍存在的现象，渗水形式也多种多样。治理原则的提法比较多：如“大漏变小漏，缝漏变点漏，片漏变孔漏，逐渐缩小渗漏水范围，最后堵住漏水”。又如“拱顶以排为主，侧墙以堵为主”或“拱堵侧排”等。这些提法都是从某一工程的堵漏特点出发，具有一定的局限性。渗漏水治理是一个综合过程，由于渗水形式千变万化，因此修编中提出在渗漏水治理时应根据工程的不同渗水情况采用“堵排结合，因地制宜，刚柔相济，综合治理”的原则，供从事这方面工作的人员参考应用，灵活掌握。

10.1.2 （增加条文）

在渗漏水治理前，能熟悉掌握工程的原防排水设计，施工记录和验收资料，对原防排水的位置，施工中的防水设计变更，材料选择做到心中有数，可为治理时的方案制定带来帮助。

10.1.5 （增加条文）

防水堵漏时，应尽量选用无毒或低毒的防水材料，以保护施工人员身体和周围环境。为防止污染环境，除了对现场废水，废液妥善处理外，施工时还应对周围饮用水源加强监测。

10.1.7 （增加条文）

防水施工是技术性强、标准要求较高的防水材料再加工过程，应由有资质等级证书的防水专业施工队伍来承担，操作人员必需经过专业培训，考核合格，并取得建设行政管理部门所发的上岗证方可进行施工。虽然我国的建筑防水从业人员迅猛发展，各类防水专业施工队伍形成了一定规模，但在市场经济发展过程中存在着施工队伍良莠不齐，素质较差等问题，不少从业人员中，真正了解建筑防水工程的构造、材料特点、使用方法以及具备施工操作技能的人员很少，并且民工队伍较多，很难确保堵漏工程的质量，有的工程经过几个施工队伍处理后还存在渗水的现象时有发生。为保证国家财产不受重大损失和确保堵漏工程的质量，防水工作应由专业设计人员和具有防水资质的专业队伍来完成。

10.2 治理顺序

10.2.1 （增加条文）

地下工程渗漏水治理的关键是查清渗漏原因及渗水对工程的破坏程度，找准渗水的确切位置对症下药。渗漏水查找可采用下面的方法：漏水量较大或比较明显的部位，可直接观察确定。慢渗或不明显的渗漏水，可将潮湿表面擦干，均匀撒一层干水泥粉，出现湿痕处即为渗水孔眼或缝隙。对于大面积慢渗，可用速凝胶浆在漏水处表面均匀涂一薄层，再撒一层干水泥粉，表面出现湿点或湿线处即为渗漏水位置。

10.2.2 （增加条文）

地下工程的渗漏水原因很多，有客观原因也有人为因素，两者往往互相牵连，很难将某一工程的渗漏水原因分析清楚。综合起来分析，主要有设计、施工、材料和使用管理四个方面，有关部门对全国210个混凝土衬砌的地下构筑物调查结果统计表明，四个方面造成渗漏水的比例为：施工占48%，设计占26%，材料占20%，管理占6%。

施工方面，主要是混凝土施工时对灰砂比、水灰比等控制不严，单方水泥用量不准，混凝土施工质量欠佳，少振、漏振、欠振，蜂窝、孔洞麻面等缺陷较多，以及特殊部位的防水处理不当，成品养护不周等。

设计方面主要有以下原因：

1 未考虑生产生活用水的排放对地下水位的影响，在开挖时由于未发现地下水而取消了原设计的防水方案；工程使用过程中由于生活用水等导致地下水位上升引起漏水。

2 对上层滞水和地表水认识不足，没有采用应有防水措施而造成工程渗水。

3 防水方案选择不当导致渗水。

材料方面导致渗水的原因有：

1 防水材料质量低劣或以次充好。

2 特殊部位材料选择不当。

3 配套材料质量不过关等。

10.2.4 （增加条文）

在渗漏水治理的各道工序中，有的属于隐蔽工程，如嵌缝作业的基面处理、注浆工程等，它关系到防水作业的质量好坏，必须做好施工中的记录工作，随时进行检查，发现问题及时处理，确保堵漏工作的质量。

10.3 材料选用

10.3.1 （增加条文）

在地下工程中，围岩与衬砌之间存在有一定的间隙，这种间隙有大有小。为防止围岩漏水危及衬砌结构，往往根据工程的需要进行注浆处理。注浆时为节省材料，一般是先注入水泥浆液，掺有膨润土、粉煤灰等掺合料的水泥浆、水泥砂浆等粗颗粒材料。

10.3.2 （增加条文）

壁内注浆的目的是堵水与加固，封堵混凝土衬砌由于施工缺陷所造成的渗漏水。混凝土毕竟是密实性的材料，壁内缺陷很小，粗颗粒的材料如水泥浆液很难达到预期的堵水目的。因此必须选择渗透性能好的灌浆材料，使其在一定压力下渗入衬砌结构内起到堵水加固的作用。超细水泥由于不存在环境污染，且可以灌入细度模数 $M_K = 0.86$ 的特细和粉细砂层以及宽度小于 30μm 的裂隙中，并在一些地下工程渗漏水治理中应用，取得了较好的防水效果。所以本条推荐超细水泥和目前常用的环氧树脂、聚氨酯等浆液。

10.3.3 （增加条文）

在地下工程结构的内表面和外表面做防水砂浆抹面防水，是我国传统的简便有效的防水方法，特别是在结构自防水或外贴卷材防水失败后，往往用这种方法补救。防水砂浆做法很多，五层抹面是最普通的方法，它不使用任何防水外加剂，仅利用不同配比的素浆和砂浆分层次交错抹压而成连续封闭的整体防水层，这种方法 40 年代就已应用，具有几十年的历史。随着防水技术的发展，普通防水抹面已被掺有各种外加剂，防水剂和聚合物乳液的砂浆所代替，且技术性能有很大进步，施工程序也有所简化。

在国外，防水砂浆的使用也很普遍，下表列举日本防水砂浆在各种工程上的应用情况，从表 6 可以看到，砂浆防水在日本地下防水中无论新建工程还是旧有工程渗漏水补修中的使用比例都很大，且有逐年上升的趋势。

表 6　日本防水砂浆使用情况表

年度	地下防水		屋面防水		外墙防水		室内防水	
	新工程	旧工程	新工程	旧工程	新工程	旧工程	新工程	旧工程
1981	17.5%		1%		19.5%			
1983	19.6%	9.2%	0	0	9.5%	3.6%	25.2%	24.4%
1984	23%	16.1%	0.6%	—	7.8%	5.1%	30.4%	20.3%

用于防水砂浆的外加剂品种主要有萘磺酸盐、三聚氰胺磺酸盐、松香皂、氯化物金属盐、无机铝盐、有机硅等。

聚合物乳液的种类有很多种，但国内常用的主要是聚醋酸乙烯乳液、苯丙乳液、丙烯酸酯共聚乳液、环氧树脂及氯丁胶乳等。

10.3.4 （增加条文）

涂料由于可在各种形状的部位进行涂刷施工，因此在地下工程渗漏水治理中也常用到。根据地下工程防水特点，材料性能和近年来的施工实践，本条列举了在地下工程常用的涂料种类。

10.3.6 （增加条文）

嵌缝材料按材性可分为合成高分子密封材料、高聚物改性沥青密封材料及定型密封材料，地下工程中使用的嵌缝材料为合成高分子密封材料和定型密封材料。

合成高分子密封材料多采用聚硫橡胶类、聚氨酯类等材料，它们的性能应符合 5.1.10 的规定。

定型密封材料的主要品种有遇水膨胀橡胶条，自粘性橡胶止水条等。遇水膨胀橡胶条是以改性橡胶为基料而制成的一种新型防水材料，它一方面具有橡胶制品的优良弹性和延展性，起到弹性密封作用；另一方面当结构变形量超过材料的弹性复原率时，在膨胀倍率范围内具有遇水膨胀的特性，起到以水止水的功能，这种双重止水机理提高了防水效果，目前这种防水材料有各种定型产品。自粘性橡胶是由特种合成橡胶掺入各种助剂加工而成的弹塑性腻子状聚合物，它具有橡胶腻子充填空隙的性能，同时在一定压力下又具有与混凝土良好的粘着性能。它们主要用于地下工程的变形缝、施工缝、穿墙管等接缝的防水。

在地下工程中由于经常受水侵蚀，使用密封防水材料时要注意以下问题：

1 密封材料经常承受水压作用易产生较大拉伸变形，不宜使用圆形或方形背衬材料，应用薄片背衬材料，并防止三面粘结。

2 材料不能因长期受水浸泡而产生溶胀，污染水质。

3 受震动、温差、结构变形等影响接缝并产生活动时，要选用弹性或弹塑性好的密封材料。

4 密封材料与基层的粘结，不能因为长期浸水而造成粘结老化，发生粘结剥离破坏，因此应选择适当的耐水基层处理剂。

10.4 治 理 措 施

10.4.1 （增加条文）

大面积的渗漏水是地下工程渗漏水的主要表现形式之一，它在渗水工程中所占比例高达95%以上，几乎所有的渗水工程都存在这类问题。造成这类渗水的原因来自设计与施工两方面。表现特征为：(1) 渗水基面多为麻面；(2) 渗水点有大有小，且分布密集；(3) 渗水面积大。

大面积严重渗漏水一般采用综合治理的方法，即刚柔结合多道防线。首先疏通漏水孔洞，引水泄压，在分散低压力渗水基面上涂抹速凝防水材料，然后涂抹刚柔性防水材料，最后封堵引水孔洞。并根据工程结构破坏程度和需要采用贴壁混凝土衬砌加强处理。其处理顺序是：大漏引水→小漏止水→涂抹快凝止水材料→柔性防水→刚性防水→注浆堵水→必要时贴壁混凝土衬砌加强。

10.4.2 （增加条文）

大面积的一般渗漏水和漏水点是指漏水不十分明显，只有湿迹和少量滴水的点。这种形式的渗水处理一般采用速凝材料直接封堵，也可对漏水点注浆堵漏，然后做防水砂浆抹面或涂抹柔性防水材料、水泥基渗透结晶型防水涂料等。当采用涂料防水时防水层表面要采取保护措施。

10.4.3 （增加条文）

裂缝渗漏水一般根据漏水量和水压力来采取堵漏措施。对于水压较小和渗水量不大的裂缝，可将裂缝按设计要求剔成一定深度和宽度的“V”槽，槽内用速凝材料填压密实即可。对于水压和渗水量都较大的裂缝常采用注浆方法处理。注浆材料有环氧树脂、聚氨酯等，也可采用超细水泥浆液。裂缝渗漏水处理完毕后，表面用掺外加剂防水砂浆、聚合物防水砂浆或涂料等防水材料加强防水。

10.4.5 （增加条文）

地下工程渗漏水治理中要重视排水工作，主要是将大的渗漏水排走，目的是减小渗漏水压，给防水创造条件。排水的方法通常有两种，一是自流排水，一种是机械排水，当地形条件允许时尽可能采取自流排水，只有受到地形条件限制的时候，才将渗漏水通过排水沟引至集水井内，用水泵定期将水排出。

10.4.7 （增加条文）

喷射混凝土和锚杆联合支护，不仅是安全可靠的支护形式，而且是在岩层中构筑地下工程最为优越的衬砌形式，这种方法在铁路隧道，冶金矿山工程等地下工程中都已大量采用。喷锚支护一般作为临时支护来考虑，要想作为永久衬砌必须解决防水问题。

喷射混凝土施工前，要对围岩渗水情况进行调查，对不同的渗水形式采用不同的防水方法。明显的裂隙渗漏水和点漏水，可采用下弹簧管、半圆铁皮、钻孔引流等方法将渗漏水排走。大面积的片状渗漏水，可用玻璃棉等做引水带，紧贴岩壁渗水处，将水引到排水沟内。无明显渗漏水或间歇性渗水地段，可在两层喷射混凝土层间用快凝材料做防水层。当喷射混凝土层有明显的渗漏水时，可采用注浆的方法堵水，注浆孔深度根据裂隙情况而定，一般为1.8~2.0m，常用的注浆材料有水泥-水玻璃、聚氨酯等，注浆压力0.3~0.5MPa。

10.4.8 （增加条文）

在地下工程渗漏水中细部构造部位占主要部分，尤其是变形缝几乎是十缝九漏。由于该部位的防水操作困难，质量难以保证，经常出现止水带固定不牢，位置不准确，石子过分集中于止水带附近或止水带两侧混凝土振捣不密实等现象，致使防水失败。施工缝和穿墙管的渗漏水在地下工程中也比较常见。对于这些部位的渗漏水处理可采用以下方法：施工缝、变形缝一般是采用综合治理的措施即注浆防水与嵌缝和抹面保护相结合，具体做法是将变形缝内的原嵌填材料清除，深度约100mm，施工缝沿缝凿槽，清洗干净，漏水较大部位埋设引水管，把缝内主要漏水引出缝外，对其余较小的渗漏水用快凝材料封堵。然后嵌填密封防水材料，并抹水泥砂浆保护层或压上保护钢板，待这些工序做完后，注浆堵水。

穿墙管与预埋件的渗水处理步骤是：将穿墙管或预埋件四周的混凝土凿开，找出最大漏水点后，用快凝胶浆或注浆的方法堵水，然后涂刷防水涂料或嵌填密封防水材料，最后用掺外加剂水泥砂浆或聚合物水泥砂浆进行表面保护。

中华人民共和国国家标准

屋面工程质量验收规范

Code for acceptance of construction quality of roof

GB 50207 — 2002

主编部门：山 西 省 建 设 厅
批准部门：中华人民共和国建设部
施行日期：2 0 0 2 年 6 月 1 日

关于发布国家标准《屋面工程质量验收规范》的通知

建标［2002］77 号

根据建设部《关于印发〈二〇〇〇至二〇〇一年度工程建设国家标准制定、修订计划〉的通知》（建标［2001］87 号）的要求，山西省建设厅会同有关部门共同修订了《屋面工程质量验收规范》。我部组织有关部门对该规范进行了审查，现批准为国家标准，编号为 GB 50207—2002，自 2002 年 6 月 1 日起施行。其中，3.0.6、4.1.8、4.2.9、4.3.16、5.3.10、6.1.8、6.2.7、7.1.5、7.3.6、8.1.4、9.0.11 为强制性条文，必须严格执行。原《屋面工程技术规范》GB 50207—94 于 2002 年 10 月 1 日废止。

本规范由建设部负责管理和对强制性条文的解释，山西建筑工程（集团）总公司负责具体技术内容的解释，建设部标准定额研究所组织中国建筑工业出版社出版发行。

中华人民共和国建设部

二〇〇二年四月一日

前　　言

本规范是根据建设部《关于印发〈二〇〇〇至二〇〇一年度工程建设国家标准制定、修订计划〉的通知（建标［2001］87号）的要求，由山西建筑工程（集团）总公司会同有关单位共同对《屋面工程技术规范》GB 50207—94和《建筑安装工程质量检验评定标准》GBJ 301—88修订而成的。

在修订过程中，规范编制组开展了专题研究，进行了比较广泛的调查研究，总结了多年建筑屋面工程材料、施工的经验，按照“验评分离、强化验收、完善手段、过程控制”的方针，进行全面修改，先后参加部规范研究会、协调会议，并以多种方式广泛征求了全国有关单位的意见，对主要问题作了反复论证，最后召开审查会议定稿上报。

本规范的主要内容为：总则、术语、基本规定、卷材防水屋面工程、涂膜防水屋面工程、刚性防水屋面工程、瓦屋面工程、隔热屋面工程、细部构造、分部工程验收。

本规范将来可能需要进行局部修订，有关局部修订的信息和条文内容将刊登在《工程建设标准化》杂志上。

本规范以黑体字标识的条文为强制性条文，必须严格执行。

为了提高规范质量，请各单位在执行本标准的过程中，注意总结经验，积累资料，随时将有关意见和建议反馈给山西建筑工程（集团）总公司《屋面工程质量验收规范》管理组（地址：太原市新建路35号，邮编030002），以供今后修订时参考。

本规范主编单位、参编单位和主要起草人：

主编单位：山西建筑工程（集团）总公司

参编单位：北京市建筑工程研究院
浙江工业大学
太原理工大学
中国建筑标准设计研究所
中国建筑防水材料公司苏州研究设计所
上海建筑防水材料（集团）公司

主要起草人：哈成德　王寿华　朱忠厚　叶林标
项桦太　张文华　马芸芳　高延继
姜静波　瞿建民　徐金鹤

目　次

1 总 则

1.0.1 为了加强建筑工程质量管理，统一屋面工程质量的验收，保证工程质量，制定本规范。

1.0.2 本规范适用于建筑屋面工程质量的验收。

1.0.3 屋面工程施工中所采用的工程技术文件以及承包合同文件，对施工质量验收的要求不得低于本规范的规定。

1.0.4 本规范应与国家标准《建筑工程施工质量验收统一标准》GB 50300—2001 配套使用。

1.0.5 屋面工程施工质量的验收除应执行本规范外，尚应符合国家现行有关标准规范的规定。

2 术 语

2.0.1 防水层合理使用年限 life of waterproof layer

屋面防水层能满足正常使用要求的年限。

2.0.2 一道防水设防 a separate waterproof barroer

具有单独防水能力的一道防水层。

2.0.3 分格缝 dividing joint

在屋面找平层、刚性防水层、刚性保护层上预先留设的缝。

2.0.4 满粘法 full adhibiting method

铺贴防水卷材时，卷材与基层采用全部粘结的施工方法。

2.0.5 空铺法 border adhibiting method

铺贴防水卷材时，卷材与基层在周边一定宽度内粘结，其余部分不粘结的施工方法。

2.0.6 点粘法 spot adhibiting method

铺贴防水卷材时，卷材或打孔卷材与基层采用点状粘结的施工方法。

2.0.7 条粘法 strip adhibiting method

铺贴防水卷材时，卷材与基层采用条状粘结的施工方法。

2.0.8 冷粘法 cold adhibiting method

在常温下采用胶粘剂等材料进行卷材与基层、卷材与卷材间粘结的施工方法。

2.0.9 热熔法 heat fusion method

采用火焰加热器熔化热熔型防水卷材底层的热熔胶进行粘结的施工方法。

2.0.10 自粘法 self-adhibiting method

采用带有自粘胶的防水卷材进行粘结的施工方法。

2.0.11 热风焊接法 hot air welding method

采用热空气焊枪进行防水卷材搭接粘合的施工方法。

2.0.12 倒置式屋面 inversion type roof

将保温层设置在防水层上的屋面。

2.0.13 架空屋面 elevated overhead roof

在屋面防水层上采用薄型制品架设一定高度的空间，起到隔热作用的屋面。

2.0.14 蓄水屋面 impounded roof

在屋面防水层上蓄一定高度的水，起到隔热作用的屋面。

2.0.15 种植屋面 plantied roof

在屋面防水层上铺以种植介质，并种植植物的屋面。

3 基 本 规 定

3.0.1 屋面工程应根据建筑物的性质、重要程度、使用功能要求以及防水层合理使用年限，按不同等级进行设防，并应符合表3.0.1的要求。

表3.0.1 屋面防水等级和设防要求

项目	屋面防水等级			
	Ⅰ	Ⅱ	Ⅲ	Ⅳ
建筑物类别	特别重要或对防水有特殊要求的建筑	重要的建筑和高层建筑	一般的建筑	非永久性的建筑
防水层合理使用年限	25年	15年	10年	5年
防水层选用材料	宜选用合成高分子防水卷材、高聚物改性沥青防水卷材、金属板材、合成高分子防水涂料、细石混凝土等材料	宜选用高聚物改性沥青防水卷材、合成高分子防水卷材、金属板材、合成高分子防水涂料、高聚物改性沥青防水涂料、细石混凝土、平瓦、油毡瓦等材料	宜选用三毡四油沥青防水卷材、高聚物改性沥青防水卷材、合成高分子防水卷材、金属板材、高聚物改性沥青防水涂料、合成高分子防水涂料、细石混凝土、平瓦、油毡瓦等材料	可选用二毡三油沥青防水卷材、高聚物改性沥青防水涂料等材料
设防要求	三道或三道以上防水设防	二道防水设防	一道防水设防	一道防水设防

3.0.2 屋面工程应根据工程特点、地区自然条件等，按照屋面防水等级的设防要求，进行防水构造设计，重要部位应有详图；对屋面保温层的厚度，应通过计算确定。

3.0.3 屋面工程施工前，施工单位应进行图纸会审，并应编制屋面工程施工方案或技术措施。

3.0.4 屋面工程施工时，应建立各道工序的自检、交接检和专职人员检查的“三检”制度，并有完整的检查记录。每道工序完成，应经监理单位（或建设单位）检查验收，合格后方可进行下道工序的施工。

3.0.5 屋面工程的防水层应由经资质审查合格的防水专业队伍进行施工。作业人员应持有当地建设行政主管部门颁发的上岗证。

3.0.6 屋面工程所采用的防水、保温隔热材料应有产品合格证书和性能检测报告，材料的品种、规格、性能等应符合现行国家产品标准和设计要求。

材料进场后，应按本规范附录A、附录B的规定抽样复验，并提出试验报告；不合格的材料，不得在屋面工程中使用。

3.0.7 当下道工序或相邻工程施工时，对屋面已完成的部分应采取保护措施。

3.0.8 伸出屋面的管道、设备或预埋件等，应在防水层施工前安设完毕。屋面防水层完工后，不得在其上凿孔打洞或重物冲击。

3.0.9 屋面工程完工后，应按本规范的有关规定对细部构造、接缝、保护层等进行外观检验，并应进行淋水或蓄水检验。

3.0.10 屋面的保温层和防水层严禁在雨天、雪天和五级风及其以上时施工。施工环境气温宜符合表3.0.10的要求。

表3.0.10　屋面保温层和防水层施工环境气温

项　目	施工环境气温
粘结保温层	热沥青不低于-10℃；水泥砂浆不低于5℃
沥青防水卷材	不低于5℃
高聚物改性沥青防水卷材	冷粘法不低于5℃；热熔法不低于-10℃
合成高分子防水卷材	冷粘法不低于5℃；热风焊接法不低于-10℃
高聚物改性沥青防水涂料	溶剂型不低于-5℃，水溶型不低于5℃
合成高分子防水涂料	溶剂型不低于-5℃，水溶型不低于5℃
刚性防水层	不低于5℃

3.0.11 屋面工程各子分部工程和分项工程的划分，应符合表3.0.11的要求。

表3.0.11　屋面工程各子分部工程和分项工程的划分

分部工程	子分部工程	分　项　工　程
屋面工程	卷材防水屋面	保温层，找平层，卷材防水层，细部构造
	涂膜防水屋面	保温层，找平层，涂膜防水层，细部构造
	刚性防水屋面	细石混凝土防水层，密封材料嵌缝，细部构造
	瓦屋面	平瓦屋面，油毡瓦屋面，金属板材屋面，细部构造
	隔热屋面	架空屋面，蓄水屋面，种植屋面

3.0.12 屋面工程各分项工程的施工质量检验批量应符合下列规定：

1 卷材防水屋面、涂膜防水屋面、刚性防水屋面、瓦屋面和隔热屋面工程，应按屋面面积每$100m^2$抽查一处，每

处 $10m^2$，且不得少于 3 处。

2 接缝密封防水，每 50m 应抽查一处，每处 5m，且不得少于 3 处。

3 细部构造根据分项工程的内容，应全部进行检查。

4 卷材防水屋面工程

4.1 屋面找平层

4.1.1 本节适用于防水层基层采用水泥砂浆、细石混凝土或沥青砂浆的整体找平层。

4.1.2 找平层的厚度和技术要求应符合表 4.1.2 的规定。

表 4.1.2 找平层的厚度和技术要求

类别	基层种类	厚度（mm）	技术要求
水泥砂浆找平层	整体混凝土	15～20	1：2.5～1：3（水泥：砂）体积比，水泥强度等级不低于 32.5 级
	整体或板状材料保温层	20～25	
	装配式混凝土板，松散材料保温层	20～30	
细石混凝土找平层	松散材料保温层	30～35	混凝土强度等级不低于 C20
沥青砂浆找平层	整体混凝土	15～20	1:8（沥青:砂）质量比
	装配式混凝土板，整体或板状材料保温层	20～25	

4.1.3 找平层的基层采用装配式钢筋混凝土板时，应符合下列规定：

1 板端、侧缝应用细石混凝土灌缝，其强度等级不应低于 C20。

2　板缝宽度大于 40mm 或上窄下宽时，板缝内应设置构造钢筋。

3　板端缝应进行密封处理。

4.1.4　找平层的排水坡度应符合设计要求。平屋面采用结构找坡不应小于 3%，采用材料找坡宜为 2%；天沟、檐沟纵向找坡不应小于 1%，沟底水落差不得超过 200mm。

4.1.5　基层与突出屋面结构（女儿墙、山墙、天窗壁、变形缝、烟囱等）的交接处和基层的转角处，找平层均应做成圆弧形，圆弧半径应符合表 4.1.5 的要求。内部排水的水落口周围，找平层应做成略低的凹坑。

表 4.1.5　转角处圆弧半径

卷材种类	圆弧半径（mm）
沥青防水卷材	100～150
高聚物改性沥青防水卷材	50
合成高分子防水卷材	20

4.1.6　找平层宜设分格缝，并嵌填密封材料。分格缝应留设在板端缝处，其纵横缝的最大间距：水泥砂浆或细石混凝土找平层，不宜大于 6m；沥青砂浆找平层，不宜大于 4m。

主 控 项 目

4.1.7　找平层的材料质量及配合比，必须符合设计要求。

检验方法：检查出厂合格证、质量检验报告和计量措施。

4.1.8　屋面（含天沟、檐沟）找平层的排水坡度，必须符合设计要求。

检验方法：用水平仪（水平尺）、拉线和尺量检查。

一 般 项 目

4.1.9　基层与突出屋面结构的交接处和基层的转角处，均应做成圆弧形，且整齐平顺。

检验方法：观察和尺量检查。

4.1.10　水泥砂浆、细石混凝土找平层应平整、压光，不得有酥松、起砂、起皮现象；沥青砂浆找平层不得有拌合不匀、蜂窝现象。

检验方法：观察检查。

4.1.11　找平层分格缝的位置和间距应符合设计要求。

检验方法：观察和尺量检查。

4.1.12　找平层表面平整度的允许偏差为 5mm。

检验方法：用 2m 靠尺和楔形塞尺检查。

4.2　屋面保温层

4.2.1　本节适用于松散、板状材料或整体现浇（喷）保温层。

4.2.2　保温层应干燥，封闭式保温层的含水率应相当于该材料在当地自然风干状态下的平衡含水率。

4.2.3　屋面保温层干燥有困难时，应采用排汽措施。

4.2.4　倒置式屋面应采用吸水率小、长期浸水不腐烂的保温材料。保温层上应用混凝土等块材、水泥砂浆或卵石做保护层；卵石保护层与保温层之间，应干铺一层无纺聚酯纤维布做隔离层。

4.2.5　松散材料保温层施工应符合下列规定：

1　铺设松散材料保温层的基层应平整、干燥和干净。

2　保温层含水率应符合设计要求。

3 松散保温材料应分层铺设并压实，压实的程度与厚度应经试验确定。

4 保温层施工完成后，应及时进行找平层和防水层的施工；雨季施工时，保温层应采取遮盖措施。

4.2.6 板状材料保温层施工应符合下列规定：

1 板状材料保温层的基层应平整、干燥和干净。

2 板状保温材料应紧靠在需保温的基层表面上，并应铺平垫稳。

3 分层铺设的板块上下层接缝应相互错开；板间缝隙应采用同类材料嵌填密实。

4 粘贴的板状保温材料应贴严、粘牢。

4.2.7 整体现浇（喷）保温层施工应符合下列规定：

1 沥青膨胀蛭石、沥青膨胀珍珠岩宜用机械搅拌，并应色泽一致，无沥青团；压实程度根据试验确定，其厚度应符合设计要求，表面应平整。

2 硬质聚氨酯泡沫塑料应按配比准确计量，发泡厚度均匀一致。

主 控 项 目

4.2.8 保温材料的堆积密度或表观密度、导热系数以及板材的强度、吸水率，必须符合设计要求。

检验方法：检查出厂合格证、质量检验报告和现场抽样复验报告。

4.2.9 保温层的含水率必须符合设计要求。

检验方法：检查现场抽样检验报告。

一 般 项 目

4.2.10 保温层的铺设应符合下列要求：

1 松散保温材料：分层铺设，压实适当，表面平整，找坡正确。

2 板状保温材料：紧贴（靠）基层，铺平垫稳，拼缝严密，找坡正确。

3 整体现浇保温层：拌合均匀，分层铺设，压实适当，表面平整，找坡正确。

检验方法：观察检查。

4.2.11 保温层厚度的允许偏差：松散保温材料和整体现浇保温层为 +10%，-5%；板状保温材料为 ±5%，且不得大于 4mm。

检验方法：用钢针插入和尺量检查。

4.2.12 当倒置式屋面保护层采用卵石铺压时，卵石应分布均匀，卵石的质（重）量应符合设计要求。

检验方法：观察检查和按堆积密度计算其质（重）量。

4.3 卷材防水层

4.3.1 本节适用于防水等级为Ⅰ～Ⅳ级的屋面防水。

4.3.2 卷材防水层应采用高聚物改性沥青防水卷材、合成高分子防水卷材或沥青防水卷材。所选用的基层处理剂、接缝胶粘剂、密封材料等配套材料应与铺贴的卷材材性相容。

4.3.3 在坡度大于 25% 的屋面上采用卷材作防水层时，应采取固定措施。固定点应密封严密。

4.3.4 铺设屋面隔汽层和防水层前，基层必须干净、干燥。

干燥程度的简易检验方法，是将 $1m^2$ 卷材平坦地干铺在找平层上，静置 3～4h 后掀开检查，找平层覆盖部位与卷材上未见水印即可铺设。

4.3.5 卷材铺贴方向应符合下列规定：

1 屋面坡度小于 3%时，卷材宜平行屋脊铺贴。

2 屋面坡度在 3%～15%时，卷材可平行或垂直屋脊铺贴。

3 屋面坡度大于 15%或屋面受震动时，沥青防水卷材应垂直屋脊铺贴，高聚物改性沥青防水卷材和合成高分子防水卷材可平行或垂直屋脊铺贴。

4 上下层卷材不得相互垂直铺贴。

4.3.6 卷材厚度选用应符合表 4.3.6 的规定。

表 4.3.6　卷材厚度选用表

屋面防水等级	设防道数	合成高分子防水卷材	高聚物改性沥青防水卷材	沥青防水卷材
Ⅰ级	三道或三道以上设防	不应小于 1.5mm	不应小于 3mm	—
Ⅱ级	二道设防	不应小于 1.2mm	不应小于 3mm	—
Ⅲ级	一道设防	不应小于 1.2mm	不应小于 4mm	三毡四油
Ⅳ级	一道设防	—	—	二毡三油

4.3.7 铺贴卷材采用搭接法时，上下层及相邻两幅卷材的搭接缝应错开。各种卷材搭接宽度应符合表 4.3.7 的要求。

表 4.3.7　卷材搭接宽度（mm）

卷材种类 \ 铺贴方法		短边搭接		长边搭接	
		满粘法	空铺、点粘、条粘法	满粘法	空铺、点粘、条粘法
沥青防水卷材		100	150	70	100
高聚物改性沥青防水卷材		80	100	80	100
合成高分子防水卷材	胶粘剂	80	100	80	100
	胶粘带	50	60	50	60
	单缝焊	60，有效焊接宽度不小于 25			
	双缝焊	80，有效焊接宽度 10×2＋空腔宽			

4.3.8 冷粘法铺贴卷材应符合下列规定：

1 胶粘剂涂刷应均匀，不露底，不堆积。

2 根据胶粘剂的性能，应控制胶粘剂涂刷与卷材铺贴的间隔时间。

3 铺贴的卷材下面的空气应排尽，并辊压粘结牢固。

4 铺贴卷材应平整顺直，搭接尺寸准确，不得扭曲、皱折。

5 接缝口应用密封材料封严，宽度不应小于 10mm。

4.3.9 热熔法铺贴卷材应符合下列规定：

1 火焰加热器加热卷材应均匀，不得过分加热或烧穿卷材；厚度小于 3mm 的高聚物改性沥青防水卷材严禁采用热熔法施工。

2 卷材表面热熔后应立即滚铺卷材，卷材下面的空气应排尽，并辊压粘结牢固，不得空鼓。

3 卷材接缝部位必须溢出热熔的改性沥青胶。

4 铺贴的卷材应平整顺直，搭接尺寸准确，不得扭曲、皱折。

4.3.10 自粘法铺贴卷材应符合下列规定：

1 铺贴卷材前基层表面应均匀涂刷基层处理剂，干燥后应及时铺贴卷材。

2 铺贴卷材时，应将自粘胶底面的隔离纸全部撕净。

3 卷材下面的空气应排尽，并辊压粘结牢固。

4 铺贴的卷材应平整顺直，搭接尺寸准确，不得扭曲、皱折。搭接部位宜采用热风加热，随即粘贴牢固。

5 接缝口应用密封材料封严，宽度不应小于10mm。

4.3.11 卷材热风焊接施工应符合下列规定：

1 焊接前卷材的铺设应平整顺直，搭接尺寸准确，不得扭曲、皱折。

2 卷材的焊接面应清扫干净，无水滴、油污及附着物。

3 焊接时应先焊长边搭接缝，后焊短边搭接缝。

4 控制热风加热温度和时间，焊接处不得有漏焊、跳焊、焊焦或焊接不牢现象。

5 焊接时不得损害非焊接部位的卷材。

4.3.12 沥青玛𤧛脂的配制和使用应符合下列规定：

1 配制沥青玛𤧛脂的配合比应视使用条件、坡度和当地历年极端最高气温，并根据所用的材料经试验确定；施工中应按确定的配合比严格配料，每工作班应检查软化点和柔韧性。

2 热沥青玛𤧛脂的加热温度不应高于240℃，使用温度不应低于190℃。

3 冷沥青玛𤧛脂使用时应搅匀，稠度太大时可加少量溶剂稀释搅匀。

4 沥青玛𤧛脂应涂刮均匀，不得过厚或堆积。

粘结层厚度：热沥青玛𤧛脂宜为1~1.5mm，冷沥青玛𤧛脂宜为0.5~1mm；

面层厚度：热沥青玛𤧛脂宜为2~3mm，冷沥青玛𤧛脂宜为1~1.5mm。

4.3.13 天沟、檐沟、檐口、泛水和立面卷材收头的端部应裁齐，塞入预留凹槽内，用金属压条钉压固定，最大钉距不应大于900mm，并用密封材料嵌填封严。

4.3.14 卷材防水层完工并经验收合格后，应做好成品保护。保护层的施工应符合下列规定：

1 绿豆砂应清洁、预热、铺撒均匀，并使其与沥青玛𤧛脂粘结牢固，不得残留未粘结的绿豆砂。

2 云母或蛭石保护层不得有粉料，撒铺应均匀，不得露底，多余的云母或蛭石应清除。

3 水泥砂浆保护层的表面应抹平压光，并设表面分格缝，分格面积宜为$1m^2$。

4 块体材料保护层应留设分格缝，分格面积不宜大于$100m^2$，分格缝宽度不宜小于20mm。

5 细石混凝土保护层，混凝土应密实，表面抹平压光，并留设分格缝，分格面积不大于$36m^2$。

6 浅色涂料保护层应与卷材粘结牢固，厚薄均匀，不得漏涂。

7 水泥砂浆、块材或细石混凝土保护层与防水层之间应设置隔离层。

8 刚性保护层与女儿墙、山墙之间应预留宽度为30mm的缝隙，并用密封材料嵌填严密。

主 控 项 目

4.3.15 卷材防水层所用卷材及其配套材料，必须符合设计要求。

检验方法：检查出厂合格证、质量检验报告和现场抽样复验报告。

4.3.16 卷材防水层不得有渗漏或积水现象。

检验方法：雨后或淋水、蓄水检验。

4.3.17 卷材防水层在天沟、檐沟、檐口、水落口、泛水、变形缝和伸出屋面管道的防水构造，必须符合设计要求。

检验方法：观察检查和检查隐蔽工程验收记录。

一 般 项 目

4.3.18 卷材防水层的搭接缝应粘（焊）结牢固，密封严密，不得有皱折、翘边和鼓泡等缺陷；防水层的收头应与基层粘结并固定牢固，缝口封严，不得翘边。

检验方法：观察检查。

4.3.19 卷材防水层上的撒布材料和浅色涂料保护层应铺撒或涂刷均匀，粘结牢固；水泥砂浆、块材或细石混凝土保护层与卷材防水层间应设置隔离层；刚性保护层的分格缝留置应符合设计要求。

检验方法：观察检查。

4.3.20 排汽屋面的排汽道应纵横贯通，不得堵塞。排汽管应安装牢固，位置正确，封闭严密。

检验方法：观察检查。

4.3.21 卷材的铺贴方向应正确，卷材搭接宽度的允许偏差为 - 10mm。

检验方法：观察和尺量检查。

5 涂膜防水屋面工程

5.1 屋面找平层

涂膜防水屋面找平层工程应符合本规范第 4.1 节的规定。

5.2 屋面保温层

涂膜防水屋面保温层工程应符合本规范第 4.2 节的规定。

5.3 涂膜防水层

5.3.1 本节适用于防水等级为Ⅰ~Ⅳ级屋面防水。

5.3.2 防水涂料应采用高聚物改性沥青防水涂料、合成高分子防水涂料。

5.3.3 防水涂膜施工应符合下列规定：

1 涂膜应根据防水涂料的品种分层分遍涂布，不得一次涂成。

2 应待先涂的涂层干燥成膜后，方可涂后一遍涂料。

3 需铺设胎体增强材料时，屋面坡度小于 15% 时可平行屋脊铺设，屋面坡度大于 15% 时应垂直于屋脊铺设。

4 胎体长边搭接宽度不应小于 50mm，短边搭接宽度不应小于 70mm。

5 采用二层胎体增强材料时，上下层不得相互垂直铺设，搭接缝应错开，其间距不应小于幅宽的 1/3。

5.3.4 涂膜厚度选用应符合表 5.3.4 的规定。

表 5.3.4　　涂膜厚度选用表

屋面防水等级	设防道数	高聚物改性沥青防水涂料	合成高分子防水涂料
Ⅰ级	三道或三道以上设防	—	不应小于 1.5mm
Ⅱ级	二道设防	不应小于 3mm	不应小于 1.5mm
Ⅲ级	一道设防	不应小于 3mm	不应小于 2mm
Ⅳ级	一道设防	不应小于 2mm	—

5.3.5 屋面基层的干燥程度应视所用涂料特性确定。当采用溶剂型涂料时，屋面基层应干燥。

5.3.6 多组份涂料应按配合比准确计量，搅拌均匀，并应根据有效时间确定使用量。

5.3.7 天沟、檐沟、檐口、泛水和立面涂膜防水层的收头，应用防水涂料多遍涂刷或用密封材料封严。

5.3.8 涂膜防水层完工并经验收合格后，应做好成品保护。保护层的施工应符合本规范第 4.3.14 条的规定。

主 控 项 目

5.3.9 防水涂料和胎体增强材料必须符合设计要求。

检验方法：检查出厂合格证、质量检验报告和现场抽样复验报告。

5.3.10 涂膜防水层不得有渗漏或积水现象。

检验方法：雨后或淋水、蓄水检验。

5.3.11 涂膜防水层在天沟、檐沟、檐口、水落口、泛水、变形缝和伸出屋面管道的防水构造，必须符合设计要求。

检验方法：观察检查和检查隐蔽工程验收记录。

一 般 项 目

5.3.12 涂膜防水层的平均厚度应符合设计要求，最小厚度不应小于设计厚度的 80%。

检验方法：针测法或取样量测。

5.3.13 涂膜防水层与基层应粘结牢固，表面平整，涂刷均匀，无流淌、皱折、鼓泡、露胎体和翘边等缺陷。

检验方法：观察检查。

5.3.14 涂膜防水层上的撒布材料或浅色涂料保护层应铺撒或涂刷均匀，粘结牢固；水泥砂浆、块材或细石混凝土保护层与涂膜防水层间应设置隔离层；刚性保护层的分格缝留置应符合设计要求。

检验方法：观察检查。

6 刚性防水屋面工程

6.1 细石混凝土防水层

6.1.1 本节适用于防水等级为Ⅰ～Ⅲ级的屋面防水；不适用于设有松散材料保温层的屋面以及受较大震动或冲击的和坡度大于15%的建筑屋面。

6.1.2 细石混凝土不得使用火山灰质水泥；当采用矿渣硅酸盐水泥时，应采用减少泌水性的措施。粗骨料含泥量不应大于1%，细骨料含泥量不应大于2%。

混凝土水灰比不应大于0.55；每立方米混凝土水泥用量不得少于330kg；含砂率宜为35%～40%；灰砂比宜为1:2～1:2.5；混凝土强度等级不应低于C20。

6.1.3 混凝土中掺加膨胀剂、减水剂、防水剂等外加剂时，应按配合比准确计量，投料顺序得当，并应用机械搅拌，机械振捣。

6.1.4 细石混凝土防水层的分格缝，应设在屋面板的支承端、屋面转折处、防水层与突出屋面结构的交接处，其纵横间距不宜大于6m。分格缝内应嵌填密封材料。

6.1.5 细石混凝土防水层的厚度不应小于40mm，并应配置双向钢筋网片。钢筋网片在分格缝处应断开，其保护层厚度不应小于10mm。

6.1.6 细石混凝土防水层与立墙及突出屋面结构等交接处，均应做柔性密封处理；细石混凝土防水层与基层间宜设置隔离层。

主 控 项 目

6.1.7 细石混凝土的原材料及配合比必须符合设计要求。

检验方法：检查出厂合格证、质量检验报告、计量措施和现场抽样复验报告。

6.1.8 细石混凝土防水层不得有渗漏或积水现象。

检验方法：雨后或淋水、蓄水检验。

6.1.9 细石混凝土防水层在天沟、檐沟、檐口、水落口、泛水、变形缝和伸出屋面管道的防水构造，必须符合设计要求。

检验方法：观察检查和检查隐蔽工程验收记录。

一 般 项 目

6.1.10 细石混凝土防水层应表面平整、压实抹光，不得有裂缝、起壳、起砂等缺陷。

检验方法：观察检查。

6.1.11 细石混凝土防水层的厚度和钢筋位置应符合设计要求。

检验方法：观察和尺量检查。

6.1.12 细石混凝土分格缝的位置和间距应符合设计要求。

检验方法：观察和尺量检查。

6.1.13 细石混凝土防水层表面平整度的允许偏差为5mm。

检验方法：用2m靠尺和楔形塞尺检查。

6.2 密封材料嵌缝

6.2.1 本节适用于刚性防水屋面分格缝以及天沟、檐沟、泛水、变形缝等细部构造的密封处理。

6.2.2 密封防水部位的基层质量应符合下列要求：

1 基层应牢固，表面应平整、密实，不得有蜂窝、麻面、起皮和起砂现象。

2 嵌填密封材料的基层应干净、干燥。

6.2.3 密封防水处理连接部位的基层，应涂刷与密封材料相配套的基层处理剂。基层处理剂应配比准确，搅拌均匀。采用多组份基层处理剂时，应根据有效时间确定使用量。

6.2.4 接缝处的密封材料底部应填放背衬材料，外露的密封材料上应设置保护层，其宽度不应小于200mm。

6.2.5 密封材料嵌填完成后不得碰损及污染，固化前不得踩踏。

主 控 项 目

6.2.6 密封材料的质量必须符合设计要求。

检验方法：检查产品出厂合格证、配合比和现场抽样复验报告。

6.2.7 密封材料嵌填必须密实、连续、饱满，粘结牢固，无气泡、开裂、脱落等缺陷。

检验方法：观察检查。

一 般 项 目

6.2.8 嵌填密封材料的基层应牢固、干净、干燥，表面应平整、密实。

检验方法：观察检查。

6.2.9 密封防水接缝宽度的允许偏差为±10%，接缝深度为宽度的0.5~0.7倍。

检验方法：尺量检查。

6.2.10 嵌填的密封材料表面应平滑，缝边应顺直，无凹凸不平现象。

检验方法：观察检查。

7 瓦屋面工程

7.1 平瓦屋面

7.1.1 本节适用于防水等级为Ⅱ、Ⅲ级以及坡度不小于20%的屋面。

7.1.2 平瓦屋面与立墙及突出屋面结构等交接处，均应做泛水处理。天沟、檐沟的防水层，应采用合成高分子防水卷材、高聚物改性沥青防水卷材、沥青防水卷材、金属板材或塑料板材等材料铺设。

7.1.3 平瓦屋面的有关尺寸应符合下列要求：

1 脊瓦在两坡面瓦上的搭盖宽度，每边不小于40mm。

2 瓦伸入天沟、檐沟的长度为50～70mm。

3 天沟、檐沟的防水层伸入瓦内宽度不小于150mm。

4 瓦头挑出封檐板的长度为50～70mm。

5 突出屋面的墙或烟囱的侧面瓦伸入泛水宽度不小于50mm。

主 控 项 目

7.1.4 平瓦及其脊瓦的质量必须符合设计要求。

检验方法：观察检查和检查出厂合格证或质量检验报告。

7.1.5 平瓦必须铺置牢固。地震设防地区或坡度大于50%的屋面，应采取固定加强措施。

检验方法：观察和手扳检查。

一 般 项 目

7.1.6 挂瓦条应分档均匀，铺钉平整、牢固；瓦面平整，行列整齐，搭接紧密，檐口平直。

检验方法：观察检查。

7.1.7 脊瓦应搭盖正确，间距均匀，封固严密；屋脊和斜脊应顺直，无起伏现象。

检验方法：观察或手扳检查。

7.1.8 泛水做法应符合设计要求，顺直整齐，结合严密，无渗漏。

检验方法：观察检查和雨后或淋水检验。

7.2 油毡瓦屋面

7.2.1 本节适用于防水等级为Ⅱ、Ⅲ级以及坡度不小于20%的屋面。

7.2.2 油毡瓦屋面与立墙及突出屋面结构等交接处，均应做泛水处理。

7.2.3 油毡瓦的基层应牢固平整。如为混凝土基层，油毡瓦应用专用水泥钢钉与冷沥青玛琋脂粘结固定在混凝土基层上；如为木基层，铺瓦前应在木基层上铺设一层沥青防水卷材垫毡，用油毡钉铺钉，钉帽应盖在垫毡下面。

7.2.4 油毡瓦屋面的有关尺寸应符合下列要求：

1 脊瓦与两坡面油毡瓦搭盖宽度每边不小于100mm。

2 脊瓦与脊瓦的压盖面不小于脊瓦面积的1/2。

3 油毡瓦在屋面与突出屋面结构的交接处铺贴高度不小于250mm。

主 控 项 目

7.2.5 油毡瓦的质量必须符合设计要求。

检验方法：检查出厂合格证和质量检验报告。

7.2.6 油毡瓦所用固定钉必须钉平、钉牢，严禁钉帽外露油毡瓦表面。

检验方法：观察检查。

一 般 项 目

7.2.7 油毡瓦的铺设方法应正确；油毡瓦之间的对缝，上下层不得重合。

检验方法：观察检查。

7.2.8 油毡瓦应与基层紧贴，瓦面平整，檐口顺直。

检验方法：观察检查。

7.2.9 泛水做法应符合设计要求，顺直整齐，结合严密，无渗漏。

检验方法：观察检查和雨后或淋水检验。

7.3 金属板材屋面

7.3.1 本节适用于防水等级为Ⅰ~Ⅲ级的屋面。

7.3.2 金属板材屋面与立墙及突出屋面结构等交接处，均应做泛水处理。两板间应放置通长密封条；螺栓拧紧后，两板的搭接口处应用密封材料封严。

7.3.3 压型板应采用带防水垫圈的镀锌螺栓（螺钉）固定，固定点应设在波峰上。所有外露的螺栓（螺钉），均应涂抹密封材料保护。

7.3.4 压型板屋面的有关尺寸应符合下列要求：

1 压型板的横向搭接不小于一个波，纵向搭接不小于200mm。

2 压型板挑出墙面的长度不小于200mm。

3 压型板伸入檐沟内的长度不小于150mm。

4 压型板与泛水的搭接宽度不小于200mm。

主 控 项 目

7.3.5 金属板材及辅助材料的规格和质量，必须符合设计要求。

检验方法：检查出厂合格证和质量检验报告。

7.3.6 金属板材的连接和密封处理必须符合设计要求，不得有渗漏现象。

检验方法：观察检查和雨后或淋水检验。

一 般 项 目

7.3.7 金属板材屋面应安装平整，固定方法正确，密封完整；排水坡度应符合设计要求。

检验方法：观察和尺量检查。

7.3.8 金属板材屋面的檐口线、泛水段应顺直，无起伏现象。

检验方法：观察检查。

8 隔热屋面工程

8.1 架空屋面

8.1.1 架空隔热层的高度应按照屋面宽度或坡度大小的变化确定。如设计无要求，一般以100~300mm为宜。当屋面宽度大于10m时，应设置通风屋脊。

8.1.2 架空隔热制品支座底面的卷材、涂膜防水层上应采取加强措施，操作时不得损坏已完工的防水层。

8.1.3 架空隔热制品的质量应符合下列要求：

1 非上人屋面的粘土砖强度等级不应低于MU7.5；上人屋面的粘土砖强度等级不应低于MU10。

2 混凝土板的强度等级不应低于C20，板内宜加放钢丝网片。

主控项目

8.1.4 架空隔热制品的质量必须符合设计要求，严禁有断裂和露筋等缺陷。

检验方法：观察检查和检查构件合格证或试验报告。

一般项目

8.1.5 架空隔热制品的铺设应平整、稳固，缝隙勾填应密实；架空隔热制品距山墙或女儿墙不得小于250mm，架空层中不得堵塞，架空高度及变形缝做法应符合设计要求。

检验方法：观察和尺量检查。

8.1.6 相邻两块制品的高低差不得大于3mm。

检验方法：用直尺和楔形塞尺检查。

8.2 蓄水屋面

8.2.1 蓄水屋面应采用刚性防水层或在卷材、涂膜防水层上面再做刚性防水层，防水层应采用耐腐蚀、耐霉烂、耐穿刺性能好的材料。

8.2.2 蓄水屋面应划分为若干蓄水区，每区的边长不宜大于10m，在变形缝的两侧应分成两个互不连通的蓄水区；长度超过40m的蓄水屋面应做横向伸缩缝一道。蓄水屋面应设置人行通道。

8.2.3 蓄水屋面所设排水管、溢水口和给水管等，应在防水层施工前安装完毕。

8.2.4 每个蓄水区的防水混凝土应一次浇筑完毕，不得留施工缝。

主控项目

8.2.5 蓄水屋面上设置的溢水口、过水孔、排水管、溢水管，其大小、位置、标高的留设必须符合设计要求。

检验方法：观察和尺量检查。

8.2.6 蓄水屋面防水层施工必须符合设计要求，不得有渗漏现象。

检验方法：蓄水至规定高度观察检查。

8.3 种植屋面

8.3.1 种植屋面的防水层应采用耐腐蚀、耐霉烂、耐穿刺性能好的材料。

8.3.2 种植屋面采用卷材防水层时，上部应设置细石混凝土保护层。

8.3.3 种植屋面应有1%～3%的坡度。种植屋面四周应设挡墙，挡墙下部应设泄水孔，孔内侧放置疏水粗细骨料。

8.3.4 种植覆盖层的施工应避免损坏防水层；覆盖材料的厚度、质（重）量应符合设计要求。

主 控 项 目

8.3.5 种植屋面挡墙泄水孔的留设必须符合设计要求，并不得堵塞。

检验方法：观察和尺量检查。

8.3.6 种植屋面防水层施工必须符合设计要求，不得有渗漏现象。

检验方法：蓄水至规定高度观察检查。

9 细 部 构 造

9.0.1 本节适用于屋面的天沟、檐沟、檐口、泛水、水落口、变形缝、伸出屋面管道等防水构造。

9.0.2 用于细部构造处理的防水卷材、防水涂料和密封材料的质量，均应符合本规范有关规定的要求。

9.0.3 卷材或涂膜防水层在天沟、檐沟与屋面交接处、泛水、阴阳角等部位，应增加卷材或涂膜附加层。

9.0.4 天沟、檐沟的防水构造应符合下列要求：

1 沟内附加层在天沟、檐沟与屋面交接处宜空铺，空铺的宽度不应小于200mm。

2 卷材防水层应由沟底翻上至沟外檐顶部，卷材收头应用水泥钉固定，并用密封材料封严。

3 涂膜收头应用防水涂料多遍涂刷或用密封材料封严。

4 在天沟、檐沟与细石混凝土防水层的交接处，应留凹槽并用密封材料嵌填严密。

9.0.5 檐口的防水构造应符合下列要求：

1 铺贴檐口800mm范围内的卷材应采取满粘法。

2 卷材收头应压入凹槽，采用金属压条钉压，并用密封材料封口。

3 涂膜收头应用防水涂料多遍涂刷或用密封材料封严。

4 檐口下端应抹出鹰嘴和滴水槽。

9.0.6 女儿墙泛水的防水构造应符合下列要求：

1 铺贴泛水处的卷材应采取满粘法。

2 砖墙上的卷材收头可直接铺压在女儿墙压顶下，压顶应做防水处理；也可压入砖墙凹槽内固定密封，凹槽距屋面找平层不应小于250mm，凹槽上部的墙体应做防水处理。

3 涂膜防水层应直接涂刷至女儿墙的压顶下，收头处理应用防水涂料多遍涂刷封严，压顶应做防水处理。

4 混凝土墙上的卷材收头应采用金属压条钉压，并用密封材料封严。

9.0.7 水落口的防水构造应符合下列要求：

1 水落口杯上口的标高应设置在沟底的最低处。

2 防水层贴入水落口杯内不应小于50mm。

3 水落口周围直径500mm范围内的坡度不应小于5%，并采用防水涂料或密封材料涂封，其厚度不应小于2mm。

4 水落口杯与基层接触处应留宽20mm、深20mm凹槽，并嵌填密封材料。

9.0.8 变形缝的防水构造应符合下列要求：

1 变形缝的泛水高度不应小于250mm。

2 防水层应铺贴到变形缝两侧砌体的上部。

3 变形缝内应填充聚苯乙烯泡沫塑料，上部填放衬垫材料，并用卷材封盖。

4 变形缝顶部应加扣混凝土或金属盖板，混凝土盖板的接缝应用密封材料嵌填。

9.0.9 伸出屋面管道的防水构造应符合下列要求：

1 管道根部直径500mm范围内，找平层应抹出高度不小于30mm的圆台。

2 管道周围与找平层或细石混凝土防水层之间，应预留20mm×20mm的凹槽，并用密封材料嵌填严密。

3 管道根部四周应增设附加层，宽度和高度均不应小于300mm。

4 管道上的防水层收头处应用金属箍紧固，并用密封材料封严。

主 控 项 目

9.0.10 天沟、檐沟的排水坡度，必须符合设计要求。

检验方法：用水平仪（水平尺）、拉线和尺量检查。

9.0.11 天沟、檐沟、檐口、水落口、泛水、变形缝和伸出屋面管道的防水构造，必须符合设计要求。

检验方法：观察检查和检查隐蔽工程验收记录。

10 分部工程验收

10.0.1 屋面工程施工应按工序或分项工程进行验收，构成分项工程的各检验批应符合相应质量标准的规定。

10.0.2 屋面工程验收的文件和记录应按表 10.0.2 要求执行。

表 10.0.2 屋面工程验收的文件和记录

序号	项目	文件和记录
1	防水设计	设计图纸及会审记录、设计变更通知单和材料代用核定单
2	施工方案	施工方法、技术措施、质量保证措施
3	技术交底记录	施工操作要求及注意事项
4	材料质量证明文件	出厂合格证、质量检验报告和试验报告
5	中间检查记录	分项工程质量验收记录、隐蔽工程验收记录、施工检验记录、淋水或蓄水检验记录
6	施工日志	逐日施工情况
7	工程检验记录	抽样质量检验及观察检查
8	其他技术资料	事故处理报告、技术总结

10.0.3 屋面工程隐蔽验收记录应包括以下主要内容：

1 卷材、涂膜防水层的基层。

2 密封防水处理部位。

3 天沟、檐沟、泛水和变形缝等细部做法。

4 卷材、涂膜防水层的搭接宽度和附加层。

5 刚性保护层与卷材、涂膜防水层之间设置的隔离层。

10.0.4 屋面工程质量应符合下列要求：

1 防水层不得有渗漏或积水现象。

2 使用的材料应符合设计要求和质量标准的规定。

3 找平层表面应平整，不得有酥松、起砂、起皮现象。

4 保温层的厚度、含水率和表观密度应符合设计要求。

5 天沟、檐沟、泛水和变形缝等构造，应符合设计要求。

6 卷材铺贴方法和搭接顺序应符合设计要求，搭接宽度正确，接缝严密，不得有皱折、鼓泡和翘边现象。

7 涂膜防水层的厚度应符合设计要求，涂层无裂纹、皱折、流淌、鼓泡和露胎体现象。

8 刚性防水层表面应平整、压光，不起砂，不起皮，不开裂。分格缝应平直，位置正确。

9 嵌缝密封材料应与两侧基层粘牢，密封部位光滑、平直，不得有开裂、鼓泡、下塌现象。

10 平瓦屋面的基层应平整、牢固，瓦片排列整齐、平直，搭接合理，接缝严密，不得有残缺瓦片。

10.0.5 检查屋面有无渗漏、积水和排水系统是否畅通，应在雨后或持续淋水 2h 后进行。有可能作蓄水检验的屋面，其蓄水时间不应少于 24h。

10.0.6 屋面工程验收后，应填写分部工程质量验收记录，交建设单位和施工单位存档。

附录A 屋面工程防水和保温材料的质量指标

A.0.1 防水卷材的质量指标

1 高聚物改性沥青防水卷材的外观质量和物理性能应符合表A.0.1-1.1和表A.0.1-1.2的要求。

表A.0.1-1.1 高聚物改性沥青防水卷材外观质量

项目	质量要求
孔洞、缺边、裂口	不允许
边缘不整齐	不超过10mm
胎体露白、未浸透	不允许
撒布材料粒度、颜色	均匀
每卷卷材的接头	不超过1处，较短的一段不应小于1000mm，接头处应加长150mm

表A.0.1-1.2 高聚物改性沥青防水卷材物理性能

项目		性能要求		
		聚酯毡胎体	玻纤胎体	聚乙烯胎体
拉力（N/50mm）		≥450	纵向≥350，横向≥250	≥100
延伸率（%）		最大拉力时，≥30	—	断裂时，≥200
耐热度（℃，2h）		SBS卷材90，APP卷材110，无滑动、流淌、滴落		PEE卷材90，无流淌、起泡
低温柔度（℃）		SBS卷材－18，APP卷材－5，PEE卷材－10。3mm厚 $r=15$mm；4mm厚 $r=25$mm；3s弯180°，无裂纹		
不透水性	压力（MPa）	≥0.3	≥0.2	≥0.3
	保持时间（min）	≥30		

续表

注：SBS——弹性体改性沥青防水卷材；APP——塑性体改性沥青防水卷材；PEE——改性沥青聚乙烯胎防水卷材。

2 合成高分子防水卷材的外观质量和物理性能应符合表A.0.1-2.1和表A.0.1-2.2的要求。

表A.0.1-2.1 合成高分子防水卷材外观质量

项目	质量要求
折痕	每卷不超过2处，总长度不超过20mm
杂质	大于0.5mm颗粒不允许，每 $1m^2$ 不超过 $9mm^2$
胶块	每卷不超过6处，每处面积不大于 $4mm^2$
凹痕	每卷不超过6处，深度不超过本身厚度的30%；树脂类深度不超过15%
每卷卷材的接头	橡胶类每20m不超过1处，较短的一段不应小于3000mm，接头处应加长150mm；树脂类20m长度内不允许有接头

表A.0.1-2.2 合成高分子防水卷材物理性能

项目	性能要求			
	硫化橡胶类	非硫化橡胶类	树脂类	纤维增强类
断裂拉伸强度（MPa）	≥6	≥3	≥10	≥9
扯断伸长率（%）	≥400	≥200	≥200	≥10
低温弯折（℃）	－30	－20	－20	－20

续表

项目		性能要求			
		硫化橡胶类	非硫化橡胶类	树脂类	纤维增强类
不透水性	压力（MPa）	≥0.3	≥0.2	≥0.3	≥0.3
	保持时间（min）	≥30			
加热收缩率（%）		<1.2	<2.0	<2.0	<1.0
热老化保持率（80℃，168h）	断裂拉伸强度	≥80%			
	扯断伸长率	≥70%			

3 沥青防水卷材的外观质量和物理性能应符合表A.0.1-3.1和表A.0.1-3.2的要求。

表 A.0.1-3.1　沥青防水卷材外观质量

项目	质量要求
孔洞、硌伤	不允许
露胎、涂盖不匀	不允许
折纹、皱折	距卷芯1000mm以外，长度不大于100mm
裂纹	距卷芯1000mm以外，长度不大于10mm
裂口、缺边	边缘裂口小于20mm；缺边长度小于50mm，深度小于20mm
每卷卷材的接头	不超过1处，较短的一段不应小于2500mm，接头处应加长150mm

表 A.0.1-3.2　沥青防水卷材物理性能

项目	性能要求	
	350号	500号
纵向拉力（25±2℃）（N）	≥340	≥440
耐热度（85±2℃，2h）	不流淌，无集中性气泡	
柔度（18±2℃）	绕 ϕ20mm 圆棒无裂纹	绕 ϕ25mm 圆棒无裂纹

续表

项目		性能要求	
		350号	500号
不透水性	压力（MPa）	≥0.10	≥0.15
	保持时间（min）	≥30	≥30

4 卷材胶粘剂的质量应符合下列规定：

1） 改性沥青胶粘剂的粘结剥离强度不应小于8N/10mm。

2） 合成高分子胶粘剂的粘结剥离强度不应小于15N/10mm，浸水168h后的保持率不应小于70%。

3） 双面胶粘带剥离状态下的粘合性不应小于10N/25mm，浸水168h后的保持率不应小于70%。

A.0.2 防水涂料的质量指标

1 高聚物改性沥青防水涂料的物理性能应符合表A.0.2-1的要求。

表 A.0.2-1　高聚物改性沥青防水涂料物理性能

项目		性能要求
固体含量（%）		≥43
耐热度（80℃，5h）		无流淌、起泡和滑动
柔性（-10℃）		3mm厚，绕 ϕ20mm 圆棒无裂纹、断裂
不透水性	压力（MPa）	≥0.1
	保持时间（min）	≥30
延伸（20±2℃拉伸，mm）		≥4.5

2 合成高分子防水涂料的物理性能应符合表A.0.2-2的要求。

表 A.0.2-2　合成高分子防水涂料物理性能

项目		性能要求		
		反应固化型	挥发固化型	聚合物水泥涂料
固体含量（%）		≥94	≥65	≥65
拉伸强度（MPa）		≥1.65	≥1.5	≥1.2
断裂延伸率（%）		≥350	≥300	≥200
柔性（℃）		-30，弯折无裂纹	-20，弯折无裂纹	-10，绕 φ10mm 棒无裂纹
不透水性	压力（MPa）	≥0.3		
	保持时间（min）	≥30		

3　胎体增强材料的质量应符合表 A.0.2-3 的要求。

表 A.0.2-3　胎体增强材料质量要求

项目		质量要求		
		聚酯无纺布	化纤无纺布	玻纤网布
外观		均匀，无团状，平整无折皱		
拉力（N/50mm）	纵向	≥150	≥45	≥90
	横向	≥100	≥35	≥50
延伸率（%）	纵向	≥10	≥20	≥3
	横向	≥20	≥25	≥3

A.0.3　密封材料的质量指标

1　改性石油沥青密封材料的物理性能应符合表 A.0.3-1 的要求。

表 A.0.3-1　改性石油沥青密封材料物理性能

项目		性能要求	
		Ⅰ	Ⅱ
耐热度	温度（℃）	70	80
	下垂值（mm）	≤4.0	
低温柔性	温度（℃）	-20	-10
	粘结状态	无裂纹和剥离现象	
拉伸粘结性（%）		≥125	
浸水后拉伸粘结性（%）		≥125	
挥发性（%）		≤2.8	
施工度（mm）		≥22.0	≥20.0

注：改性石油沥青密封材料按耐热度和低温柔性分为Ⅰ类和Ⅱ类。

2　合成高分子密封材料的物理性能应符合 A.0.3-2 的要求。

表 A.0.3-2　合成高分子密封材料物理性能

项目		性能要求	
		弹性体密封材料	塑性体密封材料
拉伸粘结性	拉伸强度（MPa）	≥0.2	≥0.02
	延伸率（%）	≥200	≥250
柔性（℃）		-30，无裂纹	-20，无裂纹
拉伸-压缩循环性能	拉伸-压缩率（%）	≥±20	≥±10
	粘结和内聚破坏面积（%）	≤25	

A.0.4　保温材料的质量指标

1　松散保温材料的质量应符合表 A.0.4-1 的要求。

表 A.0.4-1　　松散保温材料质量要求

项　目	膨胀蛭石	膨胀珍珠岩
粒　径	3～15mm	≥0.15mm，＜0.15mm 的含量不大于 8%
堆积密度	≤300kg/m³	≤120kg/m³
导热系数	≤0.14W/（m·K）	≤0.07W/（m·K）

2　板状保温材料的质量应符合表 A.0.4-2 的要求。

表 A.0.4-2　　板状保温材料质量要求

项　目	聚苯乙烯泡沫塑料类		硬质聚氨酯泡沫塑料	泡沫玻璃	微孔混凝土类	膨胀蛭石（珍珠岩）制品
	挤压	模压				
表观密度(kg/m³)	≥32	15～30	≥30	≥150	500～700	300～800
导热系数[W/(m·K)]	≤0.03	≤0.041	≤0.027	≤0.062	≤0.22	≤0.26
抗压强度(MPa)	—	—	—	≥0.4	≥0.4	≥0.3
在 10%形变下的压缩应力(MPa)	≥0.15	≥0.06	≥0.15	—	—	—
70℃,48h 后尺寸变化率(%)	≤2.0	≤5.0	≤5.0	≤0.5	—	—
吸水率(V/V,%)	≤1.5	≤6	≤3	≤0.5	—	—
外观质量	板的外形基本平整，无严重凹凸不平；厚度允许偏差为5%，且不大于 4mm					

附录 B　现行建筑防水工程材料标准和现场抽样复验

B.0.1　现行建筑防水工程材料标准应按表 B.0.1 的规定选用。

表 B.0.1　　现行建筑防水工程材料标准

类　别	标 准 名 称	标 准 号
沥青和改性沥青防水卷材	1. 石油沥青纸胎油毡、油纸	GB 326—89
	2. 石油沥青玻璃纤维胎油毡	GB/T 14686—93
	3. 石油沥青玻璃布胎油毡	JC/T 84—1996
	4. 铝箔面油毡	JC/T 504—1992（1996）
	5. 改性沥青聚乙烯胎防水卷材	JC/T 633—1996
	6. 沥青复合胎柔性防水卷材	JC/T 690—1998
	7. 自粘橡胶沥青防水卷材	JC/T 840—1999
	8. 弹性体改性沥青防水卷材	GB 18242—2000
	9. 塑性体改性沥青防水卷材	GB 18243—2000
高分子防水卷材	1. 聚氯乙烯防水卷材	GB 12952—91
	2. 氯化聚乙烯防水卷材	GB 12953—91
	3. 氯化聚乙烯-橡胶共混防水卷材	JC/T 684—1997
	4. 三元丁橡胶防水卷材	JC/T 645—1996
	5. 高分子防水材料（第一部分片材）	GB 18173.1—2000
防水涂料	1. 聚氨酯防水涂料	JC/T 500—1992（1996）
	2. 溶剂型橡胶沥青防水涂料	JC/T 852—1999
	3. 聚合物乳液建筑防水涂料	JC/T 864—2000
	4. 聚合物水泥防水涂料	JC/T 894—2001

续表

类别	标准名称	标准号
密封材料	1. 建筑石油沥青 2. 聚氨酯建筑密封膏 3. 聚硫建筑密封膏 4. 丙烯酸建筑密封膏 5. 建筑防水沥青嵌缝油膏 6. 聚氯乙烯建筑防水接缝材料 7. 建筑用硅酮结构密封胶	GB 494—85 JC/T 482—1992（1996） JC/T 483—1992（1996） JC/T 484—1992（1996） JC/T 207—1996 JC/T 798—1997 GB 16776—1997
刚性防水材料	1. 砂浆、混凝土防水剂 2. 混凝土膨胀剂 3. 水泥基渗透结晶型防水材料	JC 474—92（1999） JC 476—92（1998） GB 18445—2001
防水材料试验方法	1. 沥青防水卷材试验方法 2. 建筑胶粘剂通用试验方法 3. 建筑密封材料试验方法 4. 建筑防水涂料试验方法 5. 建筑防水材料老化试验方法	GB 328—89 GB/T 12954—91 GB/T 13477—92 GB/T 16777—1997 GB/T 18244—2000
瓦	1. 油毡瓦 2. 烧结瓦 3. 混凝土平瓦	JC/T 503—1992（1996） JC 709—1998 JC 746—1999

B.0.2 建筑防水工程材料现场抽样复验应符合表 B.0.2 的规定。

表 B.0.2　建筑防水工程材料现场抽样复验项目

序	材料名称	现场抽样数量	外观质量检验	物理性能检验
1	沥青防水卷材	大于1000卷抽5卷，每500～1000卷抽4卷，100～499卷抽3卷，100卷以下抽2卷，进行规格尺寸和外观质量检验。在外观质量检验合格的卷材中，任取一卷作物理性能检验	孔洞、硌伤、露胎、涂盖不匀，折纹、皱折，裂纹，裂口、缺边，每卷卷材的接头	纵向拉力，耐热度，柔度，不透水性
2	高聚物改性沥青防水卷材	同1	孔洞、缺边、裂口，边缘不整齐，胎体露白、未浸透，撒布材料粒度、颜色，每卷卷材的接头	拉力，最大拉力时延伸率，耐热度，低温柔度，不透水性
3	合成高分子防水卷材	同1	折痕，杂质，胶块，凹痕，每卷卷材的接头	断裂拉伸强度，扯断伸长率，低温弯折，不透水性
4	石油沥青	同一批至少抽一次	—	针入度，延度，软化点
5	沥青玛琋脂	每工作班至少抽一次	—	耐热度，柔韧性，粘结力
6	高聚物改性沥青防水涂料	每10t为一批，不足10t按一批抽样	包装完好无损，且标明涂料名称、生产日期、生产厂名、产品有效期；无沉淀、凝胶、分层	固含量，耐热度，柔性，不透水性，延伸
7	合成高分子防水涂料	同6	包装完好无损，且标明涂料名称、生产日期、生产厂名、产品有效期	固体含量，拉伸强度，断裂延伸率，柔性，不透水性
8	胎体增强材料	每$3000m^2$为一批，不足$3000m^2$按一批抽样	均匀，无团状，平整，无折皱	拉力，延伸率
9	改性石油沥青密封材料	每2t为一批，不足2t按一批抽样	黑色均匀膏状，无结块和未浸透的填料	耐热度，低温柔性，拉伸粘结性，施工度
10	合成高分子密封材料	每1t为一批，不足1t按一批抽样	均匀膏状物，无结皮、凝胶或不易分散的固体团状	拉伸粘结性，柔性

续表

序	材料名称	现场抽样数量	外观质量检验	物理性能检验
11	平　　瓦	同一批至少抽一次	边缘整齐，表面光滑，不得有分层、裂纹、露砂	—
12	油 毡 瓦	同一批至少抽一次	边缘整齐，切槽清晰，厚薄均匀，表面无孔洞、硌伤、裂纹、折皱及起泡	耐热度，柔度
13	金属板材	同一批至少抽一次	边缘整齐，表面光滑，色泽均匀，外形规则，不得有扭翘、脱膜、锈蚀	—

本规范用词说明

1　为便于在执行本规范条文时区别对待，对要求严格程度不同的用词说明如下：

1）表示很严格，非这样做不可的用词：

正面词采用“必须”，反面词采用“严禁”；

2）表示严格，在正常情况下均应这样做的用词：

正面词采用“应”，反面词采用“不应”或“不得”；

3）表示允许稍有选择，在条件许可时首先应这样做的用词：

正面词采用“宜”，反面词采用“不宜”；

表示有选择，在一定条件下可以这样做的用词采用“可”。

2　规范中指定按其他有关标准、规范的规定执行时，写法为“应符合……的规定”或“应按……执行”。

中华人民共和国国家标准

屋面工程质量验收规范

GB 50207—2002

条 文 说 明

目 次

1 总　　则

1.0.1 为了加强建筑工程质量管理，按照建设部提出的“验评分离、强化验收、完善手段、过程控制”的十六字改革方针，本规范是将有关建筑工程的施工及验收规范和建筑工程质量检验评定标准合并，组成了新的工程质量验收规范，以统一屋面工程质量的验收方法、程序和质量指标。

1.0.2 本规范适用于工业与民用建筑屋面工程质量的验收。按总则、术语、基本规定、卷材防水屋面工程、涂膜防水屋面工程、刚性防水屋面工程、瓦屋面工程、隔热屋面工程、细部构造和分部工程验收等内容分章进行叙述。

1.0.3 《建设工程质量管理条例》规定：施工单位必须按照工程设计图纸和施工技术标准施工，不得擅自修改工程设计，不得偷工减料。按工程设计图纸施工，是保证工程实现设计意图的前提，也是明确划分设计、施工单位质量责任的前提。

由于《建设工程承包合同》的双方主体是建设单位和总承包单位，因此总承包单位应当按照承包合同约定的权利义务对建设单位负责。本规范明确屋面工程的施工质量，必须按承包合同的规定验收，但合同文件的规定不得低于本规范的规定。

1.0.4 本规范是根据《建筑工程施工质量验收统一标准》GB 50300—2001 规定的原则编制的。本规范对屋面工程检验批、分项、分部（子分部）的划分，质量指标和验收程序都提出了要求，同时还强调执行本规范时应当与《建筑工程施工质量验收统一标准》配套使用。

1.0.5 本条文是根据建设部印发建标（1996）626 号《工程建设标准编写规定》，采用了“屋面工程施工质量的验收除应执行本规范外，尚应符合国家现行有关标准规范的规定”典型用语。

2 术　语

根据建设部建标［1996］第626号通知精神，在《工程建设标准编写规定》第十五条中明确规定：标准中采用的术语和符号，当现行的标准中尚无统一规定，且需要给出定义或涵义时，可独立成章，集中列出。按照这一规定，本章将本规范中尚未在其他国家标准、行业标准中规定的术语单独列出15条。

屋面工程质量验收方面的术语有下列二种情况：

1　在现行国家标准、行业标准中尚无规定，是本规范首次提出的。如：倒置式屋面、架空屋面、蓄水屋面、种植屋面等。

2　虽在国家标准、行业标准中出现这一术语，但人们比较生疏的。如：防水层合理使用年限、一道防水设防、冷粘法、自粘法、热熔法等。

3 基本规定

3.0.1　屋面工程应根据建筑物的性质、重要程度、使用功能要求，将建筑屋面防水等级分为Ⅰ、Ⅱ、Ⅲ、Ⅳ级，防水层合理使用年限分别规定为25年、15年、10年、5年，并根据不同的防水等级规定防水层的材料选用及设防要求。

根据不同的屋面防水等级和防水层合理使用年限，分别选用高、中、低档防水材料，进行一道或多道设防，作为设计人员进行屋面工程设计时的依据。屋面防水层多道设防时，可采用同种卷材叠层或不同卷材复合，也可采用卷材、涂膜复合，刚性防水和卷材或涂膜复合等。所谓一道防水设防，是具有单独防水能力的一个防水层次。

3.0.2　根据建设部（1991）370号文《关于治理屋面渗漏的若干规定》：房屋建筑工程屋面防水设计，必须要有防水设计经验的人员承担，设计时要结合工程的特点，对屋面防水构造进行认真处理。因此，本条文规定设计人员在进行屋面工程设计时，首先要根据建筑物的性质、重要程度、使用功能要求，确定建筑物的屋面防水等级和屋面做法，然后按照不同地区的自然条件、防水材料情况、经济技术水平和其他特殊要求等综合考虑选定适合的防水材料，按设防要求的规定进行屋面工程构造设计，并应绘出屋面工程的设计图；对檐口、泛水等重要部位，还应由设计人员绘出大样图。对保温层理论厚度应通过计算后确定，作为屋面工程设计的依据。

3.0.3 根据建设部（1991）837号文《关于提高防水工程质量的若干规定》要求：防水工程施工前，施工单位要组织对图纸的会审，掌握施工图中的细部构造及有关要求。这样做一方面是对设计图纸进行把关，另一方面使施工单位切实掌握屋面防水设计的要求，避免施工中的差错。同时，制订确保防水工程质量的施工方案或技术措施。

3.0.4 屋面工程各道工序之间，常常因上道工序存在的问题未解决，而被下道工序所覆盖，给屋面防水留下质量隐患。因此，必须强调按工序、层次进行检查验收，即在操作人员自检合格的基础上，进行工序间的交接检和专职质量人员的检查，检查结果应有完整的记录，然后经监理单位（或建设单位）进行检查验收后，方可进行下一工序的施工，以达到消除质量隐患的目的。

3.0.5 防水工程施工，实际上是对防水材料的一次再加工，必须由防水专业队伍进行施工，才能确保防水工程的质量。本条文所指的是由当地建设行政主管部门对防水施工企业的规模、技术水平、业绩等综合考核后颁发资质证书的防水专业队伍。操作人员应经过防水专业培训，达到符合要求的操作技术水平，由当地建设行政主管部门发给上岗证。对非防水专业队伍或非防水工施工的，当地质量监督部门应责令其停止施工。

3.0.6 防水、保温隔热材料除有产品合格证和性能检测报告等出厂质量证明文件外，还应有经当地建设行政主管部门所指定的检测单位对该产品抽样检验认证的试验报告，其质量必须符合国家产品标准和设计要求。为了控制防水、保温材料的质量，对进入现场的材料应按本规范附录A和附录B的规定进行抽样复试。如发现不合格的材料已进入现场，应责令其清退出场，决不允许使用到工程上。

3.0.7 对屋面工程的成品保护是一个非常重要的问题，很多工程在屋面施工完后，又上人去进行其他作业，如安装天线、安装广告支架、堆放脚手架工具等，造成防水层的局部破坏而出现渗漏。所以，对于防水层施工完成后的成品保护应引起重视。

3.0.8 本条文强调在防水层施工前，应将伸出屋面的管道、设备及预埋件安装完毕。如在防水层施工完毕后再上人去安装，凿孔打洞或重物冲击都会破坏防水层的整体性，从而易于导致屋面渗漏。

3.0.9 屋面工程必须做到无渗漏，才能保证使用的要求。无论是防水层的本身还是屋面细部构造，通过外观检验只能看到表面的特征是否符合设计和规范的要求，肉眼很难判断是否会渗漏。只有经过雨后或持续淋水2h后，使屋面处于工作状态下经受实际考验，才能观察出屋面工程是否有渗漏。有可能作蓄水检验的屋面，还规定其蓄水时间不应小于24h。

3.0.10 在屋面工程的保温层和防水层施工时，气候条件对其影响很大。雨天施工会使保温层、找平层中的含水率增大，导致防水层起鼓破坏；气温过低时铺贴卷材，易出现开卷时卷材发硬、脆裂，严重影响防水层质量；低温涂刷涂料，则涂层易受冻且不易成膜；五级风以上进行屋面防水层施工操作，难以确保防水层质量和人身安全。所以，根据不同的材料性能及施工工艺，分别规定了适于施工的环境气温。

3.0.11 根据《建筑工程施工质量验收统一标准》GB 50300—2001规定，按建筑部位确定屋面工程为一个分部工程。当分部工程较大或较复杂时，又可按材料种类、施工特点、专业类别等划分为若干子分部工程。故本规范把卷材防水屋面、涂膜防水屋面、刚性防水屋面、瓦屋面、隔热屋面均列为子分部工程。

本规范对分项工程划分，有助于及时纠正施工中出现的质量问题，符合施工实际的需要。

3.0.12 本条文规定了屋面工程中各分项工程施工质量检验批的抽查数量。各种屋面工程包括找坡层、保温层、找平层、防水层及保护层等，均为每 $100m^2$ 抽一处，每处抽查面积 $10m^2$，且不得少于3处。这个数值的确定，是考虑到抽查的面积占屋面工程总面积的1/10有足够的代表性，而且经过多年来的工程实践，大家认为还是可行的，所以本次制订质量验收规范时仍沿用这一数据。

至于细部构造，则是屋面工程中最容易出现渗漏的薄弱环节。据调查表明，在渗漏的屋面工程中，70%以上是节点渗漏。所以，对于细部构造每一个地方都是不允许渗漏的。如水落口不管有多少个，一个也不允许渗漏；天沟、檐沟必须保证纵向找坡符合设计要求，才能排水畅通、沟中不积水。鉴于较难用抽检的百分率来确定屋面防水细部构造的整体质量，所以本规范明确规定细部构造应按全部进行检查，以确保屋面工程的质量。

4 卷材防水屋面工程

4.1 屋面找平层

4.1.1 卷材屋面防水层要求基层有较好的结构整体性和刚度，目前大多数建筑均以钢筋混凝土结构为主，故应采用水泥砂浆、细石混凝土找平层或沥青砂浆找平层作为防水层的基层。

4.1.2 找平层的厚度和技术要求，均沿用原屋面工程技术规范规定和现行作法，但对混凝土的强度等级予以提高，不低于C20。

4.1.3 目前国内较少使用小型预制构件作为结构层，但大跨度预应力多孔板和大型屋面板装配式结构仍在使用，为了获得整体性和刚度好的基层，所以对板缝的灌缝作了详细具体规定。

当板缝过宽或上窄下宽时，灌缝的混凝土干缩受振动后容易掉落，故需在缝内配筋。板端缝处是变形最大的部位，板在长期荷载下的挠曲变形会导致板与板间的接头缝隙增大，故强调此处必须进行密封处理。

4.1.4 屋面防水应以防为主，以排为辅。在完善设防的基础上，应将水迅速排走，以减少渗水的机会，所以正确的排水坡度很重要。平屋面在建筑功能许可情况下应尽量作成结构找坡，坡度应尽量大些，过小施工不易准确，所以规定不应小于3%。材料找坡时，为了减轻屋面荷载，坡度规定宜为2%。天沟、檐沟的纵向坡度不能过小，否则施工时找坡困难而造成积水，防水层长期被水浸泡会加速损坏。沟底的水落差不超过 200mm，即水落口离天沟分水线不得超过 20m 的要求。

4.1.5 基层与突出屋面结构的交接处以及基层的转角处是防水层应力集中的部位，转角处圆弧半径的大小会影响卷材的粘贴；沥青卷材防水层的转角处圆弧半径仍沿用过去传统的作法，而高聚物改性沥青防水卷材和合成高分子防水卷材柔性好且薄，因此防水层的转角处圆弧半径可以减小。

4.1.6 由于找平层收缩和温差的影响，水泥砂浆或细石混凝土找平层应预先留设分格缝，使裂缝集中于分格缝中，减少找平层大面积开裂的可能；沥青砂浆在低温时收缩更大，所以间距规定较小值。同时，为了变形集中，分格缝应留在结构变形最易发生负弯矩的板端处。

4.1.7 按本规范第 4.1.2 条的规定，水泥砂浆找平层采用 1:2.5～1:3（水泥:砂）体积比，水泥强度等级不得低于 32.5 级；细石混凝土找平层采用强度等级不得低于 C20；沥青砂浆找平层采用 1:8（沥青:砂）质量比，沥青可采用 10 号、30 号的建筑石油沥青或其熔合物。具体材质及配合比应符合设计要求。

4.1.8 屋面找平层是铺设卷材、涂膜防水层的基层。在调研中发现平屋面（坡度 3%～5%）、天沟、檐沟，由于排水坡度过小或找坡不正确，常会造成屋面排水不畅或积水现象。基层找坡正确，能将屋面上的雨水迅速排走，延长了防水层的使用寿命。

4.1.9 基层与突出屋面结构（女儿墙、山墙、天窗壁、变形缝、烟囱等）的交接处以及基层的转角处，均应按本规范第 4.1.5 条的规定做成圆弧形，以保证卷材、涂膜防水层的质量。

4.1.10 由于目前一些施工单位对找平层质量不够重视，致使水泥砂浆、细石混凝土找平层的表面有酥松、起砂、起皮和裂缝现象，直接影响防水层和基层的粘结质量或导致防水层开裂。对找平层的质量要求，除排水坡度满足设计要求外，并规定找平层要在收水后二次压光，使表面坚固密实、平整；水泥砂浆终凝后，应采取浇水、覆盖浇水、喷养护剂、涂刷冷底子油等手段充分养护，保证砂浆中的水泥充分水化，以确保找平层质量。

沥青砂浆找平层，除强调配合比准确外，施工中应注意拌合均匀和表面密实。找平层表面不密实会产生蜂窝现象，使卷材胶结材料或涂膜的厚度不均匀，直接影响防水层的质量。

4.1.11 调查分析认为，卷材、涂膜防水层的不规则拉裂，是由于找平层的开裂造成的，而水泥砂浆找平层的开裂又是难以避免的。找平层合理分格后，可将变形集中到分格缝处。规范规定找平层分格缝应设在板端缝处，其纵横缝的最大间距：水泥砂浆或细石混凝土找平层，不宜大于 6m；沥青砂浆找平层，不宜大于 4m。因此，找平层分格缝的位置和间距应符合设计要求。

4.1.12 找平层的表面平整度是根据普通抹灰质量标准规定的，其允许偏差为 5mm。提高对基层平整度的要求，可使卷材胶结材料或涂膜的厚度均匀一致，保证屋面工程的质量。

4.2 屋面保温层

4.2.1 根据材料形式划分，松散、板状保温材料和整体现浇（喷）保温材料均可用于屋面保温层。

4.2.2 保温材料受潮后，其孔隙中存在水蒸气和水，而水的导热系数（$\lambda = 0.5$）比静态空气的导热系数（$\lambda = 0.02$）要大20多倍，因此材料的导热系数也必然增大。若材料孔隙中的水分受冻成冰，冰的导热系数（$\lambda = 2.0$）相当于水的导热系数的4倍，则材料的导热系数更大。黑龙江省低温建筑科学研究所对加气混凝土导热系数与含水率的关系进行测试，其结果见表4.2.2。

表4.2.2　加气混凝土导热系数与含水率的关系

含水率 w (%)	导热系数 λ [W/ (m²·K)]	含水率 w (%)	导热系数 λ [W/ (m²·K)]
0	0.13	15	0.21
5	0.16	20	0.24
10	0.19		

上述情况表明，当材料的含水率增加1%时，其导热系数则相应增大5%左右；而当材料的含水率从干燥状态（$w = 0$）增加到20%时，其导热系数则几乎增大一倍。还需特别指出的是：材料在干燥状态下，其导热系数是随温度的降低而减小；而材料在潮湿状态下，当温度降到0℃以下，其中的水分冷却成冰，则材料的导热系数必然增大。

含水率对导热系数的影响颇大，特别是负温度下更使导热系数增大，为保证建筑物的保温效果，就有必要规定保温层含水率限值。保温材料在自然环境下，因空气的湿度而具有一定的含水率。由于每一个地区的环境湿度不同，定出一个统一含水率标准是不可能的。因此，只要将自然干燥不浸水的保温材料用于保温层就可以了。

4.2.3 当屋面保温层（指正置式或封闭式）含水率过大、且不易干燥时，则应该采取措施进行排汽。排汽目的是：（1）因为保温材料含水率过大，保温性能降低，达不到设计要求。（2）当气温升高，水分蒸发，产生气体膨胀后使防水层鼓泡而破坏。

4.2.4 倒置式屋面是将保温层置于防水层的上面，保温层的材料必须是低吸水率的材料和长期浸水不腐烂的材料。目前符合上述要求的有闭孔泡沫玻璃、聚苯泡沫板、硬质聚氨酯泡沫板几种保温材料。

倒置式屋面保温层直接暴露在大气中，为了防止紫外光线的直接照射、人为的损害，以及防止保温层泡雨水后上浮，故在保温层上应采用混凝土块、水泥砂浆或卵石作保护层。

4.2.5 松散保温材料的含水率过高；保温层铺压不实或过分压实均会影响使用功能，因此规定基层要干燥，材料本身含水率应符合设计要求，雨期施工要遮盖防雨，并在铺完后应及时做找平层和防水层覆盖。另外还规定松散材料保温层的压实程度应经试验确定。

4.2.6 板状保温材料也要求基层干燥，铺时要求基层平整，铺板要平，缝隙要严，避免产生冷桥。

4.2.7 整体现浇（喷）保温层在本条中只提出两种材料，一种是沥青膨胀蛭石（珍珠岩），一种是硬泡聚氨酯，它们都是吸水率低的材料。而水泥珍珠岩、水泥蛭石施工后，其含水率可高达100%以上，且吸水率也很大，不能保证保温功能，故目前给予淘汰使用。保证现浇保温层质量的关键，是表面平整和厚度满足设计要求。

4.2.8 屋面保温层应采用吸水率低、表观密度或堆积密度和导热系数较小的材料，是为了保证保温性能；板状材料有一定的强度，主要是为了运输、搬运及施工时不易损坏，保证屋面工程质量。

本规范附录A第A.0.4条对松散保温材料和板状保温材料的质量要求，是根据《民用建筑热工设计规范》GB 50176—93及有关国家材料标准的要求，综合确定了基本应保证的数值，也就是最低的保证值。

4.2.9 保温材料的干湿程度与导热系数关系很大，限制含水率是保证工程质量的重要环节。经过调研归纳各地意见和原屋面工程技术规范的实施，本规范在第4.2.2条中规定了封闭式保温层的含水率，应相当于该材料在当地自然风干状态下的平衡含水率。具体地讲，当采用有机胶结材料时，保温层的含水率不得超过5%；当采用无机胶结材料时，保温层的含水率不得超过20%。

4.2.10 保温层的铺设应按本条文规定检查各种保温层施工的要点和施工质量。

4.2.11 保温层厚度将体现屋面保温的效果，检查时应给出厚度的允许偏差，过厚浪费材料，过薄则达不到设计要求。这里规定松散材料和整体现浇保温层的允许偏差为+10%，-5%；板状材料保温层的允许偏差为±5%，且不得大于4mm。

4.2.12 倒置式屋面当保护层采用卵石铺压时，卵石铺设应防止过量，以免加大屋面荷载，致使结构开裂或变形过大，甚至造成结构破坏，故应严加注意。

4.3 卷材防水层

4.3.1 本条文说明卷材防水层的适用范围。屋面防水层多道设防时，可采用同种卷材叠层或不同卷材复合，也可采用卷材和涂膜复合及刚性防水和卷材复合等。采取复合使用虽增加品种对施工和采购带来不便，但对材性互补保证防水可靠性是有利的，应予提倡。

4.3.2 如今卷材品种繁多、材性各异，所以规定选用的基层处理剂、接缝胶粘剂、密封材料等应与铺贴的卷材材性相容，使之粘结良好、封闭严密，不发生腐蚀等侵害。

4.3.3 卷材屋面坡度超过25%时，常发生下滑现象，故应采取防止下滑措施。防止卷材下滑的措施除采取满粘法外，目前还有钉压固定等方法，固定点亦应封闭严密。

4.3.4 为使卷材防水层与基层粘结良好，避免卷材防水层发生鼓泡现象，基层必须干净、干燥。由于我国地域广阔、气候差异甚大，不可能制订统一的含水率限值，而铺贴卷材的基层含水率是与当地的相对湿度有关，应采用相当于当地湿度的平衡含水率。目前许多企业和地方标准中规定含水率为8%~15%，如定得过小干燥有困难，过大则保证不了质量。参考日本规范和我国目前一些单位采用的方法，本条文中所示的“简易检验方法”是可行的。

4.3.5 卷材铺贴方向主要是针对沥青防水卷材规定的。考虑到沥青软化点较低，防水层较厚，屋面坡度较大时须垂直屋脊方向铺贴，以免发生流淌。高聚物改性沥青防水卷材和合成高分子防水卷材耐温性好，厚度较薄，不存在流淌问题，故对铺贴方向不予限制。

4.3.6 为确保防水工程质量，使屋面在防水层合理使用年限内不发生渗漏，除卷材的材性材质因素外，其厚度应是最主要的因素。因此，本条文对选用卷材的厚度按防水要求作出规定。

表4.3.6中厚度数据，是按照我国现时水平和参考国

外的资料确定的。卷材的厚度在防水层的施工、使用过程中，对保证屋面防水工程质量起关键作用；同时还应考虑到人们的踩踏、机具的压扎、穿刺、自然老化等，均要求卷材有足够厚度。

4.3.7 为确保卷材防水屋面的质量，所有卷材均应采用搭接法。本条文规定了沥青防水卷材、高聚物改性沥青防水卷材以及合成高分子防水卷材的搭接宽度，统一列出表格，条理明确。表4.3.7中的搭接宽度，系根据我国现行多数作法及国外资料的数据做出规定的。

4.3.8 采用冷粘法铺贴卷材时，胶粘剂的涂刷质量对保证卷材防水施工质量关系极大，涂刷不均匀、有堆积或漏涂现象，不但影响卷材的粘结力，还会造成材料浪费。

根据胶粘剂的性能和施工环境要求不同，有的可以在涂刷后立即粘贴，有的要待溶剂挥发后粘贴，间隔时间还和气温、湿度、风力等因素有关。因此，本条提出原则规定，要求控制好间隔时间。

卷材防水搭接缝的粘结质量，关键是搭接宽度和粘结密封性能。搭接缝平直、不扭曲，才能使搭接宽度有起码的保证；涂满胶粘剂、粘结牢固、溢出胶粘剂，才能证明粘结牢固、封闭严密。为保证搭接尺寸，一般在已铺卷材上以规定的搭接宽度弹出粉线作为标准。卷材铺贴后，要求接缝口用宽10mm的密封材料封严，以提高防水层的密封抗渗性能。

4.3.9 本条文对热熔法铺贴卷材的施工要点作出规定。施工加热时卷材幅宽内必须均匀一致，要求火焰加热器的喷嘴与卷材的距离应适当，加热至卷材表面有光亮黑色时方可以粘合。若熔化不够，会影响卷材接缝的粘结强度和密封性能；加温过高，会使改性沥青老化变焦且把卷材烧穿。

因表面层所涂覆的改性沥青热熔胶较薄，采用热熔法施工容易把胎体增强材料烧坏，使其降低乃至失去拉伸强度，从而严重影响卷材防水层的质量。因此，本条文还对厚度小于3mm的高聚物改性沥青防水卷材，作出严禁采用热熔法施工的规定。铺贴卷材时应将空气排出，才能粘贴牢固；滚铺卷材时缝边必须溢出热熔的改性沥青胶，使接缝粘结牢固、封闭严密。

为保证铺贴的卷材平整顺直，搭接尺寸准确，不发生扭曲，应沿预留的或现场弹出的粉线作为标准进行施工作业。

4.3.10 本条文对自粘法铺贴卷材的施工要点作出规定。首先将隔离纸撕净，否则不能实现完全粘贴。为了提高卷材与基层的粘结性能，基层应涂刷处理剂，并及时铺贴卷材。为保证接缝粘结性能，搭接部位提倡采用热风加热，尤其在温度较低时施工这一措施就更为必要。

采用这种铺贴工艺，考虑到施工的可靠度、防水层的收缩，以及外力使缝口翘边开缝的可能，要求接缝口用密封材料封严，以提高其密封抗渗的性能。

在铺贴立面或大坡面卷材时，立面和大坡面处卷材容易下滑，可采用加热方法使自粘卷材与基层粘结牢固，必要时还应采用钉压固定等措施。

4.3.11 本条文对热塑性卷材（如PVC卷材等）采用热风焊枪进行焊接的施工要点作出规定。为确保卷材接缝的焊接质量，要求焊接前卷材的铺设应正确，不得扭曲。

为使接缝焊接牢固、封闭严密，应将接缝表面的油污、尘土、水滴等附着物擦拭干净后，才能进行焊接施工。同时，焊接速度与热风温度、操作人员的熟练程度关系极大，焊接施工时必须严格控制，决不能出现漏焊、跳焊、焊焦或焊接不牢等现象。

4.3.12 粘贴各层沥青防水卷材和粘结绿豆砂保护层采用沥青玛𤧛脂，其标号应根据屋面的使用条件、坡度和当地历年极端最高气温按表 4.3.12-1 选用。

表 4.3.12-1 沥青玛𤧛脂选用标号

屋面坡度	历年极端最高气温	沥青玛𤧛脂标号
2%～3%	小于 38℃	S-60
	38～41℃	S-65
	41～45℃	S-70
3%～15%	小于 38℃	S-65
	38～41℃	S-70
	41～45℃	S-75
15%～25%	小于 38℃	S-75
	38～41℃	S-80
	41～45℃	S-85

注：1. 卷材防水层上有块体保护层或整体刚性保护层时，沥青玛𤧛脂标号可按表 4.3.12-1 降低 5 号；
2. 屋面受其他热源影响（如高温车间等）或屋面坡度超过 25%时，应将沥青玛𤧛脂的标号适当提高。

沥青玛𤧛脂应根据所用的材料经计算和试验确定。

（1）配制沥青玛𤧛脂用的沥青，可采用 10 号、30 号的建筑石油沥青和 60 号甲、60 号乙的道路石油沥青或其熔合物。

（2）选择沥青玛𤧛脂的配合成分时，应先选配具有所需软化点的一种沥青或两种沥青的熔合物。当采用两种沥青时，每种沥青的配合量宜按下列公式计算：

$$石油沥青熔合物 B_g = \left(\frac{t - t_2}{t_1 - t_2}\right) \times 100 \qquad (4.3.12\text{-}1)$$

$$B_d = 100 - B_g \qquad (4.3.12\text{-}2)$$

式中 B_g——熔合物中高软化点石油沥青含量，%；

B_d——熔合物中低软化点石油沥青含量，%；

t——沥青玛𤧛脂熔合物所需的软化点，℃；

t_1——高软化点石油沥青的软化点，℃；

t_2——低软化点石油沥青的软化点，℃；

（3）在配制沥青玛𤧛脂的石油沥青中，可掺入 10%～25%的粉状填充料或掺入 5%～10%的纤维填充料。填充料宜采用滑石粉、板岩粉、云母粉、石棉粉。填充料的含水率不宜大于 3%。粉状填充料应全部通过 0.21mm（900 孔/cm^2）孔径的筛子，其中大于 0.085mm（4900 孔/cm^2）的颗粒不应超过 15%。

沥青玛𤧛脂的质量要求，应符合表 4.3.12-2 的规定。

为确保沥青卷材防水层的质量，所选用的沥青玛𤧛脂应按配合比严格配料，每个工作班均应检查软化点和柔韧性。至于玛𤧛脂耐热度和相对应的软化点关系数据，应由试验部门根据所用原材料试配后确定。热沥青玛𤧛脂的加热温度不得超过 240℃，否则会因油分挥发加速玛𤧛脂的老化，影响了玛𤧛脂的粘结性能；热沥青玛𤧛脂的使用温度也不得低于 190℃，否则会因粘度增加而不便于涂刷均匀，影响了玛𤧛脂对卷材的粘结性。同时，规定了冷、热沥青玛𤧛脂粘结层和面层的厚度，并要求涂刷均匀不得过厚或堆积，以确保沥青卷材防水层的质量。

表 4.3.12-2　　沥青玛琋脂的质量要求

指标名称 \ 标号	S-60	S-65	S-70	S-75	S-80	S-85
耐热度	用 2mm 厚的沥青玛琋脂粘合两张沥青油纸，在不低于下列温度（℃）中，在 1:1 坡度上停放 5h 后，沥青玛琋脂不应流淌，油纸不应滑动					
	60	65	70	75	80	85
柔韧性	涂在沥青油纸上的 2mm 厚的沥青玛琋脂层，在 18±2℃ 时围绕下列直径（mm）的圆棒，用 2s 的时间以均衡速度弯成半周，沥青玛琋脂不应有裂纹					
	10	15	15	20	25	30
粘结力	用手将两张粘贴在一起的油纸慢慢地一次撕开，从油纸和沥青玛琋脂粘贴面的任何一面的撕开部分，应不大于粘贴面积的 1/2					

4.3.13　天沟、檐口、泛水和立面卷材的收头端部处理十分重要，如果处理不当容易存在渗漏隐患。为此，必须要求把卷材收头的端部裁齐，塞入预留凹槽内，采用粘结或压条（垫片）钉压固定，最大钉距不应大于 900mm，凹槽内应用密封材料封严。

4.3.14　为防止紫外光线对卷材防水层的直接照射和延长其使用年限，规定卷材防水层均应做保护层，并按保护层所采用材料不同列款叙述。

用绿豆砂做保护层，系传统的做法。据全国调查，许多工程因未能认真按规范施工而不能确保防水工程质量。绿豆砂保护层应铺撒均匀、粘结牢固，才能真正起到了保护层的作用。由于近年来出现了冷玛琋脂，这种胶结材料适用以云母或蛭石做保护层，根据调研效果可靠、工艺可行，故将其列入本规范。

水泥砂浆保护层由于水泥砂浆自身的干缩或温度变化影响，往往产生严重龟裂，且裂缝宽度较大，以致造成碎裂、脱落。根据工程实践经验，在水泥砂浆保护层上划分表面分格缝，将裂缝均匀分布在分格缝内，避免了大面积的表面龟裂，故在规范中列入了这一项行之有效的规定。

用块体材料做保护层时，在调研中发现往往因温度升高、膨胀致使块体隆起。因此，本规范作出对块体材料保护层应留设分格缝的规定。

对现浇细石混凝土保护层分格面积作出了明确的规定。分格缝过密会对施工带来了困难，也不容易确保质量，故根据全国一些单位的实践经验，将分格面积定为 $36m^2$ 是适当的。

浅色涂料保护层要求将卷材表面清理干净，均匀涂刷保护涂料，确保涂层的质量要求。

根据历次对屋面工程的调查，发现许多工程的水泥砂浆、块材、细石混凝土等刚性保护层与女儿墙均未留空隙。当高温季节，刚性保护层热胀顶推女儿墙，有的还将女儿墙推裂造成渗漏；而在刚性保护层与女儿墙间留出空隙的屋面，均未见有推裂女儿墙的现象。故规定了刚性保护层与女儿墙之间应预留 30mm 以上空隙，并用密封材料封闭严密。另外，还强调了在刚性保护层与柔性防水层之间设置隔离层的必要性，以保证刚性保护层胀缩变形时不致损坏防水层。

4.3.15　卷材防水层应采用高聚物改性沥青防水卷材、合成高分子防水卷材或沥青防水卷材。

沥青防水卷材是我国传统的防水材料，已制订较完整的技术标准，产品质量应符合国标《石油沥青低胎油毡》GB

326—89 的要求。

国内新型防水材料的发展很快。近年来，我国普遍应用并获得较好效果的高聚物改性沥青防水卷材，产品质量应符合国标《弹性体沥青防水卷材》GB 18242—2000、《塑性体沥青防水卷材》GB 18243—2000 和行标《改性沥青聚乙烯胎防水卷材》JC/T 633—1996的要求。目前国内合成高分子防水卷材的种类主要为：三元乙丙、氯化聚乙烯橡胶共混、聚氯乙烯、氯化聚乙烯和纤维增强氯化聚乙烯等产品，这些材料在国外使用也比较多，而且比较成熟。产品质量应符合国标《高分子防水材料》（第一部分片材）GB 18173.1—2000 的要求。

本规范附录 A 第 A.0.1 条所列入防水卷材的质量指标，具体是根据屋面工程的需要，规定了卷材的外观质量和物理性能要求，而不是这些材料的全部指标和最高或最低标准要求。

同时还对卷材的胶粘剂提出了基本的质量要求，合成高分子胶粘剂浸水保持率是一项重要性能指标，为保证屋面整体防水性能，规定浸水 168h 后胶粘剂剥离强度保持率不应低于 70%。

4.3.16 防水是屋面的主要功能之一，若卷材防水层出现渗漏或积水现象，将是最大的弊病。检验屋面有无渗漏和积水、排水系统是否通畅，可在雨后或持续淋水 2h 以后进行。有可能作蓄水检验的屋面，其蓄水时间不应少于 24h。

4.3.17 天沟、檐沟、檐口、水落口、泛水、变形缝和伸出屋面管道等处，是当前屋面防水工程渗漏最严重的部位。因此，卷材屋面的防水构造设计应符合下列规定：

1 应根据屋面的结构变形、温差变形、干缩变形和震动等因素，使节点设防能够满足基层变形的需要。

2 应采用柔性密封、防排结合、材料防水与构造防水相结合的作法。

3 应采用防水卷材、防水涂料、密封材料和刚性防水材料等材性互补并用的多道设防（包括设置附加层）。

上述防水构造的施工尚应符合本规范第 9 章的规定。

4.3.18 根据全国历次调查发现，天沟、檐沟与屋面交接处常发生裂缝，在这个部位应采用增铺卷材或防水涂膜附加层。由于卷材铺贴较厚，檐沟卷材收头又在沟邦顶部，不采取固定措施就会由于卷材的弹性发生翘边脱落现象。

卷材在泛水处应采用满粘，防止立面卷材下滑。收头密封形式还应根据墙体材料及泛水高度确定。

（1）女儿墙较低，卷材铺到压顶下，上用金属或钢筋混凝土等盖压。

（2）墙体为砖砌时，应预留凹槽将卷材收头压实，用压条钉压，密封材料封严，抹水泥砂浆或聚合物砂浆保护。凹槽距屋面找平层高度不应小于 250mm。

（3）墙体为混凝土时，卷材的收头可采用金属压条钉压，并用密封材料封固。

4.3.19 卷材防水层完工后应按本规范第 4.3.14 条的规定做好保护层。

4.3.20 排汽屋面的排汽道应纵横贯通，不得堵塞，并同与大气连通的排汽出口相通。找平层设置的分格缝可兼做排汽道，排汽道间距宜为 6m，纵横设置。屋面面积每 $36m^2$ 宜设一个排汽出口。

排汽出口应埋设排汽管，排汽管应设置在结构层上，穿过保温层的管壁应设排汽孔，以保证排汽道的畅通。排汽出口亦可设在檐口下或屋面排汽道交叉处。

排汽管的安装必须牢固、封闭严密，否则会使排汽管变成了进水孔，造成屋面漏水。

4.3.21 卷材的铺贴方向应符合本规范第4.3.5条的规定。

为保证卷材铺贴质量，本条文规定了卷材搭接宽度的允许偏差为-10mm，而不考虑正偏差。通常卷材铺贴前施工单位应根据卷材搭接宽度和允许偏差，在现场弹出尺寸粉线作为标准去控制施工质量。

5 涂膜防水屋面工程

5.3 涂膜防水层

5.3.1 涂膜防水层用于Ⅲ、Ⅳ级防水屋面时均可单独采用一道设防，也可用于Ⅰ、Ⅱ级屋面多道防水设防中的一道防水层。二道以上设防时，防水涂料与防水卷材应采用相容类材料；涂膜防水层与刚性防水层之间（如刚性防水层在其上）应设隔离层；防水涂料与防水卷材复合使用形成一道防水层，涂料与卷材应选择相容类材料。

5.3.2 将适用于涂膜防水层的涂料分成两类：

（1）高聚物改性沥青防水涂料：水乳型阳离子氯丁胶乳改性沥青防水涂料、溶剂型氯丁胶改性沥青防水涂料、再生胶改性沥青防水涂料、SBS（APP）改性沥青防水涂料等；

（2）合成高分子防水涂料：聚合物水泥防水涂料、丙烯酸酯防水涂料、单组份（双组份）聚氨酯防水涂料等。

除此之外，无机盐类防水涂料不适用于屋面防水工程；聚氯乙烯改性煤焦油防水涂料有毒和污染，施工时动用明火，目前已限制使用。

5.3.3 防水涂膜在满足厚度要求的前提下，涂刷的遍数越多对成膜的密实度越好。因此涂刷时应多遍涂刷，不论是厚质涂料还是薄质涂料均不得一次成膜；每遍涂刷应均匀，不得有露底、漏涂和堆积现象；多遍涂刷时，应待涂层干燥成膜后，方可涂刷后一遍涂料；两涂层施工间隔时间不宜过长，否则易形成分层现象。

屋面坡度小于15%时，胎体增强材料平行或垂直屋脊铺设应视方便施工而定；屋面坡度大于15%时，为防止胎体增强材料下滑应垂直于屋脊铺设。平行于屋脊铺设时，必须由最低标高处向上铺设，胎体增强材料顺着流水方向搭接，避免呛水；胎体增强材料铺贴时，应边涂刷边铺贴，避免两者分离；为了便于工程质量验收和确保涂膜防水层的完整性，规定长边搭接宽度不小于50mm，短边搭接宽度不小于70mm，没有必要按卷材搭接宽度来规定。当采用两层胎体增强材料时，上、下层不得垂直铺设，使其两层胎体材料同方向有一致的延伸性；上、下层的搭接缝应错开不小于1/3幅宽，避免上、下层胎体材料产生重缝及防水层厚薄不均匀。

5.3.4 涂膜防水屋面涂刷的防水涂料固化后，形成有一定厚度的涂膜。如果涂膜太薄就起不到防水作用和很难达到合理使用年限的要求，所以对各类防水涂料的涂膜厚度作了规定。

高聚物改性沥青防水涂料（如溶剂型和水乳型防水涂料）称之为薄质涂料，涂布固化后很难形成较厚的涂膜，但此类涂料对沥青进行了较好的改性，材料性能优于沥青基防水涂料。所以规定了在防水等级为Ⅱ、Ⅲ级屋面上使用时其厚度不应小于3mm，它可通过薄涂多次或多布多涂来达到厚度的要求。合成高分子防水涂料（如多组份聚氨酯防水涂料、丙烯酸酯类浅色防水涂料等），其性能大大优于高聚物改性沥青防水涂料。由于价格较贵，所以规定其厚度不应小于2mm，它可分遍涂刮来达到厚度的要求。合成高分子防水涂料与其他防水材料复合使用时的综合防水效果好，涂膜本身厚度可适当减薄一些，但不应小于1.5mm。

5.3.5 一般来说，涂膜防水层基层含水率越低越有利于防水层与基层的粘结，涂膜防水层不易形成汽泡。水乳型防水涂料或聚合物水泥防水涂料，对基层干燥程度的要求不如溶剂性防水涂料严格。当基层干燥程度不符合规范的要求时，防水涂膜施工应按产品说明书要求操作。

5.3.6 采用多组份涂料时，由于各组份的配料计量不准和搅拌不均匀，将会影响混合料的充分化学反应，造成涂料性能指标下降。一般配成的涂料固化时间比较短，应按照一次涂布用量确定配料的多少，在固化前用完；已固化的涂料不能和未固化的涂料混合使用，否则将会降低防水涂膜的质量。当涂料粘度过大或涂料固化过快或涂料固化过慢时，可分别加入适量的稀释剂、缓凝剂或促凝剂，调节粘度或固化时间，但不得影响防水涂膜的质量。

5.3.7 天沟、檐口、泛水和涂膜防水层的收头是涂膜防水屋面的薄弱环节，施工时应确保涂膜防水层收头与基层粘结牢固，密封严密。

5.3.8 参见本规范第4.3.14条的条文说明。

5.3.9 本规范附录A第A.0.2条所列入防水涂料的质量指标，是根据屋面工程的需要规定了物理性能要求，而不是这些材料的全部指标和最高或最低标准要求，现综合说明如下：

固体含量：是各类防水涂料的主要成膜物质，根据各类防水涂料的特性，表中列出了各类防水涂料的固体含量要求。如果固体含量过低，涂膜的质量就难以得到保证。

耐热度：在夏季最高气温条件下，屋面表面的温度可达70℃。若涂料的耐热度小于80℃，同时保持不了5h，那么涂膜将会产生流淌、起泡和滑动，所以表中列出了各类防水涂料的耐热度要求。

柔性：为使各类防水涂料对施工温度具有一定的适应性，根据各类防水涂料的特性，表中列出各类防水涂料的柔性要求。

不透水性：根据各类防水涂料的特性，表中列出了各类防水涂料的不透水性要求。如能达到表中列出的质量要求，完工后的防水层就不会产生直接渗漏。

延伸：主要是使各类防水涂膜具有一定的适应基层变形的能力，保证防水效果。根据各类防水涂料的特性，表中列出了各类防水涂料的延伸性要求。

合成高分子防水涂料中的反应固化型，主要指聚氨酯类防水涂料，质量要求是参考行标《聚氨酯防水涂料》JC/T 500—1992（1996）提出的；挥发固化型，主要指丙烯酸酯类防水涂料，质量要求是参考行标《聚合物乳液建筑防水涂料》JC/T 864—2000 提出的；聚合物水泥涂料质量要求是参考行标《聚合物水泥防水涂料》JC/T 894—2001 提出的。

胎体增强材料的聚酯无纺布、化纤无纺布各项质量要求，则参考江苏省《防水涂料屋面施工及验收规程》（苏建规 02—89）附录 C 和附录 E 提出的；玻纤网布是参考黑龙江省《屋面防水工程冷作施工技术暂行规定》DBJ 07—204—87 提出的。

5.3.10 参见本规范第 4.3.16 条的条文说明。

5.3.11 参见本规范第 4.3.17 条的条文说明。

5.3.12 涂膜防水层合理使用年限长短的决定因素，除防水涂料技术性能外就是涂膜的厚度，本条文规定平均厚度应符合设计要求，最小厚度不应小于设计厚度的 80%。涂膜防水层厚度应包括胎体厚度。

5.3.13 涂膜防水层应表面平整，涂刷均匀，成膜后如出现流淌、鼓泡、露胎体和翘边等缺陷，会降低防水工程质量而影响使用寿命。

关于涂膜防水层与基层粘结牢固的问题，考虑到防水涂料的粘结性是反映防水涂料性能优劣的一项重要指标，而且涂膜防水层施工时，基层可预见变形部位（如分格缝处）可采用空铺附加层。因此，验收时规定涂膜防水层与基层应粘结牢固是合理的要求。

5.3.14 防水层上设置保护层，可提高防水层的合理使用年限。如采用细砂等粉料作保护层，应在涂刮最后一遍涂料时边涂边撒布，使细砂等粉料与防水层粘结牢固，并要求撒铺均匀不得露底，起到长期保护防水层的作用。与防水层粘结不牢的细砂等粉料，要待涂膜干燥后将多余的细砂等粉料及时清除掉，避免因雨水冲刷将多余的细砂等粉料堆积到水落口处，堵塞水落口或使屋面局部积水而影响排水效果。

6 刚性防水屋面工程

6.1 细石混凝土防水层

6.1.1 细石混凝土防水层包括普通细石混凝土防水层和补偿收缩混凝土防水层。由于刚性防水材料的表观密度大、抗拉强度低、极限拉应变小，常因混凝土的干缩变形、温度变形及结构变形而产生裂缝。因此，对于屋面防水等级为Ⅱ级及其以上的重要建筑，只有在刚性与柔性防水材料结合做两道防水设防时方可使用。细石混凝土防水层所用材料易得，耐穿刺能力强，耐久性能好，维修方便，所在在Ⅲ级屋面中推广应用较为广泛。为了解决细石混凝土防水层裂缝的问题，除采取设分格缝等构造措施外，还可加入膨胀剂拌制补偿收缩混凝土。对于混凝土防水层的基层，因松散材料保温层强度低、压缩变形大，易使混凝土防水层产生受力裂缝，故不得在松散材料保温层上做细石混凝土防水层。至于受较大震动或冲击的屋面，易使混凝土产生疲劳裂缝；当屋面坡度大于15%时，混凝土不易震捣密实，所以均不能采用细石混凝土防水层。

6.1.2 由于火山灰质水泥干缩率大、易开裂，所以在刚性防水屋面上不得采用。矿渣硅酸盐水泥泌水性大、抗渗性能差，应采用减少泌水性的措施。普通硅酸盐水泥或硅酸盐水泥早期强度高、干缩性小、性能较稳定、耐风化，同时比用其他品种水泥拌制的混凝土碳化速度慢，所以宜在刚性防水屋面上使用。

粗、细骨料的含泥量大小，直接影响细石混凝土防水层的质量。如粗、细骨料中的含泥量过大，则易导致混凝土产生裂纹。所以确定其含泥量要求时，应与强度等级等于或高于C30的普通混凝土相同。

提高混凝土的密实性，有利于提高混凝土的抗风化能力和减缓碳化速度，也有利于提高混凝土的抗渗性。混凝土水灰比是控制密实度的决定性因素，过多的水分蒸发后在混凝土中形成微小的孔隙，降低了混凝土的密实性，故本规范限定水灰比不得大于0.55。至于最小水泥用量、含砂率、灰砂比的限制，都是为了形成足够的水泥砂浆包裹粗骨料表面，并充分堵塞粗骨料间的空隙，以保证混凝土的密实性和提高混凝土的抗渗性。

6.1.3 为了改善普通细石混凝土的防水性能，提倡在混凝土中加入膨胀剂、减水剂、防水剂等外加剂。外加剂掺量是关键的工艺参数，应按所选用的外加剂使用说明或通过试验确定掺量，并决定采用先掺法还是后掺法或同掺法，按配合比做到准确计量。细石混凝土应用机械充分搅拌均匀和振捣密实，以提高其防水性能。

6.1.4 混凝土构件受温度影响产生热胀冷缩，以及混凝土本身的干缩及荷载作用下挠曲引起的角变位，都能导致混凝土构件的板端裂缝，而装配式混凝土屋面适应变形的能力更差。根据全国各地实践经验，在这些有规律的裂缝处设置分格缝，并用密封材料嵌填，以柔适变，刚柔结合，达到减少裂缝和增强防水的目的。分格缝的位置应设在变形较大或较易变形的屋面板支承端、屋面转折处、防水层与突出屋面结构的交接处。至于分格缝的间距，考虑到我国工业建筑柱网以6m为模数，而民用建筑的开间模数多数也小于6m，所以规定分格缝间距不宜大于 6m。

6.1.5 细石混凝土防水层的厚度，目前国内多采用 40mm。如厚度小于 40mm，则混凝土失水很快，水泥水化不充分，降低了混凝土的抗渗性能；另外由于混凝土防水层过薄，一些石子粒径可能超过防水层厚度的一半，上部砂浆收缩后容易在此处出现微裂而造成渗水的通道，故规定其厚度不应小于 40mm。混凝土防水层中宜配置双向钢筋网片，当钢筋间距为 100～200mm 时，可满足刚性防水屋面的构造及计算要求。分格缝处钢筋应断开，以利各分格中的混凝土防水层能自由伸缩。

6.1.6 刚性防水层与山墙、女儿墙以及突出屋面交接处变形复杂，易于开裂而造成渗漏。同时，由于刚性防水层温度和干湿变形，造成推裂女儿墙的现象在历次调研中均有发现，故规定在这些部位应留设缝隙，并用柔性密封材料进行处理，以防渗漏。

由于温差、干缩、荷载作用等因素，常使结构层发生变形、开裂而导致刚性防水层产生裂缝。根据一些施工单位的经验及有关资料表明，在刚性防水层与基层之间设置隔离层，这样防水层就可以自由伸缩，减少结构变形对刚性防水层产生的不利影响，故规定在刚性防水层与基层之间宜设置隔离层。补偿收缩混凝土防水层虽有一定的抗裂性，但在刚性防水层与基层之间仍以设置隔离层为佳。

6.1.7 细石混凝土防水层的原材料质量、各组成材料的配合比，是确保混凝土抗渗性能的基本条件。如果原材料质量不好，配合比不准确，就不能确保细石混凝土的防水性能。

6.1.8 强调了细石混凝土防水层应在雨后或淋水 2h 后进行检查，使防水层经受雨淋的考验，观察有否渗漏，以确保防水层的使用功能。

6.1.9 细石混凝土防水层在天沟、檐沟、檐口、水落口、泛水、变形缝和伸出屋面管道等处，防水构造均应符合设计要求，确保细石混凝土防水层的整体质量。

6.1.10 细石混凝土防水层应按每个分格板块一次浇筑完成，严禁留施工缝。如果防水层留设施工缝，往往因接槎处理不好，形成渗水通道导致屋面渗漏。

混凝土抹压时不得在表面洒水、加水泥浆或撒干水泥，否则只能使混凝土表面产生一层浮浆，混凝土硬化后内部与表面的强度和干缩不一致，极易产生面层的收缩龟裂、脱皮现象，降低防水层的防水效果。混凝土收水后二次压光可以封闭毛细孔，提高抗渗性，是保证防水层表面密实的极其重要的一道工序。

混凝土的养护应在浇筑 12～24h 后进行，养护时间不得少于 14d，养护初期屋面不得上人。养护方法可采取洒水湿润，也可覆盖塑料薄膜、喷涂养护剂等，但必须保证细石混凝土处于充分的湿润状态。

6.1.11 目前国内的细石混凝土防水层厚度为 40～60mm，如果厚度小于 40mm，无法保证钢筋网片保护层厚度（规定不应小于 10mm），从而降低了防水层的抗渗性能。双向钢筋网片应配置直径 ϕ4～ϕ6mm 的钢筋，间距宜为 100～200mm，分格缝处的钢筋应断开，满足刚性屋面的构造要求。故规定细石混凝土防水层的厚度和钢筋位置应符合设计要求。

6.1.12 为了避免因结构变形及混凝土本身变形而引起的混凝土开裂，分格缝位置应设置在变形较大或较易变形的屋面板支承端、屋面转折处、防水层与突出屋面结构的交接处。本条文规定细石混凝土防水层分格缝的位置和间距应符合设计要求。

6.1.13 细石混凝土防水层的表面平整度，应用2m直尺检查；每$100m^2$的屋面不应少于一处，每一屋面不应少于3处，面层与直尺间最大空隙不应大于5mm，空隙应平缓变化，每米长度不应多于一处。

6.2 密封材料嵌缝

6.2.1 屋面工程中构件与构件、构件与配件的拼接缝，以及天沟、檐沟、泛水、变形缝等细部构造的防水层收头，都是屋面渗漏水的主要通道，密封防水处理质量直接影响屋面防水的连续性和整体性。屋面密封防水处理不能视为独立的一道防水层，应与卷材防水屋面、涂膜防水屋面、刚性防水屋面以及隔热屋面配套使用，并且适用于防水等级为Ⅰ～Ⅲ级屋面。

6.2.2 本条文是对密封防水部位基层的规定，如果接触密封材料的基层强度不够，或有蜂窝、麻面、起皮、起砂现象，都会降低密封材料与基层的粘结强度。基层不平整、不密实或嵌填密封材料不均匀，接缝位移时会造成密封材料局部拉坏，失去密封防水的作用。

6.2.3 改性沥青密封材料的基层处理剂一般都是现场配制，为保证基层处理剂的质量，配比应准确，搅拌应均匀。多组份基层处理剂属于反应固化型材料，配制时应根据固化前的有效时间确定一次使用量，应用多少配制多少，未用完的材料不得下次使用。

基层处理剂涂刷完毕后再铺放背衬材料，将会对接缝壁的基层处理剂有一定的破坏，削弱基层处理剂的作用。这里需要说明的是，设计时应选择与背衬材料不相容的基层处理剂。

基层处理剂配制时一般均加有溶剂，当溶剂尚未完全挥发时嵌填密封材料，会影响密封材料与基层处理剂的粘结性能，降低基层处理剂的作用。因此，嵌填密封材料应待基层处理剂达到表干状态后方可进行。基层处理剂表干后应立即嵌填密封材料，否则基层处理剂被污染，也会削弱密封材料与基层的粘结强度。

6.2.4 背衬材料应填塞在接缝处的密封材料底部，其作用是控制密封材料的嵌填深度，预防密封材料与缝的底部粘结而形成三面粘，避免造成应力集中和破坏密封防水。因此，背衬材料应尽量选择与密封材料不粘结或粘结力弱的材料。背衬材料的形状有圆形、方形或片状，应根据实际需要决定，常用的有泡沫棒或油毡条。

6.2.5 嵌填完毕的密封材料，一般应养护2～3d。接缝密封防水处理通常在下一道工序施工前，应对接缝部位的密封材料采取保护措施。如施工现场清扫、隔热层施工时，对已嵌填的密封材料宜采用卷材或木板保护，以防止污染及碰损。因为密封材料嵌填对构造尺寸和形状都有一定的要求，未固化的材料不具备一定的弹性，踩踏后密封材料会发生塑性变形，导致密封材料构造尺寸不符合设计要求，所以对嵌填的密封材料固化前不得踩踏。

6.2.6 改性石油沥青密封材料按耐热度和低温柔性分为Ⅰ和Ⅱ类，质量要求依据《建筑防水沥青嵌缝油膏》JC/T 207—1996，Ⅰ类产品代号为“702”，即耐热度为70℃，低温柔性为－20℃，适合北方地区使用；Ⅱ类产品代号为“801”，即耐热度为80℃，低温柔性为－10℃，适合南方地区使用。

合成高分子密封材料分成两类：（1）弹性体密封材料，如聚氨酯类、硅酮类、聚硫类密封材料，质量要求依据《聚氨酯建筑密封膏》JC/T 482—1992（1996）；（2）塑性体密封材料，如丙烯酸酯类、丁基橡胶类密封材料，质量要求依据《丙烯酸建筑密封膏》JC/T 484—1992（1996）。

6.2.7 1 采用改性石油沥青密封材料嵌填时应注意以下两点：

（1）热灌法施工应由下向上进行，并减少接头；垂直于屋脊的板缝宜先浇灌，同时在纵横交叉处宜沿平行于屋脊的两侧板缝各延伸浇灌 150mm，并留成斜槎。密封材料熬制及浇灌温度应按不同材料要求严格控制。

（2）冷嵌法施工应先将少量密封材料批刮到缝槽两侧，分次将密封材料嵌填在缝内，用力压嵌密实。嵌填时密封材料与缝壁不得留有空隙，并防止裹入空气。接头应采用斜槎。

2 采用合成高分子密封材料嵌填时，不管是用挤出枪还是用腻子刀施工，表面都不会光滑平直，可能还会出现凹陷、漏嵌填、孔洞、气泡等现象，故应在密封材料表干前进行修整。如果表干前不修整，则表干后不易修整，且容易将成膜固化的密封材料破坏。

上述目的是使嵌填的密封材料饱满、密实，无气泡、孔洞现象。

6.2.8 参见本规范第 6.2.2 条的条文说明。

6.2.9 屋面密封防水的接缝宽度规定不应大于 40mm，且不应小于 10mm。考虑到接缝宽度太窄密封材料不易嵌填，太宽造成材料浪费，故规定接缝宽度的允许偏差为 ±10%。如果接缝宽度不符合上述要求，应进行调整或用聚合物水泥砂浆处理；板缝为上窄下宽时，灌缝的混凝土易脱落会造成密封材料流坠，应在板外侧做成台阶形，并配置适量的构造钢筋。

本条文规定接缝深度为接缝宽度的 0.5～0.7 倍，是从国外大量的资料和国内屋面密封防水工程实践中总结出来的，是一个经验值。

6.2.10 本条文规定了密封材料嵌缝的外观质量。

7 瓦屋面工程

7.1 平瓦屋面

7.1.1 平瓦主要是指传统的粘土机制平瓦和混凝土平瓦。平瓦屋面适用于不小于20%的坡度，是基于瓦的特性及使用实践的总结。

7.1.2 屋面与立墙及突出屋面结构等的交接处是瓦屋面防水的关键部位，应做好泛水处理；至于天沟、檐沟的防水层采用什么样的材料与形式，需根据工程的综合条件要求而确定。

7.1.3 根据平瓦的特性，经过经验总结，规定了相关的搭伸尺寸。

7.1.4 瓦在进入现场时，检查检验报告及外观检查是必不可少的。本条规定了平瓦的质量必须符合有关标准，即《烧结瓦》JC 709—1998 和《混凝土平瓦》JC 746—1999 的规定。

7.1.5 为了确保安全，针对大风、地震地区或坡度大于50%的平瓦屋面，应采用固定加强措施。有时几种因素应综合考虑，由设计上给出具体的规定。

7.2 油毡瓦屋面

7.2.1 油毡瓦的防水等级是基于目前国内工程的使用情况而定的。一般防水等级达到Ⅱ级尚无问题，但由于具体的做法与材料选择尚待系统总结，配套材料及配件还需完善，故暂按Ⅱ、Ⅲ级设定。油毡瓦适用于20%以上的坡度，也是基于此材料的特性所决定的。

7.2.2 油毡瓦屋面与山墙及突出屋面结构等交接处是屋面防水的薄弱环节，做好泛水处理是保证屋面工程质量的关键。

7.2.3 油毡瓦为薄而轻的片状材料，且瓦片是相互搭接点粘。为防止大风将油毡瓦掀起，规定了用油毡钉将其固定在木基层上，或用专用水泥钢钉、冷胶结料粘结将其固定在混凝土基层上。

7.2.4 油毡瓦的基本搭接尺寸要求，应随着油毡瓦类别、规格的增加，根据具体情况制定相应的做法。

7.2.5 油毡瓦的质量必须符合《油毡瓦》JC/T 503—1992(1996) 的规定。为了防止质量不合格的油毡瓦在工程上使用，或因贮运、保管不当而造成瓦的缺损、粘连，应按产品标准的要求检验。油毡瓦应边缘整齐、切槽清晰、厚薄均匀，表面无孔洞、楞伤、裂纹、折皱和起泡等缺陷。同时，油毡瓦应在环境温度不高于45℃的条件下保管，避免雨淋、日晒、受潮，并注意通风和避免接近火源。

7.2.6 油毡瓦铺设时，不论在木基层或混凝土基层上都应用油毡钉铺钉。为防止钉帽外露锈蚀而影响固定，需将钉帽盖在垫毡下面，严禁钉帽外露油毡瓦的表面。

7.2.7 油毡瓦应自檐口向上铺设，第一层油毡瓦应与檐口平行，切槽应向上指向屋脊，用油毡钉固定；第二层油毡瓦应与第一层叠合，但切槽应向下指出檐口；第三层油毡瓦应压在第二层上，并露出切槽125mm。油毡瓦之间对缝，上下层不应重合。每片油毡瓦不应少于4个油毡钉；当屋面坡度大于150%时，应增加油毡钉固定。

7.2.8 油毡瓦的基层平整，才能保证油毡瓦屋面平整。做到了油毡瓦与基层紧贴，瓦面平整和檐口顺直，既可保证瓦的搭接、防止渗漏，又可使瓦面整齐、美观。

7.2.9 屋面与突出屋面结构的交接处是防水的薄弱环节，一定要有可行的防水措施。油毡瓦应铺贴在立面上，其高度不应小于250mm。

在烟囱、管道周围应先做二毡三油垫层，待铺瓦后再用高聚物改性沥青防水卷材做单层防水。

在女儿墙泛水处，油毡瓦可沿基层与女儿墙的八字坡铺贴，并用镀锌薄钢板覆盖，钉入墙内预埋木砖上；泛水上口与墙间的缝隙应用密封材料封严。

7.3 金属板材屋面

7.3.1 金属板材的种类很多，有锌板、镀铝锌板、铝合金板、铝镁合金板、钛合金板、铜板、不锈钢板等。厚度一般为0.4～1.5mm，板的表层一般进行涂装。由于材质及涂层的质量不同，有的板寿命可达50年以上。板的制作形状可多种多样，有的为复合板，有的为单板。有的板在生产厂加工好后现场组装，有的板可以根据屋面工程的需要在现场加工。保温层有在工厂复合好的，也有在现场制作的。金属板材屋面形式多样，从大型公共建筑到厂房、库房、住宅等使用广泛。故本条文规定可在防水等级为Ⅰ～Ⅲ级屋面中使用。

7.3.2 金属板材屋面板与板之间的密封处理很重要，应根据不同屋面的形式、不同材料、不同环境要求、不同功能要求，采取相应的密封处理方法。

7.3.3、7.3.4 压型钢板是金属板材的一个类别，目前在金属板材中使用量很大。这两条是针对冷轧辊压制成的压型钢板固定及搭接规定的要求，对其他各类形式的金属板尚未作出要求。

7.3.5 各类金属板材和辅助材料的质量，是确保金属板材屋面质量的关键。

压型钢板应边缘整齐、表面光滑、色泽均匀；外形应规则，不得有扭翘、脱膜和锈蚀等缺陷。

压型钢板的堆放场地应平坦、坚实，且便于排除地面水。堆放时应分层，并且每隔3～5m加放垫木。

7.3.6 铺设压型钢板屋面时，相邻两块板应顺年最大频率风向搭接，可避免刮风时冷空气贯入室内；上下两排板的搭接长度，应根据板型和屋面坡长确定。由于压型钢板屋面的坡度一般较小，所以上下两块板的搭接长度宜稍长一些，最短不得少于200mm，以防刮风下雨时雨水沿搭接缝渗入室内。所有搭接缝内应用密封材料嵌填封严，防止渗漏。

7.3.7 为保证压型钢板、固定支架的稳定、牢靠，压型钢板的安装应使用单向螺栓或拉铆钉连接固定。压型钢板与固定支架应用螺栓固定。

天沟用镀锌钢板制作时，应伸入压型钢板的下面，其长度不应小于100mm；当设有檐沟时，压型钢板应伸入檐沟内，其长度不应小于50mm。檐口应用异型镀锌钢板的堵头、封檐板，山墙应用异型镀锌钢板的包角板和固定支架封严。

金属板材屋面的排水坡度，应根据屋架形式、屋面基层类别、防水构造形式、材料性能以及当地气候条件等因素，经技术经济比较后确定。

7.3.8 压型钢板屋面的泛水板与突出屋面的墙体搭接高度不应小于300mm；安装应平直。

金属板材屋面的檐口线、泛水段应顺直，无起伏现象，使瓦面整齐、美观。

8 隔热屋面工程

8.1 架 空 屋 面

8.1.1 架空隔热层的高度应根据屋面宽度和坡度大小来决定。屋面较宽时，风道中阻力增大，宜采用较高的架空层；屋面坡度较小时，宜采用较高的架空层。反之，可采用较低的架空层。根据调研情况有关架空高度相差较大，如广东用的混凝土“板凳”仅 90mm，江苏、浙江、安徽、湖南、湖北等地有的高达 400mm。考虑到太低了隔热效果不好，太高了通风效果并不能提高多少且稳定性不好。屋面设计若无要求，架空层的高度宜为 100～300mm。当屋面宽度大于 10m，设置通风屋脊也是为了保证通风效果。

8.1.2 考虑架空隔热制品支座部位负荷增大，采取加强措施，避免损坏防水层。

8.1.3 规定架空隔热制品的强度等级，主要考虑施工及上人时不易损坏。

8.1.4 架空屋面是采用隔热制品覆盖在屋面防水层上，并架设一定高度的空间，利用空气流动加快散热起到隔热作用。架空隔热制品的质量必须符合设计要求，如使用有断裂和露筋等缺陷的制品，日长月久后会使隔热层受到破坏，对隔热效果带来不良影响。

对于隔热屋面来讲，架空板施工完对防水层也就是保护层了。因此，隔热制品的质量对屋面防水和隔热都起着重要作用。

8.1.5 考虑到屋面在使用中要上人清扫等情况，要求架空隔热制品的铺设应做到平整和稳固，板缝应以勾填密实为好，使板的刚度增大形成一个整体。架空隔热制品与山墙或女儿墙的距离不应小于 250mm，主要是考虑在保证屋面胀缩变形的同时，防止堵塞和便于清理。当然间距也不应过大，太宽了将会降低架空隔热的作用。架空隔热层内的灰浆杂物应清扫干净，以减少空气流动时的阻力。

8.1.6 相邻两块隔热制品的高低差为 3mm，是为了不使架空隔热层表面有积水现象。

8.2 蓄 水 屋 面

8.2.1 蓄水屋面多用于我国南方地区，一般为开敞式。为加强防水层的坚固性，强调采用刚性防水层或在卷材、涂膜防水层上再做刚性防水层，并采用耐腐蚀、耐霉烂、耐穿刺性好的防水层材料，以免异物掉入时损坏防水层。

8.2.2 为适应屋面变形的需要，蓄水屋面应划分为若干蓄水区。根据多年使用经验，规定每区边长不宜大于 10m 是可行的。变形缝两侧应分为两个互不连通的蓄水区，避免因缝间处理不好导致漏水。蓄水屋面长度太长会因累计变形过大导致防水层拉裂，引起屋面渗漏，故规定长度超过 40m 时应做横向伸缩缝一道。设置人行通道是为了便于使用过程中的管理。

8.2.3 由于蓄水屋面防水的特殊性，屋面孔洞后凿不易保证质量，故强调预留孔洞，将管道安装完毕，缝隙密封防水处理好再作防水层。

8.2.4 为了使每个蓄水区混凝土的整体防水性好，防水混凝土应一次浇筑完毕，不出现施工缝，避免因接头不好导致混凝土裂缝，从而保证蓄水屋面的施工质量。

8.2.5 蓄水屋面上设置溢水口、过水孔、排水管、溢水管，是保证屋面正常使用的措施。只有按设计要求的大小、位置、标高留设，才能发挥溢水、排水、汇水的作用。

8.2.6 其他屋面规定雨后或淋水观察检查，而蓄水屋面必须蓄水至规定高度，其静置时间不应小于24h，不得有渗漏现象。蓄水屋面的刚性防水层完工后应在混凝土终凝时即洒水养护，养护好后方可蓄水，并不可断水，以防刚性防水层产生裂缝。

8.3 种植屋面

8.3.1 种植屋面的防水层上虽有保护层，但上面的覆盖介质及种植的植物会腐烂或根系坚硬穿过保护层深入防水层，故提出对防水材料的特殊要求。

8.3.2 考虑植物根系对防水层的穿刺损坏，保证屋面防水质量，故规定在卷材防水层上部应设置细石混凝土保护层。

8.3.3 为便于排水，种植屋面应有一定的坡度。为防止种植介质的流失、下滑，四周应设有挡墙。泄水孔是为排泄种植介质中因雨水或其他原因造成过多的水而设置的。

8.3.4 种植覆盖层施工时，如破坏了防水层而产生渗漏，既不容易查找渗漏点，也不容易维修，故施工时应特别注意。对覆盖层的质（重）量的控制，其目的是防止过量超载。

8.3.5 泄水孔主要是排泄种植介质中因雨水或其他原因造成过多的水而设置的，如留设位置不正确或泄水孔中堵塞，种植介质中过多的水分不能排出，不仅会影响使用，而且会给防水层带来不利。

8.3.6 进行蓄水试验是为了检验防水层的质量，经检验合格后方能进行覆盖种植介质。如采用刚性防水层，则应与蓄水屋面一样进行养护，养护后方可蓄水试验。

9 细部构造

9.0.1 屋面的天沟、檐沟、泛水、水落口、檐口、变形缝、伸出屋面管道等部位，是屋面工程中最容易出现渗漏的薄弱环节。据调查表明有70%的屋面渗漏都是由于节点部位的防水处理不当引起的。所以，对这些部位均应进行防水增强处理，并作重点质量检查验收。

9.0.2 用于细部构造的防水材料，由于品种多、用量少而作用非常大，所以对细部构造处理所用的防水材料，也应按照有关的材料标准进行检查验收。

9.0.3 天沟、檐沟与屋面的交接处、泛水、阴阴角等部位，由于构件断面的变化和屋面的变形常会产生裂缝，对这些部位应做防水增强处理。

9.0.4 天沟、檐沟与屋面交接处的变形大，若采用满粘的防水层，防水层极易被拉裂，故该部位应作附加层，附加层宜空铺，空铺的宽度不应小于200mm。屋面采用刚性防水层时，应在天沟、檐沟与细石混凝土防水层间预留凹槽，并用密封材料嵌填严密。

天沟、檐沟的混凝土在搁置梁部位均会产生开裂现象，裂缝会延伸至檐沟顶端，所以防水层应从沟底上翻至外檐的顶部。为防止收头翘边，卷材防水层应用压条钉压固定，涂料防水层应增加涂刷遍数，必要时用密封材料封严。

9.0.5 檐口部位的收头和滴水是檐口处理的关键。檐口800mm范围内的卷材应采取满粘法铺贴，在距檐口边缘50mm处预留凹槽，将防水层压入槽内，用金属压条钉压，密封材料封口。檐口下端用水泥砂浆抹出鹰嘴和滴水槽。

9.0.6 砖砌女儿墙、山墙常因抹灰和压顶开裂使雨水从裂缝渗入砖墙，沿砖墙流入室内，故砖砌女儿墙、山墙及压顶均应进行防水设防处理。

女儿墙泛水的收头若处理不当易产生翘边现象，使雨水从开口处渗入防水层下部，故应按设计要求进行收头处理。

9.0.7 因为水落口与天沟、檐沟的材料不同，环境温度变化的热胀冷缩会使水落口与檐沟间产生裂缝，故水落口应固定牢固。水落口杯周围500mm范围内，规定坡度不应小于5%以利排水，并采用防水涂料或密封材料涂封严密，避免水落口处开裂而产生渗漏。

9.0.8 变形缝宽度变化大，防水层往往容易断裂，防水设防时应充分考虑变形的幅度，设置能满足变形要求的卷材附加层。

9.0.9 伸出屋面管道通常采用金属或PVC管材，温差变化引起的材料收缩会使管壁四周产生裂纹，所以在管壁四周的找平层应预留凹槽用密封材料封严，并增设附加层。上翻至管壁的防水层应用金属箍或铁丝紧固，再用密封材料封严。

9.0.10 天沟、檐沟的排水坡度和排水方向应能保证雨水及时排走，充分体现防排结合的屋面工程设计思想。如果屋面长期积水或干湿交替，在天沟等低洼处滋生青苔、杂草或发生霉烂，最后导致屋面渗漏。

9.0.11 屋面的天沟、檐沟、水落口、泛水、变形缝和伸出屋面管道的防水构造，是屋面工程中最容易出现渗漏的薄弱环节。对屋面工程的综合治理，应该体现“材料是基础，设计是前提，施工是关键，管理维护要加强”的原则。因此，对屋面细部的防水构造施工必须符合设计要求。本规范第3.0.12条规定了细部构造根据分项工程的内容，应全部进行检查。

10 分部工程验收

10.0.1 《建筑工程施工质量验收统一标准》规定分项工程可由若干检验批组成，分项工程划分成检验批进行验收，有助于及时纠正施工中出现的质量问题，确保工程质量，符合施工实际的需要。

分项工程检验批的质量应按主控项目和一般项目进行验收。主控项目是对建筑工程的质量起决定性作用的检验项目，本规范用黑体字标志的条文列为强制性条文，必须严格执行。本条规定屋面工程的施工质量，按构成分项工程的各检验批应符合相应质量标准要求。分项工程检验批不符合质量标准要求时，应及时进行处理。

10.0.2 屋面工程验收的文件和记录体现了施工全过程控制，必须做到真实、准确，不得有涂改和伪造，各级技术负责人签字后方可有效。

10.0.3 隐蔽工程为后续的工序或分项工程覆盖、包裹、遮挡的前一分项工程。例如防水层的基层，密封防水处理部位，天沟、檐沟、泛水和变形缝等细部构造，应经过检查符合质量标准后方可进行隐蔽，避免因质量问题造成渗漏或不易修复而直接影响防水效果。

10.0.4 本条规定找平层、保温层、防水层、密封材料嵌缝等分项工程施工质量的基本要求，主要用于分部工程验收时必须进行的观感质量验收。工程的观感质量应由验收人员通过现场检查，并应共同确认。

10.0.5 按《建筑工程施工质量验收统一标准》的规定，建筑工程施工质量验收时，对涉及结构安全和使用功能的重要分部工程应进行抽样检测。因此，屋面工程验收时，应检查屋面有无渗漏、积水和排水系统是否畅通，可在雨后或持续淋水 2h 后进行。有可能作蓄水检验的屋面，其蓄水时间不应少于 24h。检验后应填写安全和功能检验（检测）报告，作为屋面工程验收的文件和记录之一。

10.0.6 屋面工程完成后，应由施工单位先行自检，并整理施工过程中的有关文件和记录，确认合格后会同建设（监理）单位，共同按质量标准进行验收。分部工程的验收，应在分项、子分部工程通过验收的基础上，对必要的部位进行抽样检验和使用功能满足程度的检查。分部工程应由总监理工程师（建设单位项目负责人）组织施工技术质量负责人进行验收。

屋面工程竣工验收时，施工单位应按照本规范第 10.0.2 条的规定，将验收文件和记录提供总监理工程师（建设单位项目负责人）审查，核查无误后方可做为存档资料。

中国工程建设标准化协会标准

柔毡屋面防水工程技术规程

CECS 29:91

主编单位：湖南省建筑标准设计技术委员会
武汉土建工程科技研究会
批准单位：中国工程建设标准化协会
批准日期：1991年8月16日

前言

柔毡屋面防水技术的应用始于1981年，10年来在全国得到大面积的推广。实践证明，这种屋面防水技术，具有原材料来源广泛、防水效果良好、耐候性强、使用温度范围宽、施工简便和经济效益好等特点，是科研、生产实践和我国国情相结合的新产物。

本规程在总结生产、设计、施工和使用经验的基础上，经过广泛的调查研究，并多次通过函审和组织有关专家共同审议，最后经全国建筑防水工程标准技术委员会审查定稿。内容突出了设计、施工技术的实用性，附录的柔毡屋面防水节点构造图可供设计直接选用。

根据国家计划委员会计标（1986）1649号“关于请中国工程建设标准化委员会负责组织推荐性工程建设标准试点工作的通知”精神，现批准《柔毡屋面防水工程技术规程》为中国工程建设标准化协会标准，编号为CECS29:91，并推荐给各建筑设计、施工、生产单位使用。在使用过程中，如发现需要修改、补充之处，请将意见及有关资料寄交规程管理单位：长沙市人民路164号湖南省建筑标准设计办公室。

中国工程建设标准化协会
1991年8月

目　次

第一章　总　　则

第1.0.1条　为了在柔毡屋面防水工程中，做到技术经济合理、使用可靠、施工简便，特制订本规程。

第1.0.2条　柔毡是以聚氯乙烯、丁腈橡胶、煤焦油为主要原材料，经配制加工而成的一种无胎防水卷材。粘胶是与柔毡同类物质配制的弹塑性粘结材料，分冷施工型和热施工型两种。柔毡与粘胶配套施工构成防水层。

第1.0.3条　本规程适用于一般工业与民用建筑的屋面防水工程，适用温度范围为－40℃至80℃。

第1.0.4条　如采用其他柔毡或卷材能够满足本规程的技术指标，亦可参照使用本规程。

第1.0.5条　执行本规程时，尚应遵守国家有关标准、规范的规定。

第二章　材　　料

第一节　柔　　毡

第2.1.1条　柔毡的规格尺寸应符合表2.1.1的要求。

柔毡的规格尺寸　　**表2.1.1**

卷长（mm）	幅宽（mm）	厚度（mm）
10000	1000	1.3±0.1

其他规格由供需双方商定。

第2.1.2条　柔毡的技术性能指标应符合表2.1.2的要求。

柔毡的技术性能指标　　**表2.1.2**

性能 \ 分类	北方型	南方型
耐热性（℃）	80℃、5h不起泡不发粘	
低温柔性（℃）	－40℃、2h 无裂缝	－20℃、2h 无裂缝
抗拉强度（纵向）（MPa）	≥0.8	
伸长率（纵向）（%）	≥120	
不透水性（动水压法）（MPa）	≥0.2	
吸水率（%）	≤0.5	

技术性能指标的测定方法详见附录一。

第2.1.3条 柔毡的外观质量应符合下列要求：

一、制品规整，卷端平齐，无接缝，不发粘，重量不少于20kg/卷。

二、表面无孔眼、疙瘩、裂口等缺陷，撒布的隔离粉应均匀适度，边线应直。

三、剖面匀质，呈褐黑色。

第2.1.4条 柔毡的包装、贮存、运输应符合下列要求：

一、用硬质圆纸芯、塑料管或竹芯作柔毡的内芯，外包牛皮纸或塑料薄膜。包装上应注明产品名称、商标、类型、规格、重量、生产日期、厂名，并附有出厂合格证。

二、应平放，堆垛高度不应超过1m。

三、不应靠近热源与火源，不得与有机溶剂接触。

四、产品贮存期2年，若超过期限，需经复验合格后才能使用。

第二节 粘　　胶

第2.2.1条 粘胶的技术性能指标应符合表2.2.1的要求。

粘胶的技术性能指标　　表2.2.1

性能＼分类	北方型	南方型
耐热性（℃）	80℃、5h不起泡不流淌	
低温柔性（℃）	−40℃、2h 无裂缝	−20℃、2h 无裂缝
粘结强度（MPa）	≥0.2	
冷施工型的干燥时间（h）	<24	

技术性能指标的测定方法详见附录一。

第2.2.2条 粘胶的包装、贮存、运输应符合下列要求：

一、热施工型粘胶的包装采用双层薄膜编织袋。冷施工型粘胶的包装采用密封的铁桶，桶内应留出50mm高的空隙，桶盖拧紧，桶口朝上并加标记。

二、包装上应注明产品名称、商标、类型、重量、生产日期、厂名，并附有出厂合格证。

三、不应靠近热源与火源，避免雨淋或阳光曝晒。

四、产品贮存期为2年，若超过期限，需经复验合格后才能使用。

第三章　设　计

第一节　一般规定

第3.1.1条　柔毡屋面防水适用于现浇或预制钢筋混凝土为基层的无保温屋面、保温屋面、上人屋面、不上人屋面、架空隔热屋面以及刚柔结合防水屋面。

第3.1.2条　屋面坡度按单体设计要求确定，但应符合下列规定：

一、钢筋混凝土平屋面为1%～3%；

二、钢筋混凝土坡屋面不得大于25%；

三、屋面天沟的排水坡度不得小于5‰。

第3.1.3条　抗震设防地区屋面的女儿墙、山墙构造及防震缝等还应符合国家建筑抗震设计规范的要求。

第二节　构造层次

第3.2.1条　柔毡屋面防水的构造层次由单体设计确定，一般依次包括结构层、找平层、隔气层、保温层、找平层、防水层、保护层、架空隔热层。具体做法可参照附录三“柔毡屋面防水节点构造图”附图3.1的做法。

第3.2.2条　结构层一般采用现浇或预制钢筋混凝土屋面板。预制结构层的拼装要牢固、灌缝密实、无松动现象，具有良好的整体性。

第3.2.3条　找平层采用水泥砂浆或沥青砂浆时应符合表3.2.3的规定。

找平层的技术要求　　表3.2.3

类别	基层种类	厚度(mm)	技术要求
水泥砂浆找平层	现浇钢筋混凝土板	15～20	1：3水泥砂浆（水泥：砂，体积比），水泥标号不低于325，洒水养护无起砂起壳现象
	整体或板状材料保温层	20～25	
	预制钢筋混凝土板	20～30	
	松散材料保温层		
沥青砂浆找平层	现浇钢筋混凝土板	15～20	1：8沥青砂浆（沥青：砂和粉料，重量比），压实平整
	预制钢筋混凝土板	20～25	
	整体或板状材料保温层		

注：沥青砂浆采用焦油沥青配制，

第3.2.4条　水泥砂浆找平层宜留分格缝，缝宽20mm。分格缝应根据结构设计具体布置，并宜留在预制板板端拼缝处和屋脊处，其纵横向最大间距不宜大于6m。分格缝应用粘胶填塞严密。沥青砂浆找平层的分格缝间距不宜大于4m。

第3.2.5条　找平层与突出屋面结构（女儿墙、烟囱、管道、天窗壁、变形缝、楼梯间墙等）的连接处，以及找平层的转角处（檐口、天沟、水落口、屋脊等）均应做成半径为90～150mm的圆弧形或钝角。

第3.2.6条　保温材料由单体设计确定，其形式一般分整体保温层、板状保温层。保温材料的抗压强度、导热系数及所含水分要求等技术指标应符合国家有关标准的规定。

第3.2.7条　柔毡应铺设在干燥的基层（找平层）上，当保温层或找平层内含有水气时，则保温层不应封闭，而应在保温层或找平层中预留管槽作排气道。排气道纵横相通，其间距宜为6～12m，每36m²左右设一个排气孔，并让排气道与排气孔相通，以避免柔毡起鼓。

第3.2.8条　柔毡的保护层做法：

一、不上人屋面的保护层宜选用中粗砾砂（粒径0.15～1.5mm）或绿豆砂（粒径2～3mm）均匀满铺在刷满粘胶的柔毡表面上；

二、上人屋面的保护层宜在柔毡表面另铺20mm厚的1：3水泥砂浆找平层，再在其上粘贴块材；

三、架空隔热屋面的柔毡表面可不设保护层。

第3.2.9条 架空隔热层的架空高度如单体设计无特殊要求时，以180～240mm为宜。

第3.2.10条 铺设架空隔热板应平整稳定，边沿整齐。板的缝隙应用水泥砂浆勾填密实。

架空隔热板距山墙、女儿墙或天沟的距离不应小于50mm。

第3.2.11条 架空隔热板的支墩布置应整齐并确保通风良好。当屋面宽度超过15m时，中间应留180mm宽的缝隙，以利通风。支墩截面可采用120mm×240mm。

第三节 构造要求

第3.3.1条 下列部位应设附加柔毡一层：

一、雨水斗口周围250mm范围内；

二、山墙、女儿墙、天沟的泛水及压顶等部位，其附加柔毡宽度应大于附加部位150mm；

三、高低跨屋面为无组织排水时，在低跨屋面受水冲刷部位应加铺一层整幅柔毡，再放置300～500mm宽的滴水板加以保护。

上述部位的构造详见附录三的有关节点。

第3.3.2条 天沟与屋面板交接处、屋面伸缩缝、天沟伸缩缝以及屋面板端间的柔毡均应采取在一侧点粘干铺柔毡条等防裂措施；交接处的缝隙均用粘胶或粘胶砂浆嵌填密实。

垂直的柔毡面层宜用绿豆砂或中粗砂护面，在日照强烈地区宜加设防曝晒措施。

上述部位的构造详见附录三的有关节点。

第3.3.3条 柔毡伸缩缝的纵横向间距不宜超过16m，且宜与找平层分格缝相对应，做法详见附录三附图3.14。

第四章 施 工

第一节 基层要求

第4.1.1条 铺贴柔毡的基层（找平层）必须达到：

一、表面干燥；

二、表面要清扫干净，无浮渣、尘土和起砂掉灰现象，无其他附着的突出物；

三、表面平整，与结构层结合牢固，无松动现象；

四、表面如有缝隙，应用粘胶嵌填补平。

第4.1.2条 在原有屋面上作柔毡防水施工时，应满足下列要求：

原为两毡三油防水屋面，应将两毡三油铲除，并清理修补整平；

原为塑料油膏防水屋面，可清理整平后直接铺贴柔毡；

原使用涂料或其他防水材料屋面，如不铲除原涂料则应先做柔毡与原防水层的粘结性能试验，可行后方可施工。

第4.1.3条 对板端缝及其他变形较大的缝宜预留20mm深、20 mm 宽的槽口，内嵌填粘胶。

对大型预制屋面板的纵横缝、中小型预制圆孔板的端缝、天沟与檐口板接缝、新旧混凝土之间的接缝和刚性屋面的分格缝等，均宜留出槽口嵌填粘胶或粘胶砂浆。

第4.1.4条 基层因结构胀缩、沉降等引起开裂的部位，除用粘胶嵌缝外，其上还宜在一侧点粘胶而后干铺一层宽 300 mm 的柔毡条做附加层。

第二节 施工工具

第4.2.1条 清理基层的施工工具：扫帚或吹尘器、手锤、钢凿。

第4.2.2条 柔毡铺贴的施工工具：刮板、胶辊、剪刀、卷尺、灰线袋、1.4 m 长钢筋条（抬毡、开卷铺贴用）。

第4.2.3条 熬胶用的工具：圆形铁锅或塑化炉、搅拌棒、温度计、铁桶、铁钩等。

第三节 柔毡铺贴

第4.3.1条 铺贴前应先在找平层上弹出粉线，然后将粘胶均匀涂布于找平层上，厚度以1～2 mm 为宜，边涂边铺柔毡。在铺贴过程中不要将柔毡拉得过紧，应使其在自然松弛状态下对准粉线粘贴，然后用胶辊压实，把柔毡下的气泡挤出，使柔毡粘贴平整密实。

柔毡防水层铺贴完毕后，再用粘胶沿搭接处涂刷一遍，以确保封口严实。

第4.3.2条 铺贴柔毡采用搭接办法，上下层及相邻两幅的搭接缝均应错开，搭接长度沿长边不少于80 mm，沿短边不少于150 mm；平行于屋脊的搭接缝应顺流水方向搭接，垂直于屋脊的搭接缝应顺主导风向搭接。搭接部位严禁夹入杂物。

第4.3.3条 当屋面坡度小于15%时，柔毡一般平行于屋脊铺贴，先从屋面坡度最低处开始，贴好檐口第一行，再在贴好的柔毡上弹出第二行基准线，顺水搭接，自下而上逐行施工，做完两个坡面后再封脊。

当屋面坡度大于或等于15%时，柔毡应垂直于屋脊方向铺贴。

各部位的附加柔毡应先期做好。

第4.3.4条 当屋面为高低跨时，铺贴顺序应先高跨后低跨。

在同跨屋面时，铺贴顺序为先远端后近端。

第4.3.5条 施工过程中如遇有雨雪应立即停工，并在已贴好的柔毡一端，用粘胶密封，以免渗进雨水。严禁在下雨或霜雪后马上铺贴柔毡，必须等待基层干燥后方可进行。

第4.3.6条 柔毡不宜在低于0℃和五级风以上的条件下施工。

第4.3.7条 柔毡整体铺完经检查合格后再铺设保护层。其做法是：在柔毡面层均匀刷1～2 mm厚粘胶一遍，随后均匀满铺干净的中粗砾砂或绿豆砂一层，并使其与粘胶结合牢固。

第4.3.8条 不得穿带钉子的鞋施工。采用钢丝网细石混凝土做刚柔结合防水层时，施工期间应严格防止钢丝损坏柔毡防水层。

第4.3.9条 冷施工的粘胶必须搅拌均匀后再使用。

热施工的粘胶应先将胶料放入容器内，边升温边搅拌，使容器内的胶料温度控制在100～100℃之间，成为流体后才能使用。容器内要及时补充新料，以便连续作业并有利于粘胶的熔化。对于因温度过高而烧焦的胶料，应及时从容器内清除干净，不得再混入胶料中使用。

第四节 施工验收

第4.4.1条 竣工后的柔毡防水屋面不得有渗漏或明显积水现象。检查渗漏和积水可在雨后进行，必要时可采用人工浇水或蓄水法检查。

第4.4.2条 柔毡与基层之间应粘贴牢固、表面平整，不得有气泡、折皱、空洞（特别是阴阳角）、起鼓、翘边和封口不严等缺陷。保护层要均匀满铺、粘结牢固。缝隙处的粘胶应嵌填严密，无开裂现象。

第4.4.3条 在竣工验收前，应将屋面上所剩的材料和建筑垃圾清理干净。

第4.4.4条 施工验收时，应提供下列资料：

一、原材料和成品的质量合格证明及现场检验记录；

二、现场施工记录及工程质量检验评定结果（评定标准见附录二）。

第五章　安全与劳动保护

第5.0.1条　粘胶的加热场地应选择在安全、通风、宽敞的避风位置，并应设有灭火器和大于锅口的薄铁板等防护器材。

第5.0.2条　应配备专人负责粘胶的加热熔化操作，每班工作结束时，应将余火熄灭。

第5.0.3条　操作人员应戴安全帽、防护手套、口罩和脚罩、穿防滑鞋。

第5.0.4条　操作人员手上粘有胶料时，宜用松节油擦洗干净。

第5.0.5条　除执行上述条文外，尚应遵守国家安全与劳动保护的有关规定。

附录一　柔毡与粘胶技术性能的测试方法

一、柔毡技术性能指标的测定：

（一）试件制备：

检验用的试件应在柔毡端头起3 m 处按附图1.1所示的部位和附表1.1所列的部位、尺寸、数量制备。

试件部位、尺寸、数量　　**附表1.1**

试验项目	数量	试件部位	试件尺寸（mm）
抗拉强度和伸长率	5	A	
低温柔性	6	B	60×20
不透水性	3	C	φ150
耐热性	3	D	100×50
吸水率	3	E	50×50

（二）耐热性：

1．仪器设备：具有恒温控制的电热烘箱、温度计(0～200℃水银温度计，精确度0.5℃)、铁丝或回形针（穿钩试件用）、裁刀。

2．试验步骤：

（1）按附图1.1和附表1.1的规定切取试件3块，将表面撒布材料刷净，在距试件一端约1 cm 处的中心穿一小孔，用穿钩悬挂在烘箱内的上层篦板上。

（2）在规定温度下放置5 h，取出试件观察其表面是否有起泡、发粘现象。

（3）全部试件均不起泡、不发粘，方可评定耐热性为合格。

（三）低温柔性：

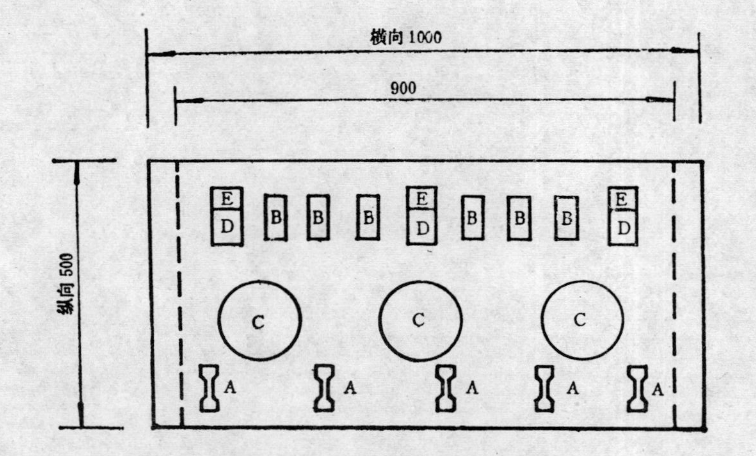

附图 1.1　柔毡技术性能检验试件的取样部位（mm）

注：测定抗拉强度和伸长率的试件A，受力方向与柔毡的压延方向（纵向）一致。

1． 仪器设备：低温箱（低于-40℃）、ϕ10 mm金属棒、裁刀。

2． 试验步骤及评定：

（1）按附图1.1和附表1.1的规定切取试件6块，将表面撒布材料刷净，与直径为10 mm的金属棒同时放入低温箱中，在规定的温度下，恒温1 h。

（2）从低温箱中取出，立即沿圆棒用手以2 s的时间按均衡速度弯曲成半圆，用肉眼观察试件表面有无裂纹。

（3）6块纵向试件中，有5块试件无裂纹方可评定柔毡低温柔性为合格。

（四）抗拉强度和伸长率：

1． 仪器设备：厚度计（1/100 mm）、量尺（1/10mm）、哑铃形冲模（见附图1.2）、拉力机（极限负荷2000 N，精度1N）。

2． 试验步骤：

（1）按附图1.1和附表1.1的规定，用冲模切取试件5片，切取时必须一次切断，每次切1片。

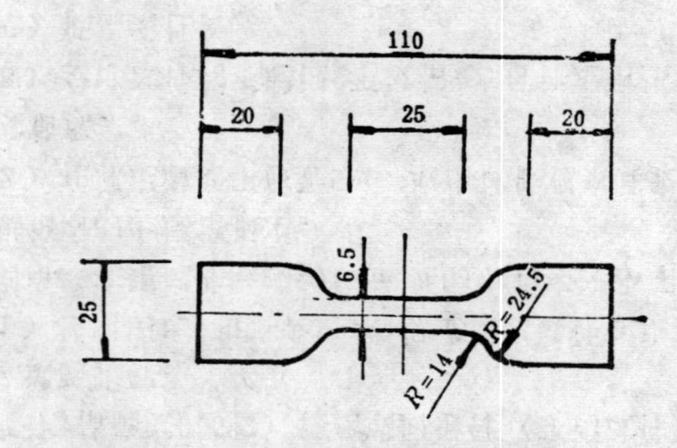

附图 1.2　哑铃形冲模示意图（mm）

（2）将表面撒布材料刷净，放在温度为23±2℃的室内，30 min后进行试验。

（3）在试件工作部位印两条距离为25±0.5 mm的平行标线，标线的宽度不超过0.5mm。

（4）用厚度计量其标距内厚度，测量部位应不少于3点，取其最小值。

（5）把试件垂直地夹在拉力机的上下夹制器上，使下夹制器以50mm/min的下降速度拉伸试件，并测量试件工作部位的伸长值，直到拉断为止。

（6）根据试验要求记录试件被拉断时的标线距离和荷重。

（7）试件如在工作标线以外拉断时，试验结果作废。

3． 结果表示方法：

（1）抗拉强度按下式计算：

$$\sigma_t = \frac{p}{bd}$$

式中　σ_t——抗拉强度（MPa）；

p——试件拉断时所受荷重（N）；

b——试验前试件工作部分宽度，以6.5 mm计算；

d——试验前试件工作部分最小厚度（mm）。

（2）伸长率按下式计算：

$$\varepsilon_L=\frac{l-l_0}{l_0}\times 100$$

式中　ε_l——伸长率（%）；

l_0——试验前试件工作标线距离，以25 mm 计算；

l_1——试件在拉断时的标线距离（mm）。

4．该两项性能试验结果均取算术平均值，各试件试验数据对平均值的偏差不得超过±15%，如超过±15%则应将数据舍去，经取舍后的试件个数不能少于3个。

（五）吸水率：

1．仪器设备：精确度0.001g 的分析天平、1000ml 烧杯或其他适合容纳试件和装水的容器、毛刷、50℃或100℃水银温度计（精确度0.5℃）、细玻璃棒、滤纸。

2．试验步骤及计算：

（1）按附图1.1和附表1.1的规定切取试件3块，将表面撒布材料刷净。

（2）将称重后的试件立放在18±2℃的水中浸泡，每块试件相隔距离不小于2 mm（可用细玻璃棒置于试件之间），水面高出试件上端不小于20mm。浸泡24h后取出，迅速用滤纸按贴试件两面，以吸取水分，至滤纸按贴试件不再有水迹为止，立即称重。

（3）试件从水中取出至称量完毕的时间不超过3 min。

（4）计算：

吸水率A（%）按下式计算：

$$A=\frac{W-W_1}{W_1}\times 100$$

式中　A——吸水率（%）；

W_1——浸泡前试件重量（g）；

W——浸泡后试件重量（g）。

（六）不透水性：

1．仪器设备：具有3个透水盘的带定时器的不透水仪，它主要由液压系统、测试管路系统、夹紧装置和透水盘等部分组成。透水盘底座内径为92 mm，透水盘金属压盖上有7个均匀分布的直径25 mm 透水孔。压力表测量范围为0～0.6MPa，精度2.5级。其测试原理见附图1.3。

2．试件与试验条件：

（1）试件按附图1.1和附表1.1的规定。

（2）试验水温为20±5℃。

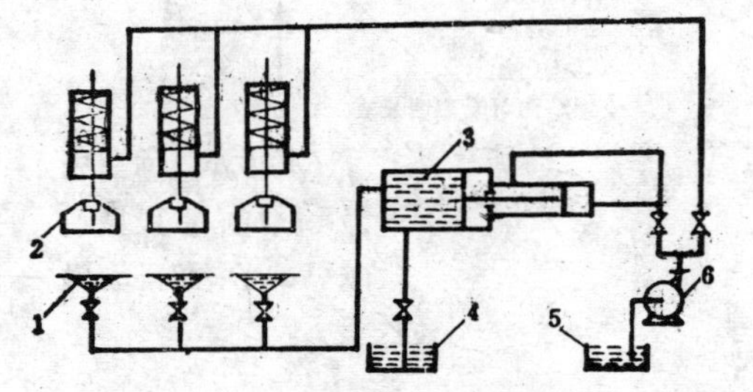

附图1.3　不透水仪测试原理图

1——试座；2——夹脚；3——水缸；4——水箱；5——油箱；6——油泵

3．试验步骤：

（1）试验准备：

a．将洁净水注满水箱。

b．放松夹脚，启动油泵，在油压的作用下，夹脚活塞带动夹脚上升。

c．将水缸内的空气排尽，然后水缸活塞将水从水箱吸入水缸。

d．当水缸储满水后，由水缸同时向3个试座充水，接近溢出状态时，关闭试座进水阀门。

e．当完成向试座充水后，水缸内储存水已接近用完时，需通过水箱向水缸再次充水，其操作方法与一次充水相同。

（2）测试：

a． 安装试件：将3块试件分别置于3个透水盘试座上，涂盖材料薄弱的一面接触水面，并注意“O”型密封圈应固定在试座槽内，试件上盖上金属压盖，然后通过夹脚将试件压紧在试座上。如产生压力影响结果，可向水箱泄水，达到减压目的。

b． 压力保持：打开试座进水阀，通过水缸向装好试件的透水盘底座继续充水，当压力表达到指定压力时，停止加压，关闭进水阀和油泵，同时开动定时器，随时观察试件有无渗水现象，并记录开始渗水时间。在规定测试时间内如试件出现渗漏，必须立即关闭控制相应试座的进水阀，以保证其余试件能继续测试。

c． 卸压：当测试达到规定时间，即可卸压取样，起动油泵，夹脚上升后即可取出试件，关闭油泵。

4． 试验结果：检查试件有无渗漏现象，如有2块不渗漏即可认为合格。

二、粘胶技术性能指标的测定：

（一）耐热性：

1． 试件制备：取试样均匀地涂刷在3块150mm×50mm×10mm的水泥砂浆板上，涂膜厚度1 mm，置于室温下1h后备用。

2． 测定方法：将试件以1:1坡度放入已调节到80±2℃的烘箱中，恒温5h后取出检查，以不起泡、不流淌为合格。

（二）低温柔性：

1． 试件制备：取试样均匀地涂刷在3块50mm×100mm柔毡块上，涂膜厚度0.3mm，置于室温下1h后备用。

2． 测定方法：同柔毡低温柔性的测定方法。

（三）冷施工型干燥时间：

1． 试件制备：取试样均匀地涂刷在3块150mm×50mm×10mm的水泥砂浆板上，涂膜厚度0.5mm，放置于23±2℃的干燥环境中，24h后取出备用。

2． 测定方法：将已涂膜了试样的面上放置一张定性滤纸，在纸上放一只20g的砝码，经30s后，卸除砝码，将试件翻面，如果有2块试件滤纸能自由下落或在试件背上用食指轻敲自由落下，而涂膜表面不留滤纸纤维，即认为合格。

（四）粘结强度：

1． 试件制备：

（1）按附图1.4用1:2水泥砂浆制作水泥抗折拉力试验用的“8”字形试块，成型后立即在中间垂直插薄铁片隔成两个相等的半块，拆模后经潮湿养护7 d，自然风干备用。

（2）制作粘结试件（一组3块），在“8”字形水泥砂浆试块断开处各涂以少量试样，静止10 min，再对接粘结两个半块，粘结厚度为3 mm，用橡皮筋箍紧，然后在室温下放置7 d。

2． 粘结强度测定：将已硬化的试件，在温度为23±2℃的条件下，置于水泥抗折拉力试验机的夹具中拉断。按下式计算：

$$R=\frac{P}{A}$$

式中 R——粘结强度（MPa）；

P——拉断荷重（N）；

A——粘结面积（mm^2）。

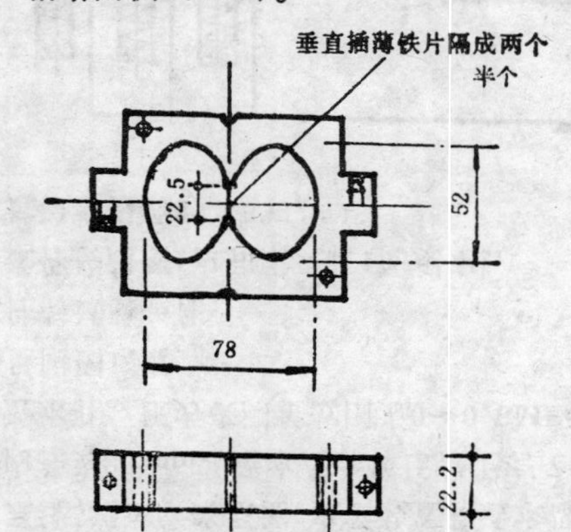

附图 1.4 水泥砂浆“8”字试块（mm）

附录二　柔毡屋面防水工程质量检验评定标准

一、本附录适用于柔毡和粘胶铺贴的屋面防水工程。

二、检查数量：按铺贴面积每$100m^2$抽查1处，每处$10m^2$，且不少于3处。

三、柔毡和粘胶的技术性能指标和外观质量，必须满足本规程的规定。

检验方法：观察检查和检查产品出厂合格证、检测报告。

四、柔毡防水层严禁有渗漏现象。

检验方法：雨后或泼水观察检查。

五、柔毡防水层的表面平整应符合以下规定：

合格：基本符合排水要求，无明显积水现象。

优良：符合排水要求，无积水现象。

检验方法：雨后或泼水观察检查。

六、柔毡铺贴的质量应符合以下规定：

合格：粘胶涂刷均匀，铺贴方法、压接顺序和搭接长度基本符合本规程的规定；粘贴牢固，无滑移、翘边缺陷。

优良：粘胶涂刷均匀，铺贴方法、压接顺序和搭接长度符合本规程的规定；粘贴牢固，无滑移、翘边、皱折等缺陷。

检验方法：观察检查。

七、泛水、檐口及变形缝的做法应符合以下规定：

合格：粘贴牢固，封盖严密，柔毡附加层、泛水立面收头等做法基本符合本规程的规定。

优良：粘贴牢固，封盖严密，柔毡附加层、泛水立面收头等做法符合本规程的规定。

检验方法：观察检查。

八、柔毡屋面保护层应符合下列规定：

（一）中粗砾砂或绿豆砂保护层：

合格：粒径符合本规程的规定，筛洗干净，撒铺均匀，粘结牢固。

优良：粒径符合本规程的规定，筛洗干净，撒铺均匀，粘结牢固，表面清洁。

检验方法：观察检查。

（二）板材和整体保护层：

遵照《建筑工程质量评定标准》GBJ 301—88第九章第二节和第三节有关规定进行检验和评定。

九、排气屋面孔道的留设应符合以下规定：

合格：排气道纵横贯通，排气孔安装牢固，封闭严密。

优良：排气道纵横贯通，无堵塞，排气孔安装牢固，位置正确，封闭严密。

检验方法：观察检查。

十、水落口、变形缝及檐口等处薄钢板的安装应符合以下规定：

合格：各种配件均安装牢固，并涂刷防锈漆。

优良：安装牢固，水落口平正，变形缝、檐口等处薄钢板安装顺直，防锈漆涂刷均匀。

检验方法：观察和手板检查。

十一、柔毡防水层的允许偏差和检验方法应符合以下规定：

（一）柔毡搭接宽度允许偏差为－10mm。

检验方法：尺量检查。

（二）粘胶耐热度允许偏差为±2℃。

检验方法：检查铺贴时的测试记录。

（三）粘胶热施工温度允许偏差为－5℃。

检验方法：检查铺贴时的测试温度。

十二、在柔毡屋面防水工程质量检验评定时，应将单位工程名称、工程量、防水层做法、检查的日期、部位及处数填写清楚。班（组）长、质量检查员及施工负责人必须在“工程质量检验评定”的文件上签字，加盖单位检查部门的公章方为有效。

附录三　柔毡屋面防水节点构造图

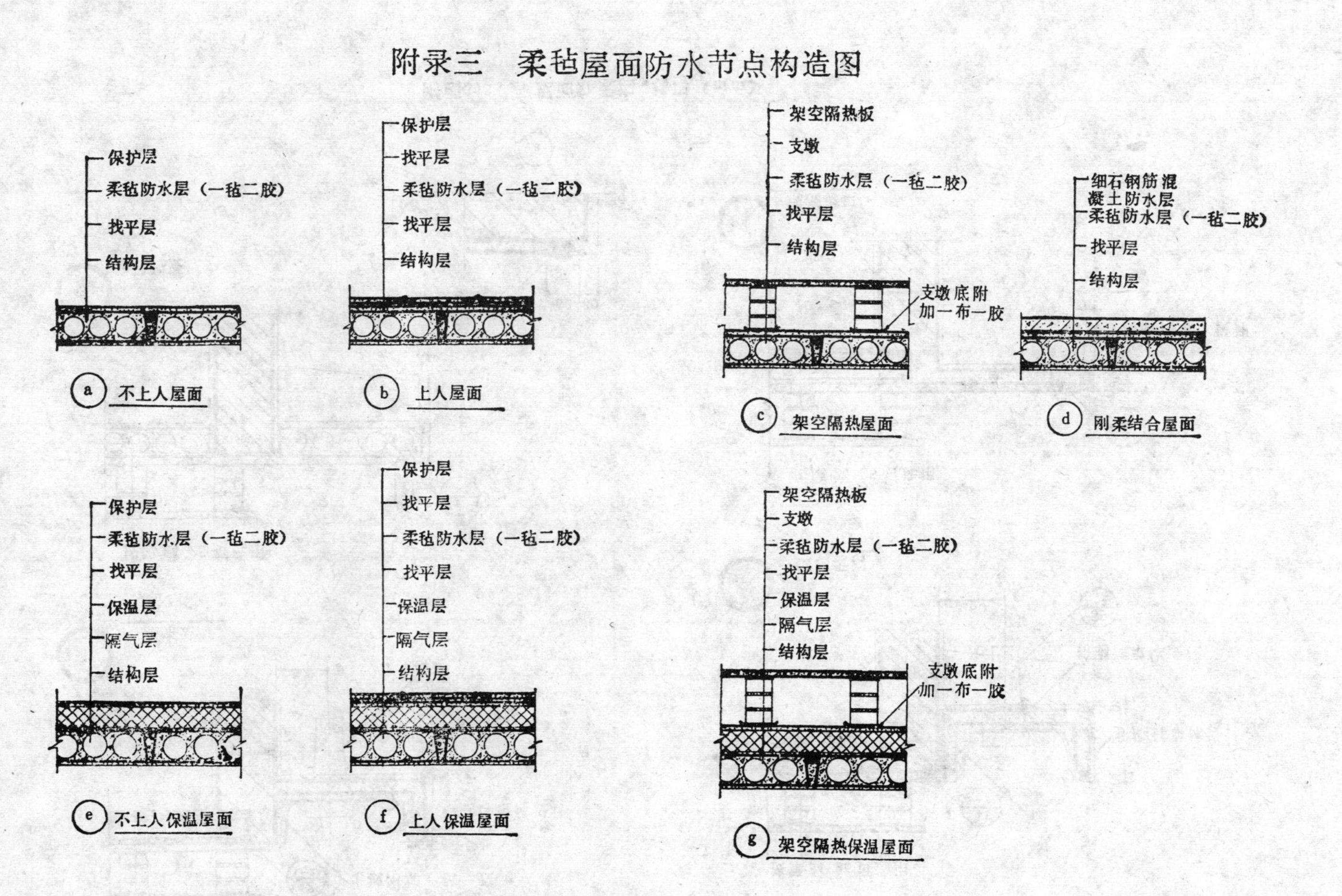

附图3.1　柔毡防水屋面构造层次

注：① 刚柔结合的细石钢筋混凝土防水层应按平屋面标准图集的有关大样施工，并按要求设置伸缩缝。

② 整体现浇保温层按本图构造层次施工，若采用预制保温层时，在结构层上应增加找平层。

③ 本图集不适用于柔软性的保温材料。

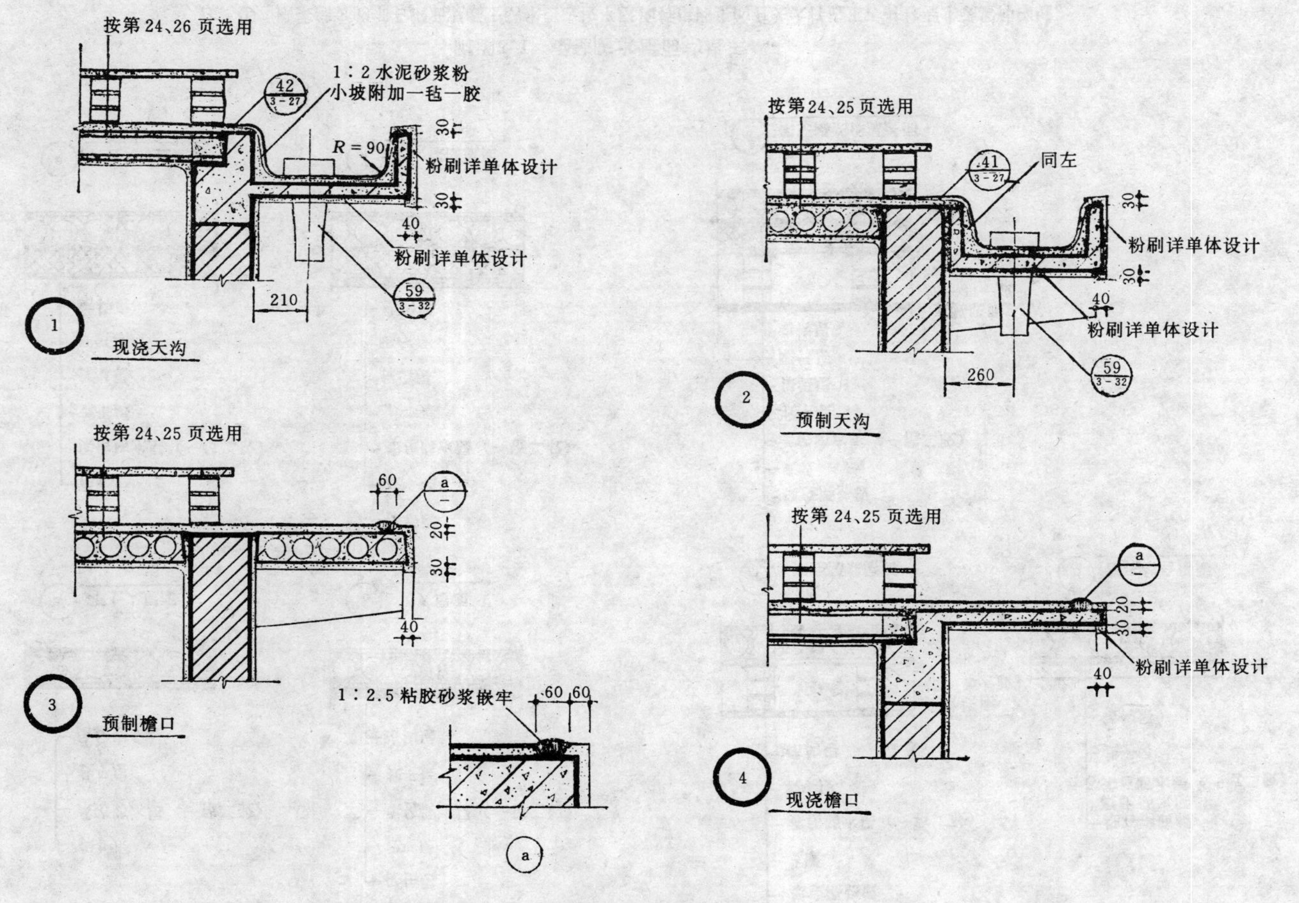

附图3.2　平屋面外天沟、檐口（mm）

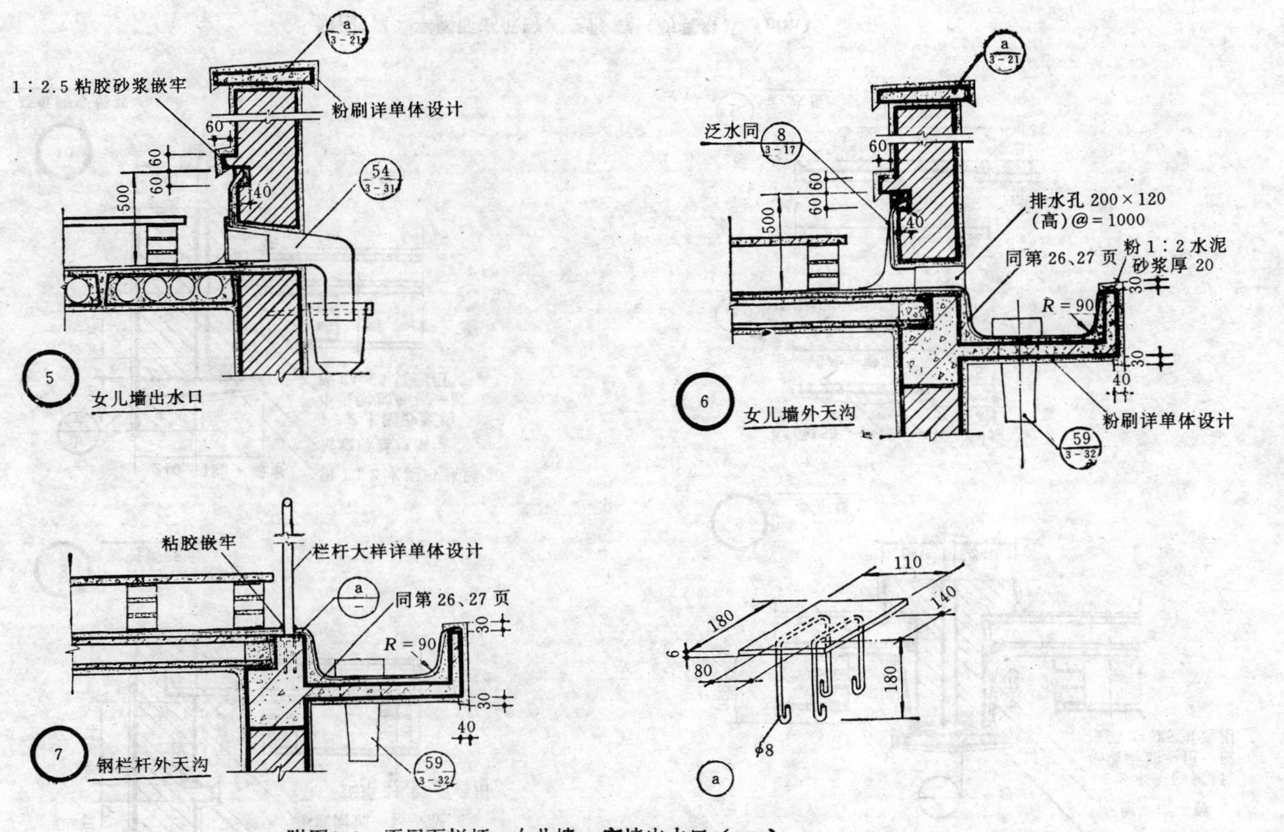

附图3.3 平屋面栏杆、女儿墙、穿墙出水口（mm）

注：屋面构造按第24、25页选用。

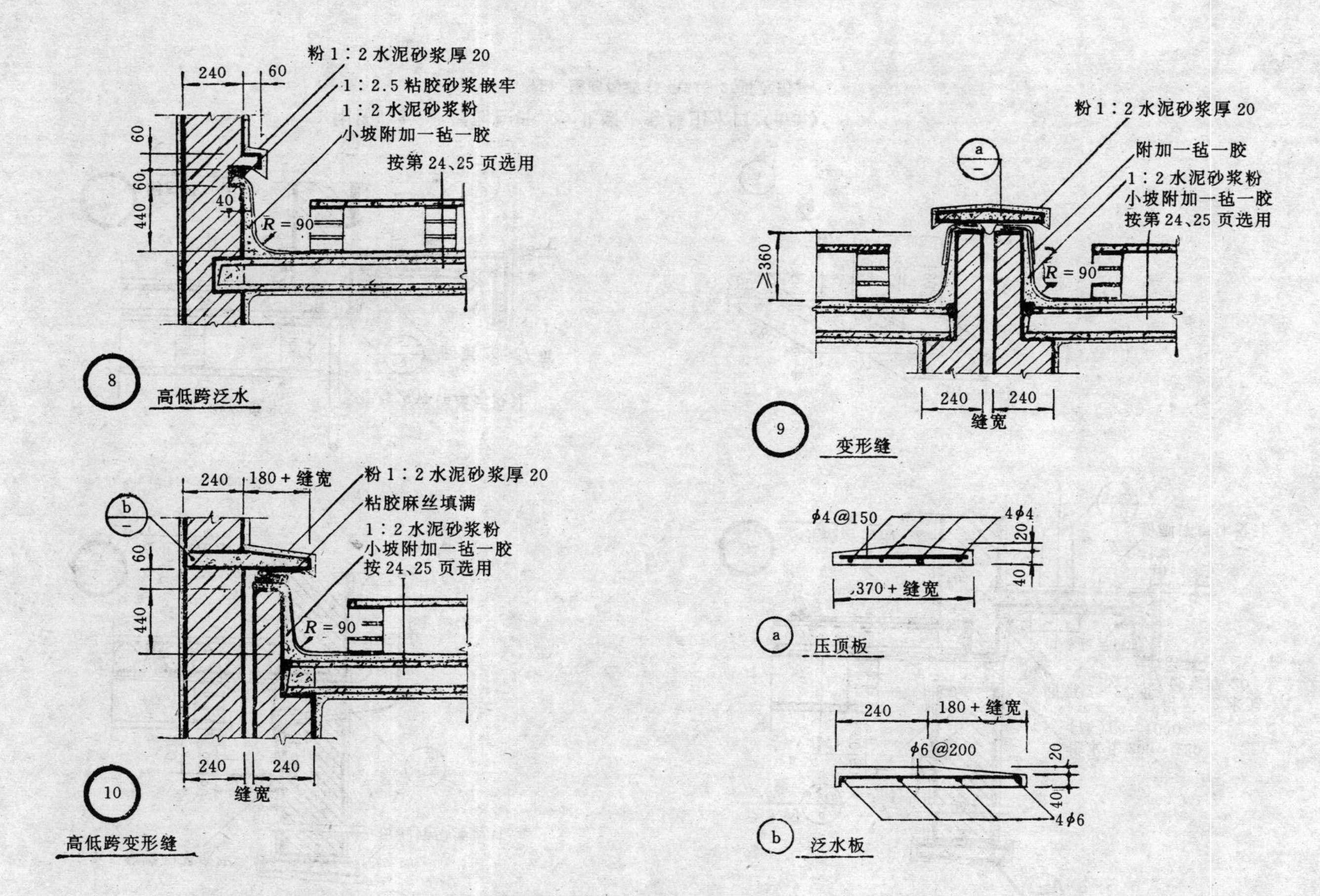

附图3.4 平屋面高低跨、变形缝（防震缝）（mm）

注：① 板采用C20细石混凝土

② 预制时每块长1000，接缝处应用粘胶砂浆嵌缝，

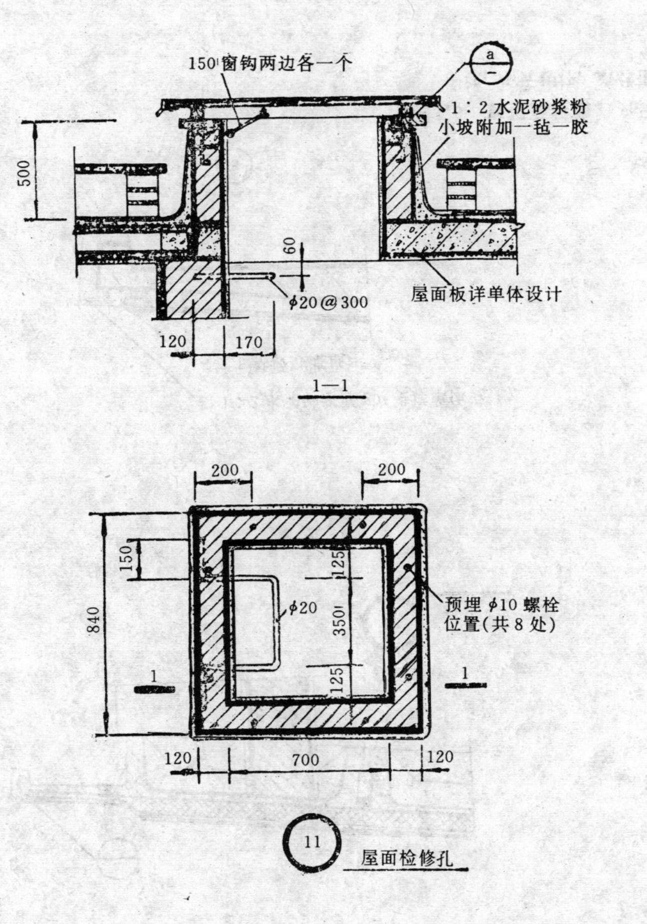

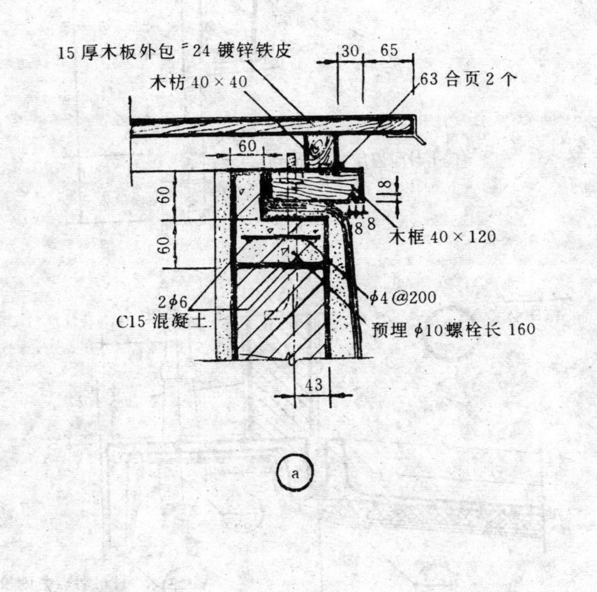

附图3.5 平屋面检修孔（mm）

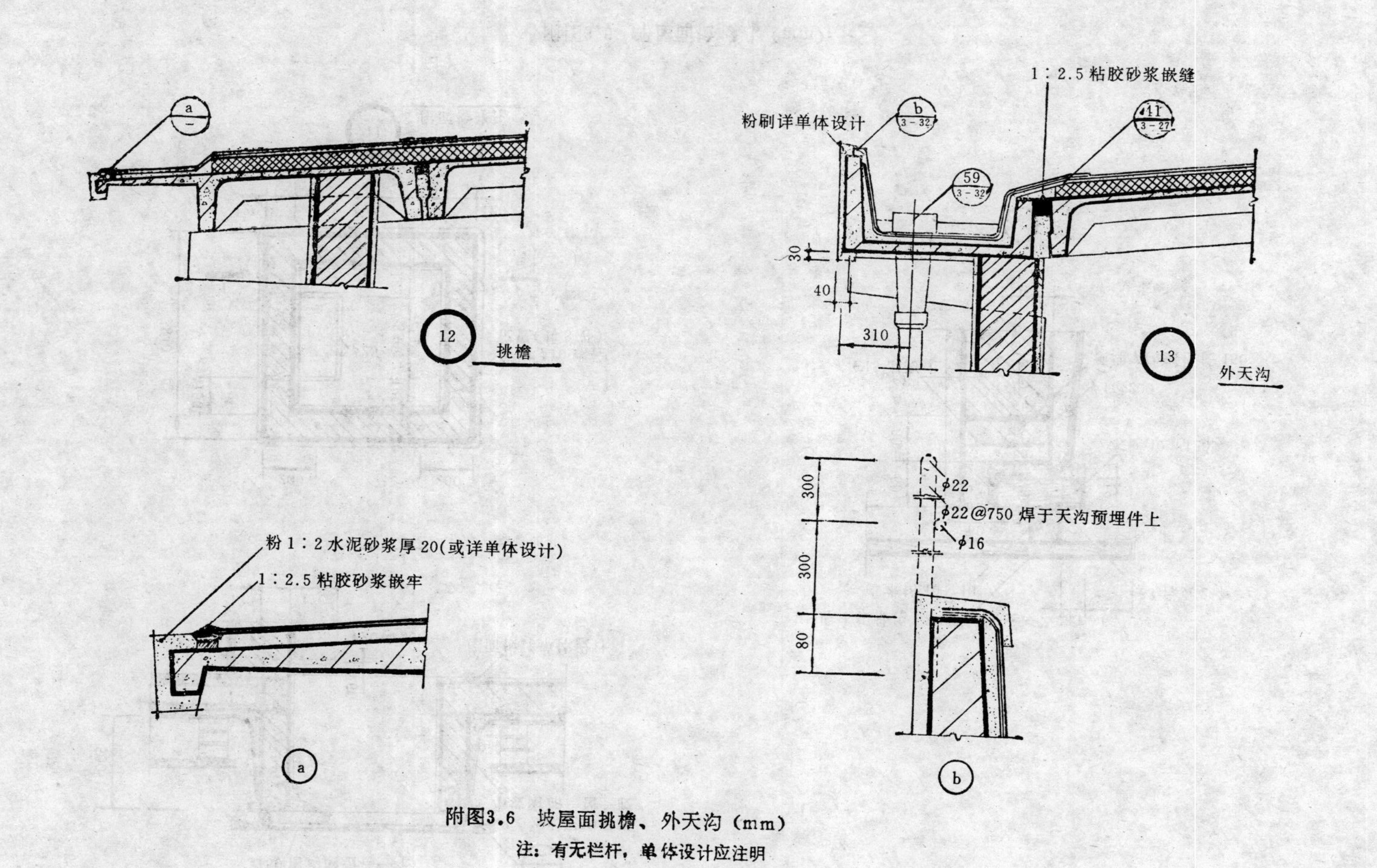

附图3.6 坡屋面挑檐、外天沟（mm）

注：有无栏杆，单体设计应注明

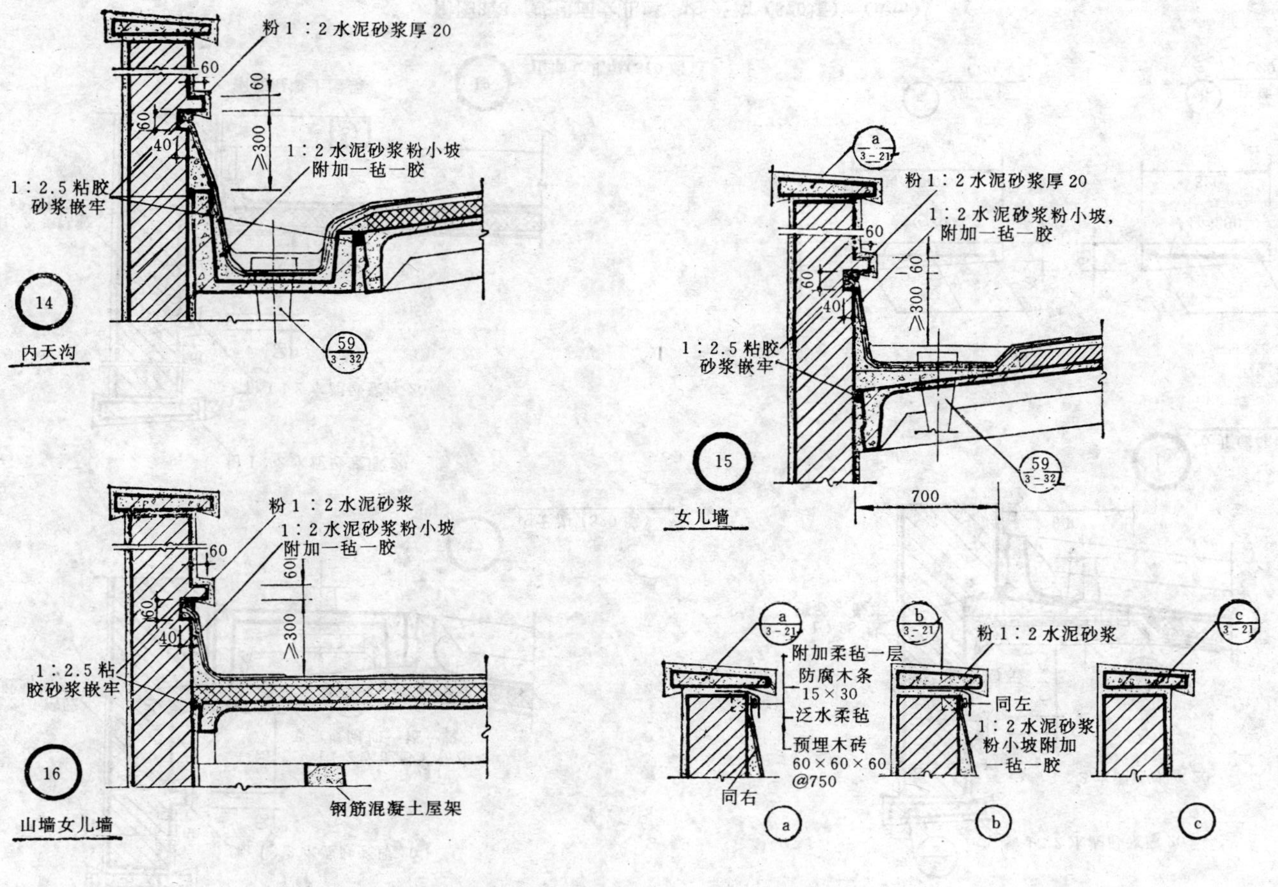

附图3.7　坡屋面女儿墙、内天沟、压顶（mm）

注：ⓐ、ⓑ用于泛水高度小于500. ⓒ用于女儿墙无线角

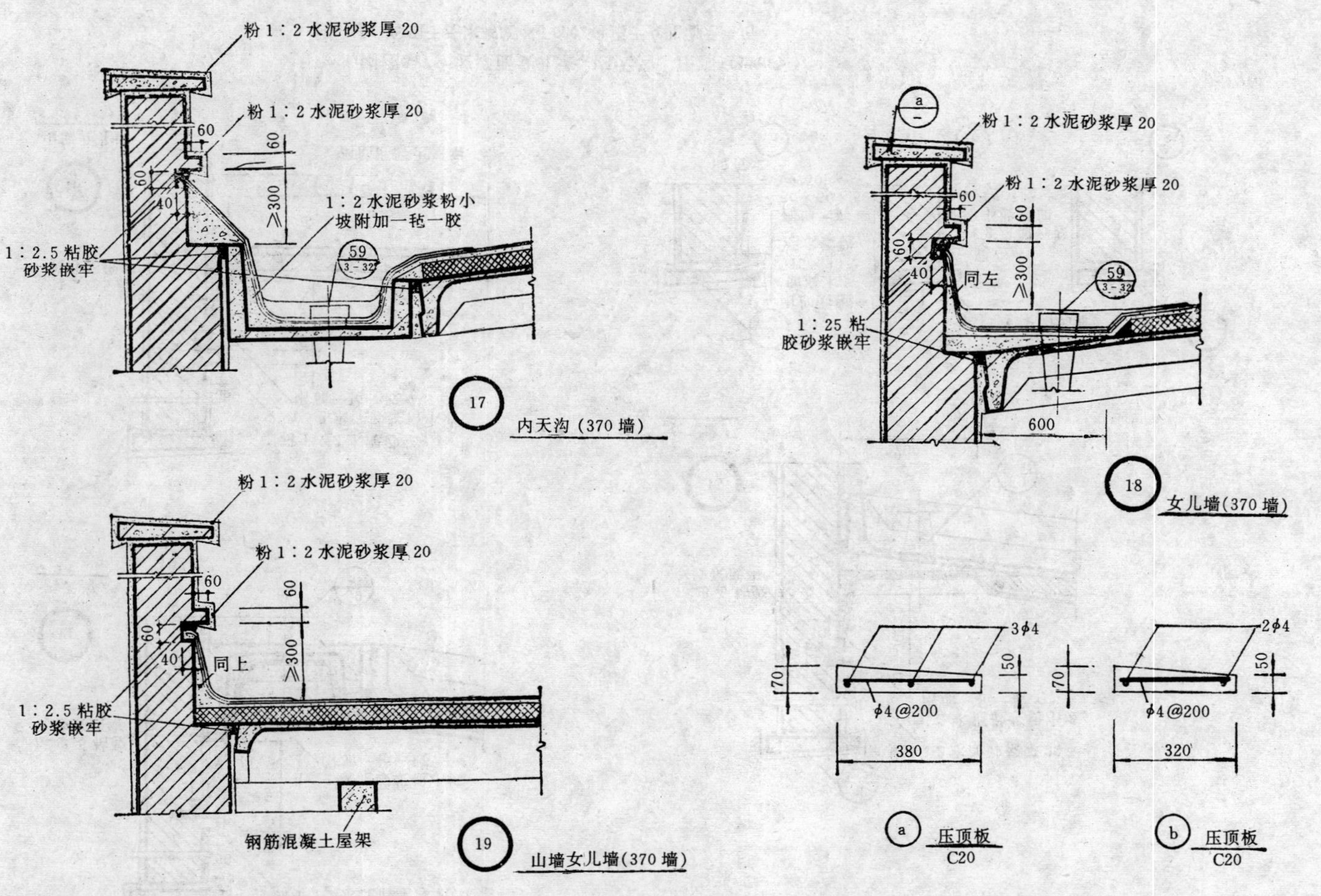

附图3.8 坡屋面女儿墙、内天沟（370墙） (n.m)

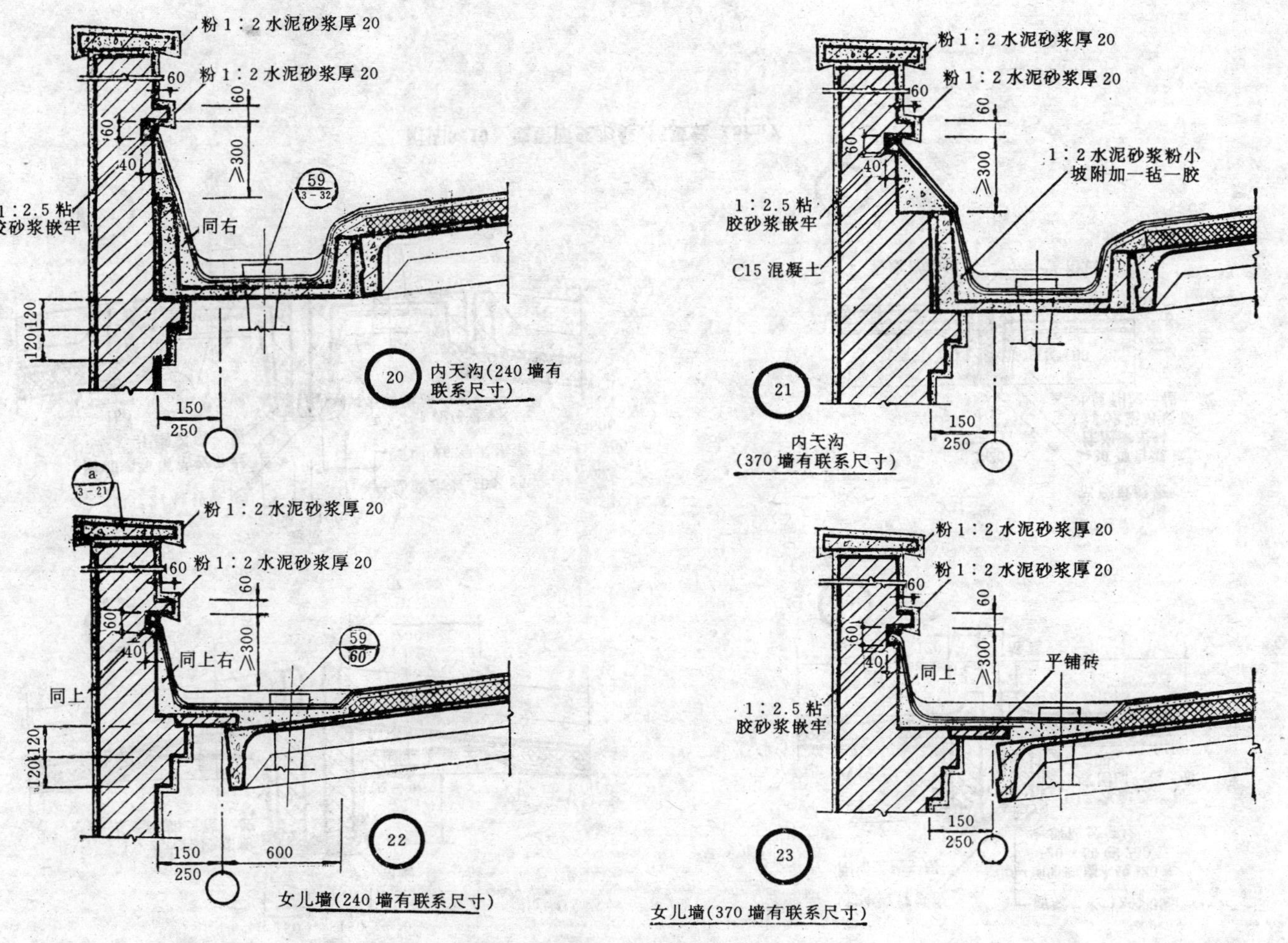

附图3.9 坡屋面内天沟、女儿墙（有联系尺寸）（mm）

注：① 联系尺寸为150时平铺砖取消。

② 抗震区平铺砖应另采取安全措施。

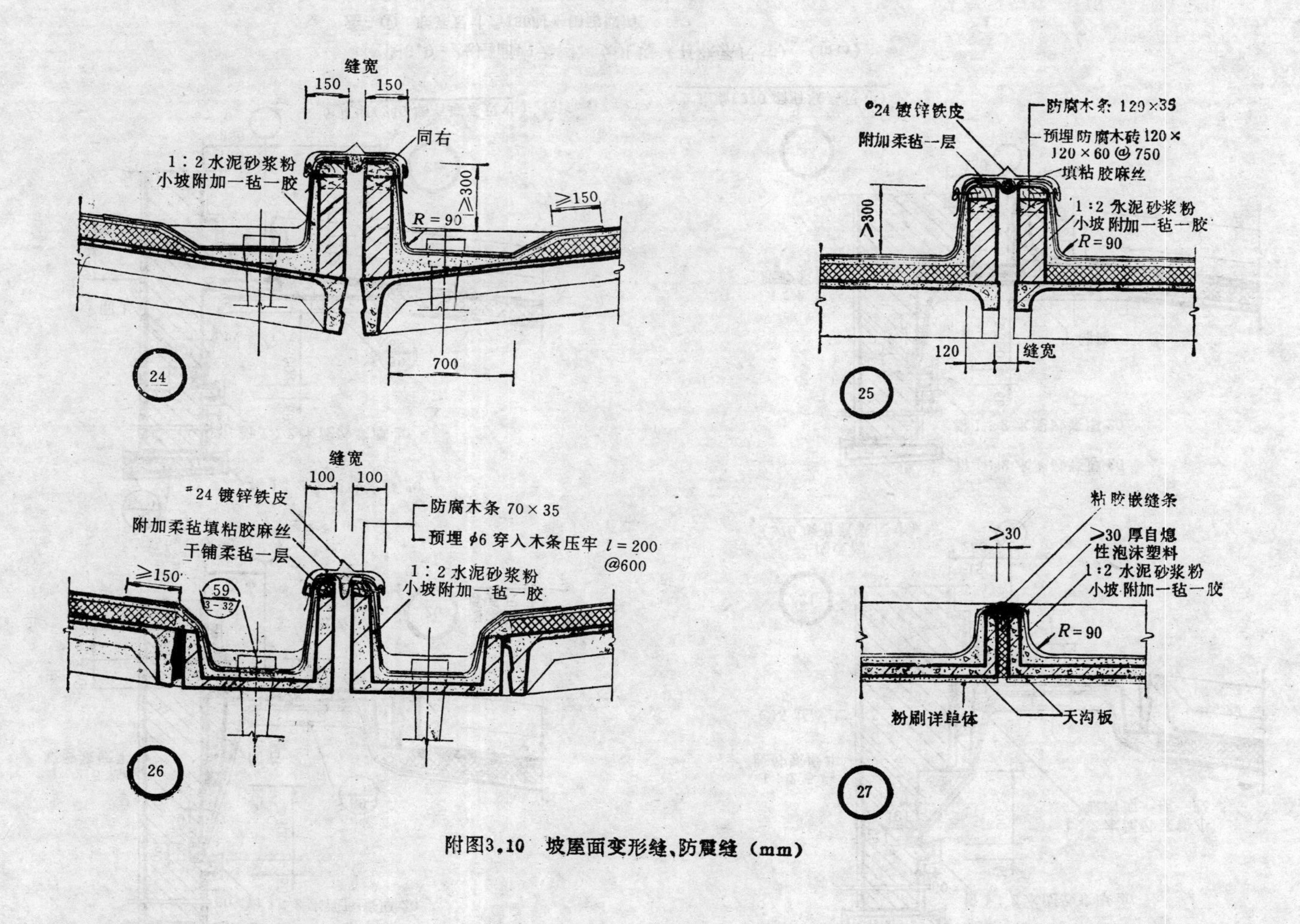

附图3.10　坡屋面变形缝、防震缝（mm）

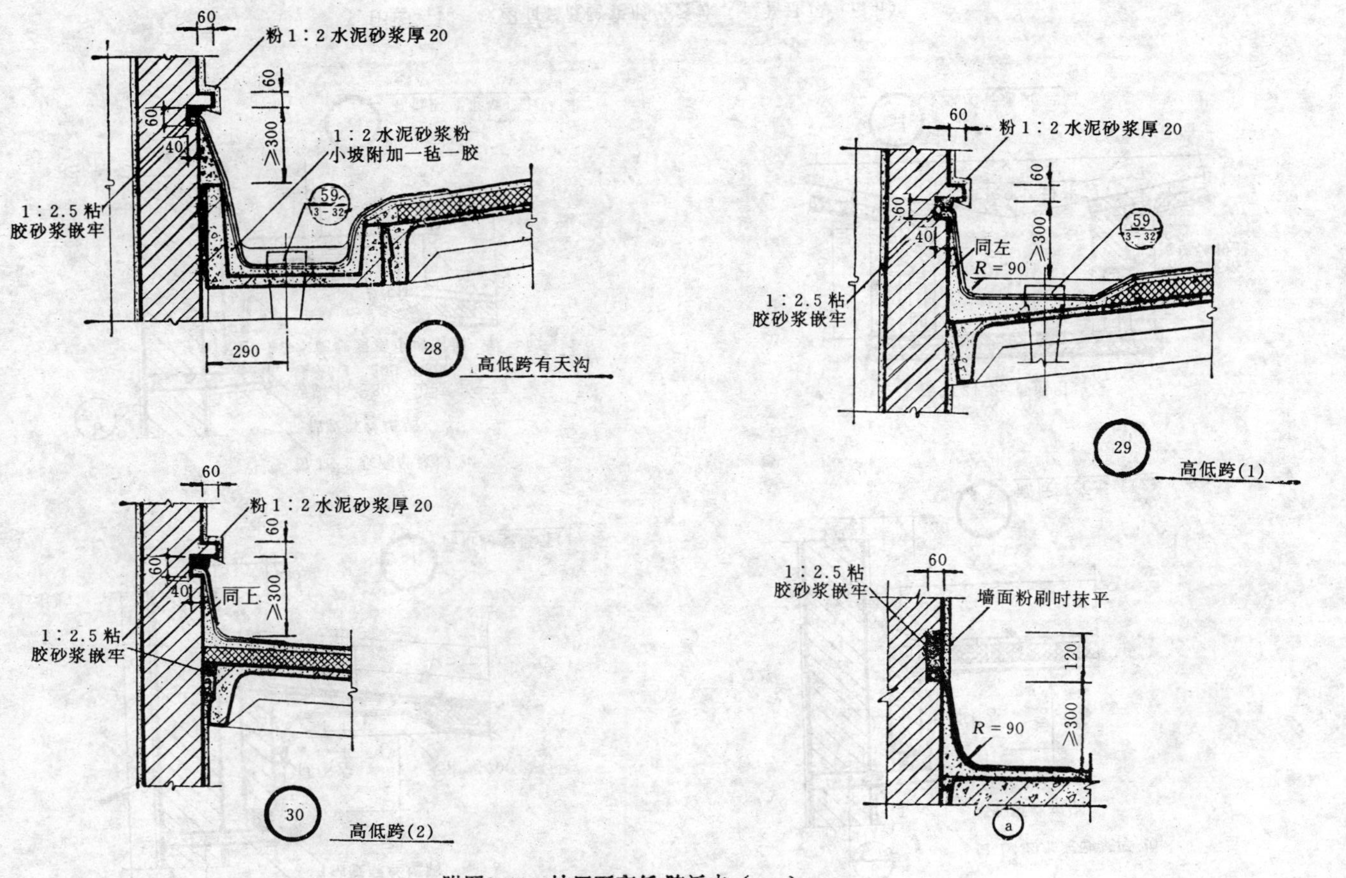

附图3.11　坡屋面高低跨泛水（mm）

注：为便于施工，泛水的上部做法也可参照图ⓐ施工，但必须保证质量。

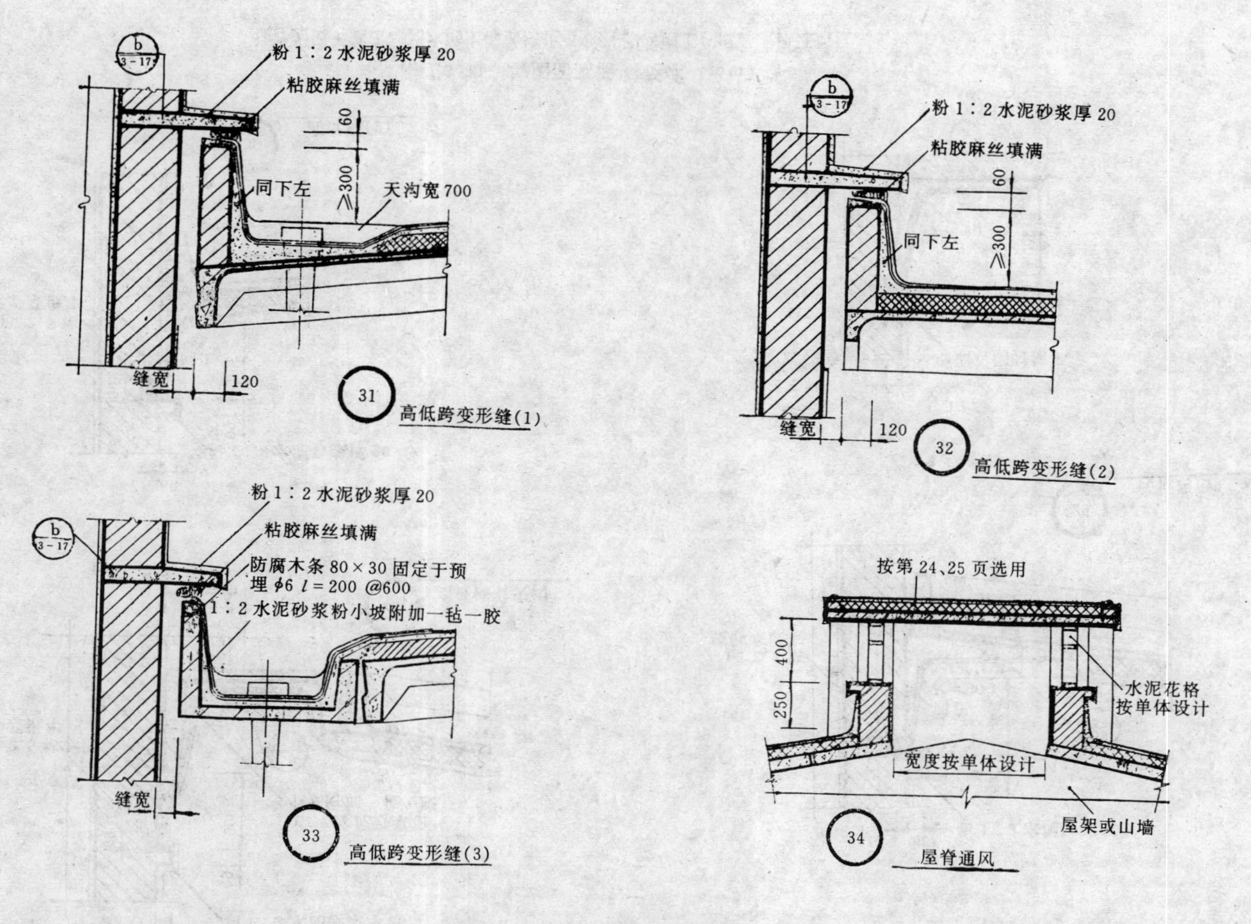

附图3.12　坡屋面高低跨变形缝泛水、屋脊通风（mm）

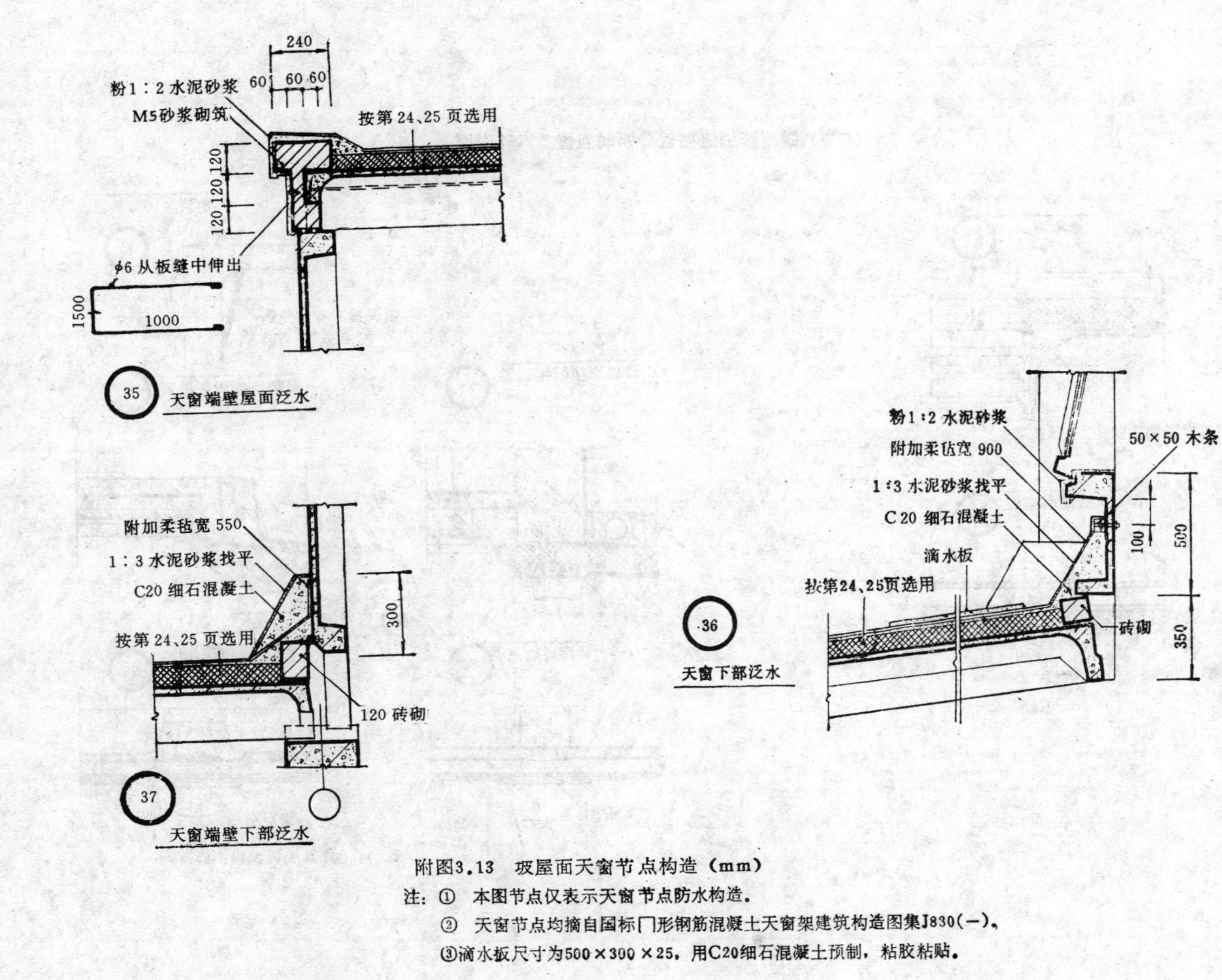

附图3.13 坡屋面天窗节点构造（mm）

注：① 本图节点仅表示天窗节点防水构造。

② 天窗节点均摘自国标门形钢筋混凝土天窗架建筑构造图集J830(一)。

③滴水板尺寸为500×300×25，用C20细石混凝土预制，粘胶粘贴。

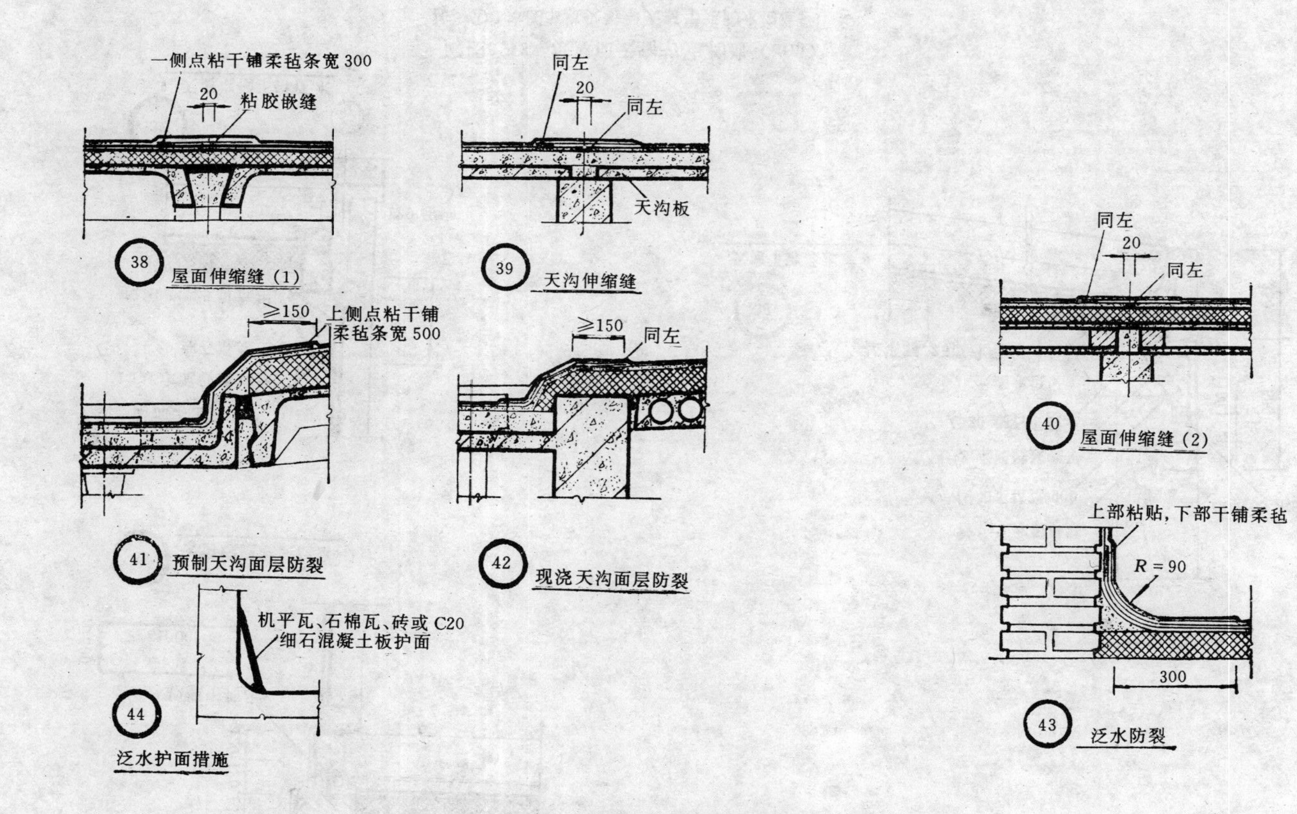

附图3.14 屋面伸缩缝及局部防裂措施(mm)

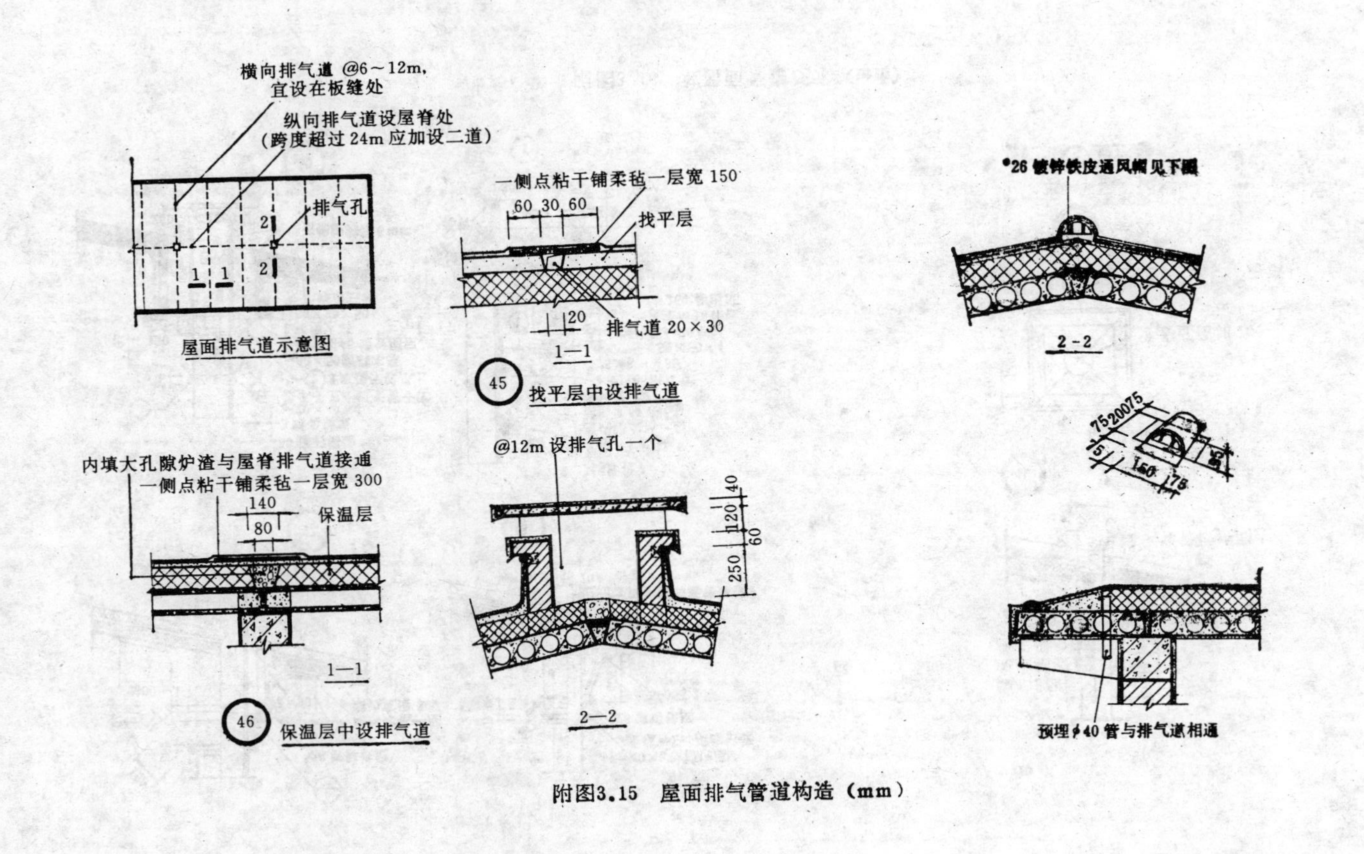

附图3.15　屋面排气管道构造（mm）

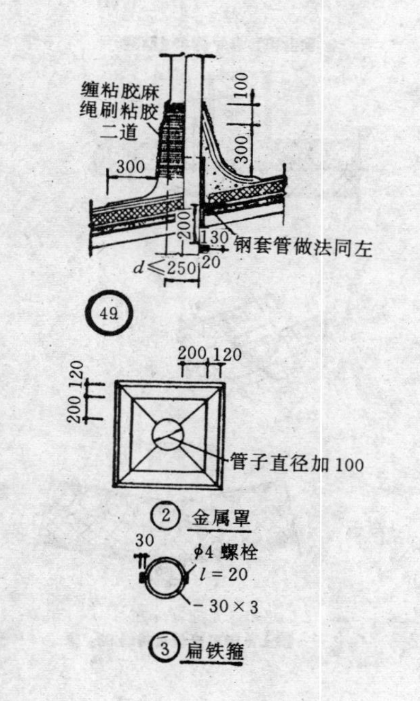

附图3.16 坡屋面管道泛水 (mm)

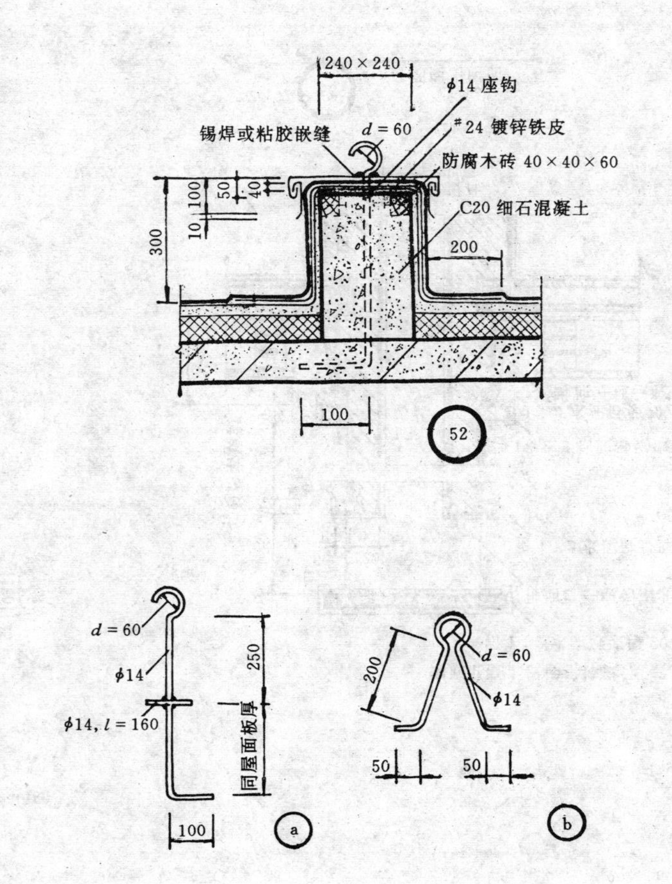
φ400
150
a
做法同下
51
240×240
φ14 座钩
锡焊或粘胶嵌缝
d=60
#24 镀锌铁皮
防腐木砖 40×40×60
C20 细石混凝土
50
40
100
10
300
200
100
52
粘胶封口
柔毡垫圈φ250
附加柔毡一层
C20 细石混凝土
b
吊钩焊接
53
d=60
φ14
φ14, l=160
250
同屋面板厚
100
a
200
50
b

附图3.17 拉索座（mm）

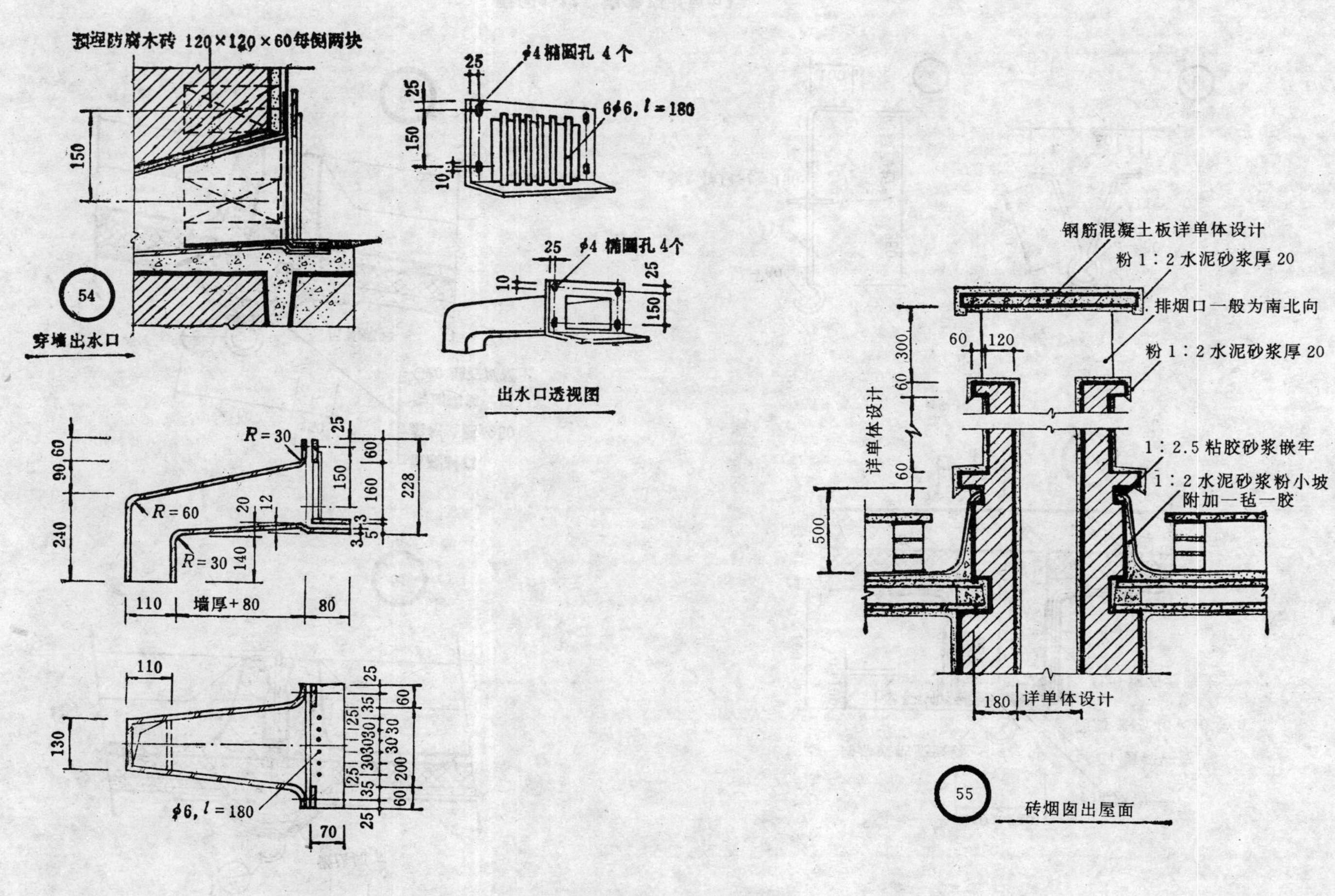

附图3.18 穿墙出水口、砖烟囱出屋面（mm）

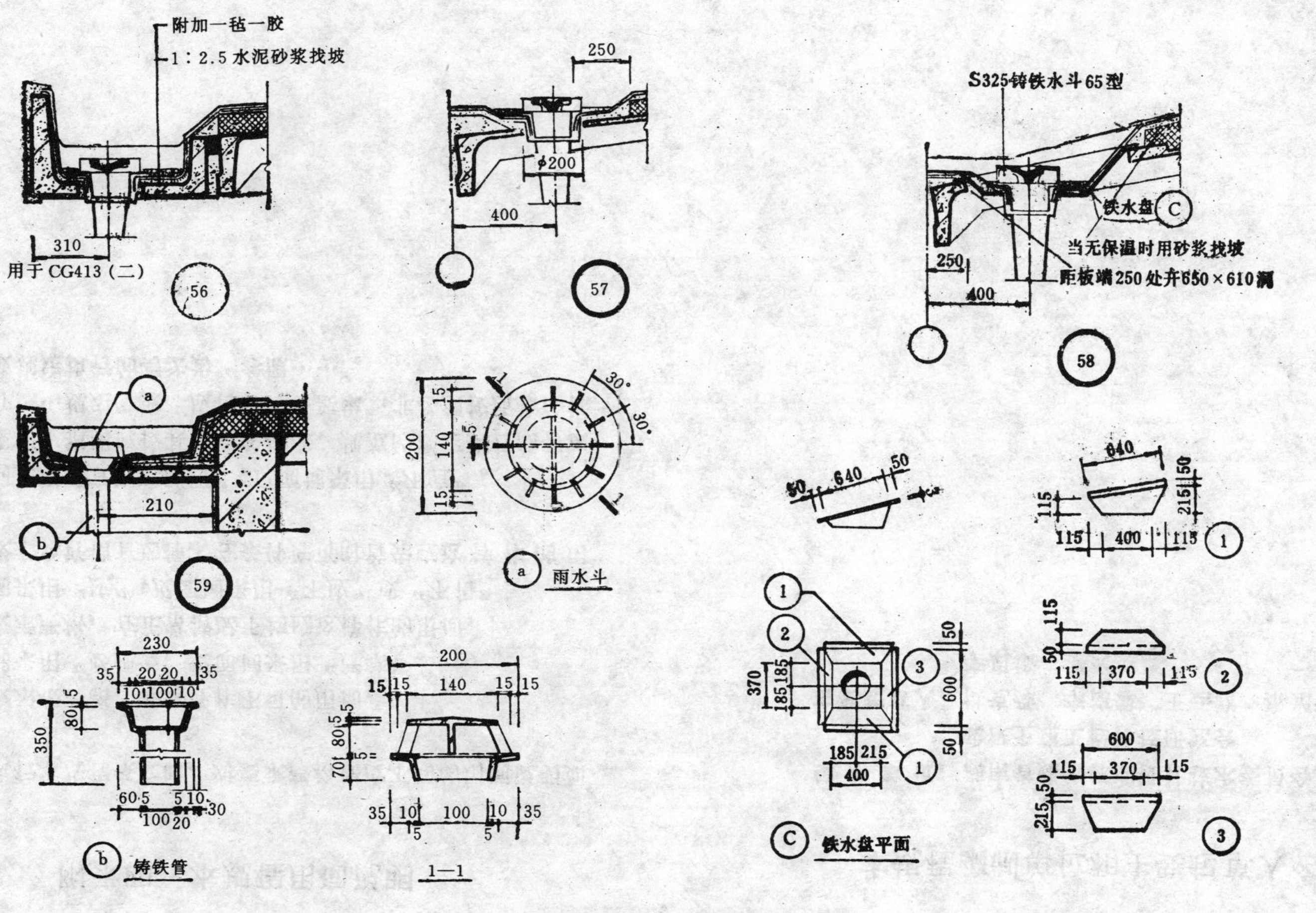

附图3.19 雨水斗及铁水盘安装图(mm)

附录四　本规程用词说明

一、执行本规程条文时，对要求严格程度不同的用词说明如下：

1。 表示很严格，非这样作不可的用词：

正面词采用“必须”，反面词采用“严禁”。

2。 表示严格，在正常情况下均应这样作的用词：

正面词采用“应”，反面词采用“不应”或“不得”。

3。 表示允许稍有选择，在条件许可时首先应这样作的用词：

正面词采用“宜”或“可”，反面词采用“不宜”。

二、规程中指明应按其他有关标准、规范的规定执行的写法为“应遵守……规定”或“应符合……要求”；非必须按所指的标准、规范或规定执行的写法为“参照……”。

附加说明

本规程编制单位和主要起草人名单

编制单位：湖南省建筑标准设计技术委员会
武汉土建工程科技研究会

主要起草人：洪克舜　李德馨　王廷镛　秦光明　傅定亚
李启培　罗火英

中国工程建设标准化协会标准

柔毡屋面防水工程技术规程

CECS 29:91

条文说明

目次

第一章 总 则

第1.0.1条 柔毡是指以聚氯乙烯、丁腈橡胶、煤焦油为主要原材料，经配制加工而成的一种无胎屋面防水卷材。我国于1981年开始应用，10年来已得到大面积推广。据不完全统计，目前全国已有50多个厂家生产并施工这种屋面防水层，仅湖南、江西、四川、吉林省5个厂家的统计，就已采用了$4.1\times10^6m^2$。

由于这种屋面防水吸取了传统的沥青油毡防水和油膏涂料防水的长处，具有原材料来源广，防水可靠性高，耐候性强，温度适应范围大，使用寿命长，施工简单，维修方便，成本较低和工程质量易于保证等优点，故深受用户的欢迎。它和传统的二毡三油沥青卷材防水相比，虽然造价高10%，但使用年限一般要长一倍以上，并能克服沥青油毡存在的高温易起鼓流淌，低温易冷脆皱裂，使用年限短（3～5年），施工麻烦，质量难保证以及屋面漏水后，检查困难，检修效果往往不好等缺点。它和三元乙丙卷材相比，造价仅为该种材料的40%～50%，而防水效果并不逊色，故容易为一般建设单位所接受。

由于国内生产柔毡的厂家日渐增多，为确保工程质量，急需统一产品的技术指标和设计、施工技术，特制定本规程。

第1.0.3条 根据国内调查测试资料表明，平屋面黑色表面的最高温度为72℃。我国严寒地区，90%以上的范围里，极端最低温度都在－40℃以上，故本规程确定柔毡的适用温度标准为－40℃至80℃。

第1.0.4条 其他柔毡或卷材是指各种无胎卷材及用玻璃纤维布胎做的防水材料。

第二章 材 料

第一节 柔 毡

第2.1.2条 国家尚无统一的柔毡材性标准。本规程所确定的各项技术性能指标，主要依据下列资料或成果制定：

一、1982年由湖南省建委主持，对湖南大学与醴陵市河西防水材料厂共同开发的柔毡产品进行了省级鉴定，并确定了相应的材性指标。该产品1983年曾获国家经委颁发的优秀产品“金龙”奖，1984年又获全国建筑科技成果优秀项目“金牌”奖。在制定本规程时，我们又进行了抽样验证，进一步证明了该产品能满足原定指标要求。

二、湖南、湖北、江西三省在1987～1988年正式出版的省标准设计图集中所列的材料指标，这些图集的编号分别为XJ207、87EJ211、赣88J202。

三、1981～1990年经过10年工程实践证明，采用这种柔毡防水，效果良好，原确定的各项材性指标是合适的。

第二节 粘 胶

第2.2.1条 粘胶是柔毡的配套材料，各项技术性能指标是通过广泛调查、收集厂家资料、抽样检测，并参照《聚氯乙烯建筑防水接缝材料》ZBQ24001—85、《屋面工程施工及验收规范》GBJ207--83确定的，能够满足柔毡铺贴和屋面防水要求。

第三章 设 计

第一节 一般规定

第3.1.2条 屋面坡度一般根据建筑使用功能、屋面构造和屋面材料的不同而确定。对于柔毡屋面，如坡度过大，则易使柔毡下滑或因过热淌油。

第二节 构造层次

第3.2.1条 屋面防水效果是屋面的主要功能，防水措施直接影响其使用功能，一定要起到保证不渗漏的作用。

屋面防水的构造，除结构层外，主要就是防水层和保护层，对于有保温需要的房屋，还要设隔气层、保温层。

结构层——指屋面的受力层，一般为预制或现浇钢筋混凝土屋面板。

找平层——其作用是使基层表面平整，便于粘贴柔毡。

防水层——用一毡二胶或一胶，在找平层上先刷粘胶一遍，然后铺毡。

保护层——其作用是防止粘胶流淌，提高耐热度并且反射掉部分阳光照射。

隔气层——在集中采暖或室内湿度较大的建筑上使用，其作用是防止室内的水气渗入保温层使保温材料受潮，导致降低材料的保温性能。通常的做法是在结构层与保温层之间做隔气层。

保温层——主要起防寒隔热作用，一般情况下选用保温性能良好的无机材料，如膨胀珍珠岩、膨胀蛭石、加气混凝土、泡沫混凝土炉渣等。保温层厚度应通过热工计算决定。

架空隔热层——主要是利用通风起降温作用，在南方多用此法，即在屋面上架起支墩，支墩下端用一布一胶垫平，以保护屋面柔毡不被碰坏，支墩上端用水泥砂浆找平后，再平铺预制细石混凝土板或陶质大砖。

钢丝网细石混凝土防水层——这是在柔性防水上再做一层刚性防水层的刚柔性结合防水措施，起到双防水作用。其做法是在柔毡上浇注一层细石混凝土，内配双向钢丝网，并一定要保持柔毡与混凝土之间的滑动，使其有伸缩余地。

第3.2.3条 找平层厚度是按照结构层的类型而确定的，通常用水泥砂浆找平。沥青砂浆找平层因造价高、施工不便，只宜在雨季施工且工期紧迫等特殊情况下采用。

第3.2.4条 在水泥砂浆找平层上留分格缝主要是考虑大面积防水层易受温度影响导致防水层开裂，裂缝位置多在板端拼缝及屋脊处。

沥青砂浆找平层的分格缝较水泥砂浆找平层分格缝间距要小的原因是沥青在低温时较易脆裂。

第3.2.5条 为减少找平层和柔毡的渗漏开裂，故将连接处或转角处做成圆弧形或钝角。

第3.2.7条 如何保持保温层内的干燥是近年来在使用过程中所遇到的具体问题，尤其是在湿度较大地区比较突出。一些地区常在保温层内预留管槽作排气道，设排气孔，以便将保温层内的水气排出，避免柔毡起鼓。排气道各地做法不一，有留管槽的，也有预埋橡皮管或泡沫塑料管的。

第3.2.8条 设保护层的目的是防止粘胶流淌。选作保护层的材料各地不一，宜结合实际情况选用。

架空隔热屋面因通风好，可降低温度，故可不在柔毡上设保护层。

第3.2.9条 支墩通常用三皮砖砌，也有用四皮砖砌的，主要看通风的效果而定，不必强求一致。但至少要保证三皮砖，加上砖顶面的水泥砂浆找平层，故取180～240mm。

第三节 构造要求

第3.3.1条 实践证明，本条所述部位在不作加强处理的情况下要保证不漏水是困难的，故对于这些薄弱部位要附加柔毡一层。

第3.3.2条 防裂措施主要是在缝处一侧点粘干铺柔毡条，粘胶填缝。防曝晒措施主要是在泛水处侧盖砖块、平瓦或混凝土板护面。

屋面板与天沟交接处、屋面伸缩缝、天沟伸缩缝、高低跨的屋面板与墙交接处均是屋面防水的薄弱环节，故应用粘胶或粘胶砂浆嵌填密实。

第四章 施工

第一节 基层要求

第4.1.1条 柔毡防水屋面在施工时，首先要求基层（找平层）一定要干燥。衡量干燥的标准是基层内的含水率不超过9%，但在现场难于测定。常用的检查方法是视其表面混凝土是否发白,如发白则视为水分少,基本上是干燥的，也有用手压基层混凝土表面5min，如手心无水迹，也可视为符合干燥要求。还有用1m柔毡覆盖在基层上，周围略加封闭，3h后掀开柔毡，如基层面无水印，即可视为符合干燥要求。

在雨后或有霜露时，一定要等干透后施工，否则柔毡将粘结不牢，受热后因水分蒸发而起鼓。

基层表面不平整就容易积水，影响干燥。衡量基层平整的标准是，用2m直尺靠量，其与基层的最大间隙应小于等于10mm。

基层不牢固有松动现象时，易使柔毡撕裂，这些都是必须防止的。

第4.1.2条 如原有屋面使用的其他防水材料不铲除，而柔毡直接铺设在该材料上，则容易引起二者的热胀冷缩不一致，又互不融合，从而影响其粘结效果。

第三节 柔毡铺贴

第4.3.2条 柔毡搭接方法的规定主要是基于减少通缝有利于防水、防渗漏和防风吹起鼓。搭接长度的规定是最小尺寸。

第4.3.5条 施工过程中，如遇有雨雪仍继续进行，则将造成柔毡粘后起鼓，直接影响粘贴效果。

第4.3.7条 铺完柔毡必须检查合格后才能铺设保护层，主要看粘贴是否牢固，表面是否平整，是否有气泡、折皱、空洞、起鼓和封口不严等缺陷，一经发现就应立即补救。

第4.3.9条 冷施工粘胶搅拌均匀既便于涂刷，也防止厚薄不匀。

热施工粘胶的加热温度控制在100～120℃之间，才能保证粘胶熔化，又不致于将粘胶烧焦。

容器内粘胶如取出后不及时补充新料，就容易出现断胶现象，影响连续施工，又不利于粘胶的熔化。

第四节 施工验收

第4.4.4条 原材料成品的质量合格证明及现场检验记录是施工验收的基本资料，以便为检验材料成品质量、掌握施工质量提供原始数据。

现场施工记录及工程质量评定标准是从实践中总结出来的有效措施。它一方面便于建设单位检查，一方面也可作为工程队内部进行全面质量管理评定的标准。

第五章 安全与劳动保护

第5.0.3条 防护手套、口罩、脚罩主要是防止粘胶溶液溅泼和污染。施工时禁止穿光滑底面的塑料鞋和拖鞋，以确保上下屋面或在屋面上行走及上下脚手架的安全。

第5.0.4条 手上的胶料用肥皂不易洗净，只有擦松节油才能彻底擦洗干净，尤其是饭前要这样做。

附录三　柔毡屋面防水节点构造图

柔毡屋面防水节点构造图，是在湖南省建委1987年2月批准实行的《柔毡防水屋面构造》（图集号XJ207）、同年出版的湖北省建筑标准设计参考图《屋面构造》（改性无胎柔毡防水）（图集号87EJ211）和1988年出版的江西省《柔毡防水屋面图集》（图集号赣88J202）的基础上，经整理、修订、补充而成。其内容较各省的标准图集有所改进和提高，这对统一设计、施工技术，保证工程质量十分有利。

中国工程建设标准化协会标准

建筑拒水粉屋面防水工程 技术规程

CECS 47：93

主编单位：同济大学建筑城规学院
批准部门：中国工程建设标准化协会
批准日期：1993年5月3日

前　言

建筑拒水粉在建筑防水工程中的应用日益广泛，设计机构、建设部门和施工单位普遍认为建筑拒水粉用于屋面防水工程是一种理想的防水材料，并建议尽快制订设计与施工规程，以利于将这项新技术更广泛地推广应用。为此，我们在原有的技术资料基础上，广泛地征询多方面意见，并根据近年来所积累的工程实践经验，组织编制了本规程。

现批准《建筑拒水粉屋面防水工程技术规程》CECS 47：93为中国工程建设标准化协会标准，推荐给各有关单位使用。在使用过程中，请将意见及有关资料寄交山西省太原市新建路8号山西省建筑工程总公司中国工程建设标准化协会建筑防水委员会(邮政编码030002)，以便修订时参考。

中国工程建设标准化协会
1993年5月3日

目　次

1 总　　则

1.0.1 为了正确使用建筑拒水粉，确保建筑拒水粉屋面防水工程质量，特制定本规程。

1.0.2 本规程所指的建筑拒水粉为脂肪酸钙与氢氧化钙以特定结构形式组成的复合型白色粉状的防水材料。

1.0.3 本规程适用于坡度小于、等于 1∶10 的新建或改建的钢筋混凝土屋面防水工程。

1.0.4 在执行本规程时，同时应符合我国现行标准的有关规定。

1.0.5 建筑拒水粉屋面防水工程施工时的安全技术、劳动保护等必须符合国家现行的有关规定。

2 材　　料

2.0.1 防水材料为建筑拒水粉，其化学成分为脂肪酸钙和氢氧化钙，其主要技术指标应符合表 2.0.1 的要求。

建筑拒水粉技术指标　　　　**表 2.0.1**

序号	项　目	指　标
1	细　度	0.2mm 方孔筛，筛余率<20%
2	含水率（%）	<3
3	含钙量（以 CaO 计）（%）	>60
4	脂肪酸钙包裹体的覆盖量（%）	>80
5	不透水性	粉层厚 3mm,1500mmH_2O,24h 不透水

2.0.2 建筑拒水粉出厂时，厂方必须提供"质量保证书"。材料进场后应抽样送检。合格后方可使用。

2.0.3 辅助材料应符合下列要求：

2.0.3.1 隔离材料采用幅宽为 1000～1200mm 的卷筒无纺布或包装纸。无纺布规格不小于 20g / m^2，包装纸规格不小于 40g / m^2。

2.0.3.2 保护材料宜采用整浇式的强度等级不低于 C20 的细石混凝土或铺贴式的块材，混凝土板尺寸一般不宜大于 300mm×300mm，厚度不小于 20mm。

2.0.3.3 保护层嵌缝材料宜用密封材料，粗砂、石屑、豆石、乳化沥青或混合砂浆等。

3 设 计

3.0.1 建筑拒水粉防水屋面的基本构造层次应符合下列规定：

无保温层屋面应符合图 3.0.1−1、3.0.1−2；

有保温层屋面应符合图 3.0.1−3、3.0.1−4；

架空隔热屋面应符合图 3.0.1−5；

蓄水屋面应符合图 3.0.1−6；

种植屋面应符合图 3.0.1−7。

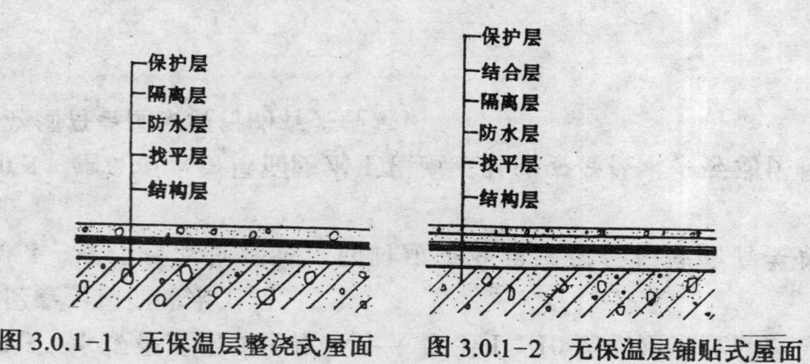

图 3.0.1−1 无保温层整浇式屋面　图 3.0.1−2 无保温层铺贴式屋面

图 3.0.1−3 有保温层屋面　图 3.0.1−4 倒铺式保温屋面

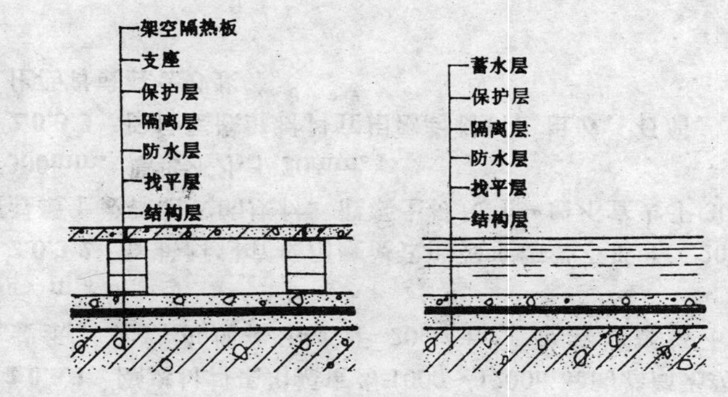

图 3.0.1−5 架空隔热屋面　图 3.0.1−6 蓄水屋面

3.0.2 结构层当采用装配式钢筋混凝土板时，则应在预制屋面板的支承端处，及与非承重外墙的相邻边外，应在强度等级为C20 的细石混凝土灌缝的上部留有 30mm 深的凹槽，并灌入建筑拒水粉，见图 3.0.2−1、图 3.0.2−2。

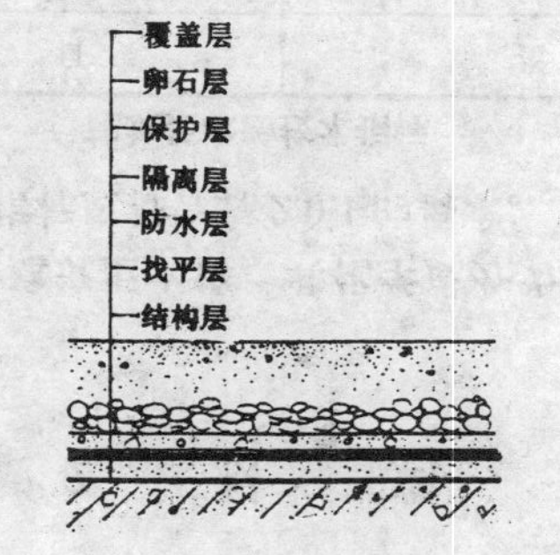

图 3.0.1−7 种植屋面

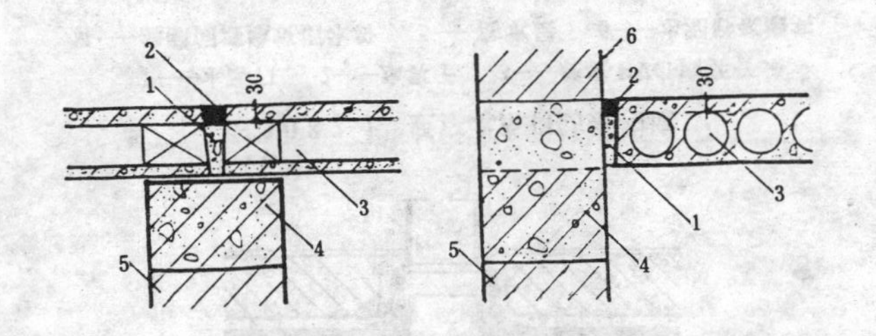

图3.0.2-1　预制屋面板支承端　　图3.0.2-2　预制屋面板与非承重外墙的相邻边

1——C20 细石混凝土　2——建筑拒水粉
3——预制屋面板　4——圈梁
5——承重墙（或梁或屋架）

1——C20 细石混凝土　2——建筑拒水粉　3——预制屋面板　4——圈梁
5——非承重墙　6——女儿墙

3.0.3　找平层应符合下列要求。

3.0.3.1　现浇混凝土屋面板宜采用 20mm 厚 1∶3 水泥砂浆或 1∶1∶6 混合砂浆找平。对随浇随抹的混凝土屋面板，可不做找平层。

3.0.3.2　预制混凝土屋面板宜采用 30mm 厚 1∶3 水泥砂浆或 1∶1∶6 混合砂浆找平。

3.0.3.3　位于内承重墙（或梁或屋架）处预制混凝土屋面板端缝之上的找平层应设缝，缝宽为 20mm。

3.0.4　室内相对湿度大于 80%时，保温屋面应设隔汽层。

3.0.5　防水层虚铺厚度不小于 10mm。

3.0.6　隔离层宜选用无纺布或包装纸。

3.0.7　保护层应符合下列要求。

3.0.7.1　屋面现浇保护层宜采用 35mm 厚 C20 细石混凝土。

3.0.7.2　现浇保护层必须设置分格缝，设置部位应在屋面板的支承端及屋脊、檐口等处，分格面积不大于 36m²。保护层上部宜做表面分格缝，间距不大于 1m。

3.0.7.3　分格缝构造应符合下列规定：

（1）无保温层屋面的保护层分格缝应符合图 3.0.7.3-1。

（2）有保温层屋面的保护层分格缝应符合图 3.0.7.3-2。

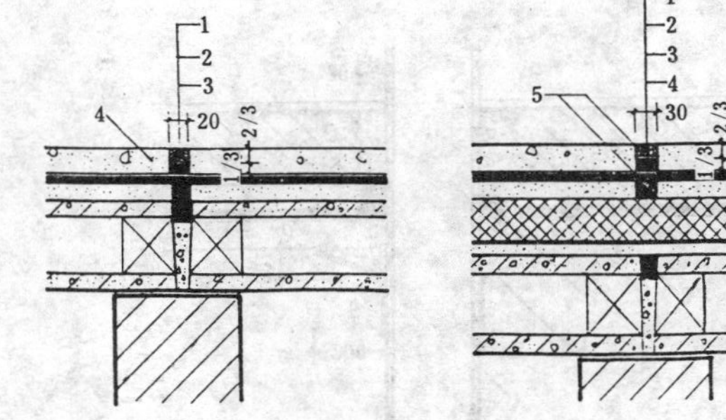

图 3.0.7.3-1　无保温屋面分格缝　　图 3.0.7.3-2　有保温屋面分格缝

1——密封材料　2——隔离层
3——建筑拒水粉　4——现浇式保护层

1——浇乳化沥青　2——石屑　3——隔离层　4——建筑拒水粉　5——排汽道（灌入建筑拒水粉）　6——现浇式保护层

3.0.7.4　块材保护层的结合层应符合下列规定：

（1）预制混凝土板保护层可用 15mm 厚 1∶1∶4 混合砂浆座浆于隔离层上，板缝宽 10mm，再用 1∶1∶4 混合砂浆勾缝至板平。

（2）采用地砖作保护的，应在隔离层上先浇筑 20mm 厚 1∶3 水泥砂浆，待硬化后再用掺适量建筑胶的 1∶2 水泥砂浆粘贴地砖，原浆勾缝，并及时清理砖面。

（3）缸砖、地砖保护层下的结合层为：先用 20mm 厚 1∶3 水泥砂浆作基层，待硬化后再用掺适量建筑胶的 1∶2 水泥砂浆粘贴。

3.0.7.5　块材的保护层可不设分格缝。

3.0.8 泛水、水落口、天沟、檐沟、伸出屋面管道等节点，宜用卷材、防水涂膜等进行柔性密封，多道设防，互补并用。

3.0.8.1 女儿墙泛水构造见图 3.0.8.1。

3.0.8.2 水落口防水构造应符合下列要求：

（1）竖穿水落口防水构造见图 3.0.8.2-1。

（2）横穿水落口防水构造见图 3.0.8.2-2。

3.0.8.3 穿通（伸出屋面）管道防水构造见图 3.0.8.3。

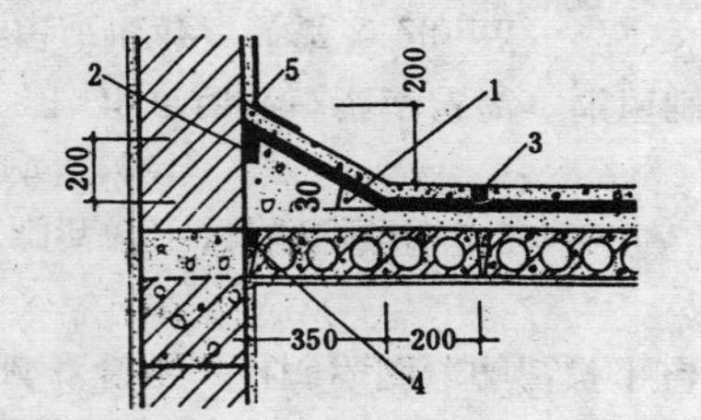

图 3.0.8.1 女儿墙泛水构造

1——30°找坡 2——15mm×20mm 凹槽 3——分格缝
4——15mm×30mm 凹槽灌建筑拒水粉(上铺隔离层) 5——贴柔性材料

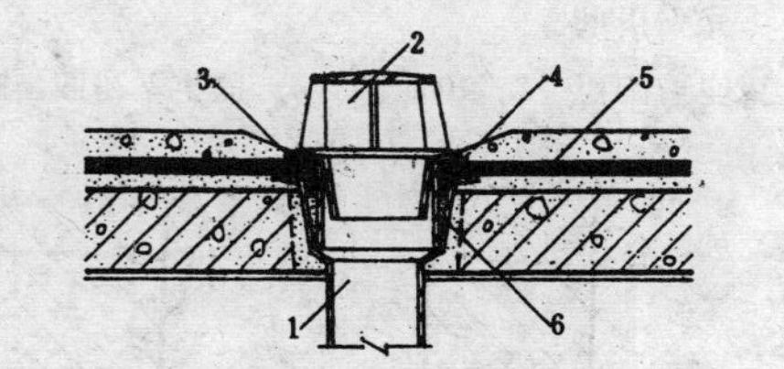

图 3.0.8.2-1 竖穿水落口防水构造

1——水落口 2——水箅子 3——硬质 PVC 内套管
4——缝隙间灌建筑拒水粉 5——防水层 6——水泥砂浆灌实

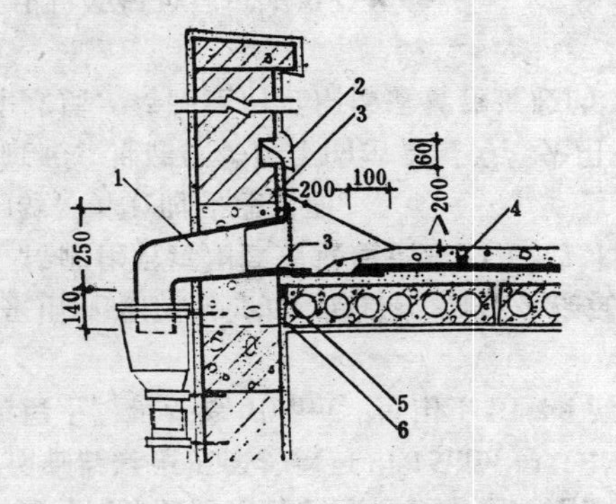

图 3.0.8.2-2 横穿水落口防水构造

1——水落口 2——砂浆滴水 3——柔性防水材料 4——分格缝
5——缝隙间灌建筑拒水粉 6——水泥砂浆灌实

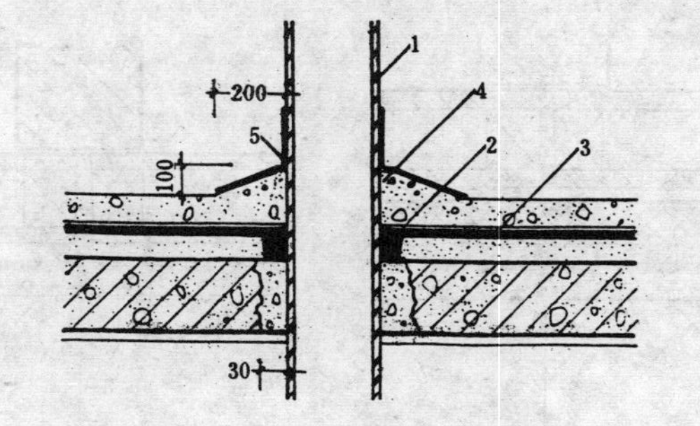

图 3.0.8.3 穿通（伸出屋面）管道防水构造

1——穿通道 2——30mm 宽凹槽灌建筑拒水粉 3——防水层
4——保护层斜坡 5——贴柔性材料

4 施 工

4.0.1 施工准备

4.0.1.1 施工前应制定屋面防水工程的施工方案，配齐流水作业人员、施工机具和工程所需的材料。

4.0.1.2 防水层施工前后按设计要求对基层的平整、排水坡度、洁净积水等方面进行检查认可后方可施工。

4.0.1.3 按设计要求对屋面结构板缝处理及对檐口、泛水、变形缝、伸出屋面的管道等特殊部位的处理，应由质监部门进行验收，认可后方可进行防水层的施工。

4.0.2 建筑拒水粉防水层可在潮湿无积水的基层上施工。施工时的气候条件如下：

（1）雨天、雪天严禁施工；

（2）不宜在负温度下施工；

（3）五级以上风（含五级）不得施工；

（4）施工中途下雨、下雪，应作好已铺防水层的防护工作。

4.0.3 施工工艺

4.0.3.1 建筑拒水粉防水工程的施工流程为：清理基层→铺建筑拒水粉→铺隔离层→做保护层，各道工序应紧接连续。

4.0.3.2 防水层的施工应遵守下列规定：

（1）建筑拒水粉用有厚度控制的刮尺刮平，其平均厚度不得小于设计厚度。每次铺设宽应与隔离层卷材的幅宽相适应，前后铺设的粉层应相接，不得漏铺。

（2）在铺设的粉层中应避免有砂浆、混凝土或垃圾掉入，并严禁踩踏。

（3）铺粉的方向应逆风向前进。

4.0.3.3 隔离层的施工应遵守下列规定：

（1）隔离层的无纺布或包装纸宜成卷，在铺设时，必须平整、不皱折、不歪斜，铺盖后不露粉层。

（2）相邻的隔离层，搭接宽度不应小于 50mm。

（3）铺隔离层应及时压住边缘，在保护层施工前必须保证不得破损。

4.0.3.4 保护层施工应遵照下列规定：

（1）细石混凝土的塌落度宜为 40～50mm，浇筑后应滚压密实，抹平，养护。

（2）分格缝施工：应将楔形木格条按设计位置用水泥砂浆或细石混凝土窝牢在隔离层上，然后浇筑保护层，待初凝后即取出木格条。

（3）保护层硬化后，分格缝必须清理干净，然后灌入建筑拒水粉，至缝深的 1／3，铺盖纸条，再用密封材料嵌缝。

4.0.3.5 女儿墙泛水施工应遵照下列规定：

（1）在做泛水 30°找坡层时，上端应先立楔形木格条，待找坡层初凝后取出木格条，形成凹槽。找坡高度应大于 200mm。

（2）泛水处的建筑拒水粉防水层厚度应加厚 2mm，并将粉层铺至凹槽内，不得间断。

（3）应先做泛水处斜坡保护层，后做女儿墙内侧抹灰。

4.0.3.6 伸出屋面管道泛水施工，应遵照下列规定：

（1）在做找平层时，管道根部安上留槽模板，如有保温层的则模板直通到屋面板，待找平层初凝后，取出模板形成环形凹槽。

（2）管道根部四周的建筑拒水粉防水层厚度应加厚 1～2mm，并将粉层铺至凹槽内，不得间断。

（3）管道根部四周的保护层，应高出屋面 100mm。

4.0.3.7 水落口防水施工时应遵照下列规定：

（1）竖式水落口施工程序：

a.将水落口用 C20 细石混凝土窝实在天沟板的预留孔处；

b.将硬质 PVC 内套管插入水落口，用砂浆固定；

c.在做平面防水层时，同时将建筑拒水粉铺入缝隙内，形成连续的防水层；

d.套入铸铁箅子后再做保护层。

（2）模式水落口施工程序：

a.在筑女儿墙时应将水落口预先埋入；

b.水落口四周的女儿墙内侧均由涤纶布加筋涂膜防水（二布四胶），宽为 250mm；

c.在筑建筑拒水粉防水层时与其搭接，搭接长度为 100mm；

d.铺隔离纸，浇筑保护层至水落口四周，最后安铸铁箅子。

4.0.4 在施工过程中，必须对各主要工序作好施工记录，对于不合格的部位应及时返工或补强。

5　工程验收

5.0.1 屋面排水坡度应符合设计要求，不得有渗漏及积水现象。

5.0.2 现浇保护层表面应平整，分格缝按设计要求正确设置。

5.0.3 块材保护层板面应平整清洁，板块无明显缺角、破损，板缝宽度均匀，嵌缝砂浆与板面齐平。

5.0.4 工程验收时应提交下列资料，并应归档：

5.0.4.1 防水工程设计图；

5.0.4.2 施工方案及技术交底记录；

5.0.4.3 材料出厂合格证及复试报告；

5.0.4.4 中间检验记录及施工记录。

5.0.5 检验屋面有无渗漏的方法，可在雨后或淋水 2h 以后进行检验。在有可能蓄水的屋面，宜做蓄水 24h 检验。

5.0.6 必要时可选点进行检验，每点用直径为 500mm、高为 500mm 的无底桶体扣上，桶底四周密封，桶内蓄水 300mm 深，48h 以后进行检验；取点数为 $500m^2$ 以内屋面任选三点，$500m^2$ 以上的每增 $100m^2$ 加测一点。

6 维护保养

6.0.1 整浇式建筑拒水粉防水屋面平时不需要特别的维护保养，易损部位主要在分格缝处，应保持分格缝盖缝材料的完好，如有脱落，应及时补粉，并用建筑密封材料盖缝。

6.0.2 铺贴式建筑拒水粉防水屋面，应保持铺贴块材的完好，如有脱落，也应及时补粉，然后用水泥砂浆粘贴脱落的盖缝块材。

附录A 本规程用词说明

（1）对于本规程执行严格程度的用词，采用以下写法：

a. 表示很严格，非这样做不可的用词：

正面词采用“必须”；

反面词采用“严禁”、“不准”。

b. 表示严格，在正常情况下均应这样做的用词：

正面词采用“应”；

反面词采用“不应”或“不得”。

c. 表示允许稍有选择，在条件许可时首先应这样做的用词：

正面词采用“宜”或“可”；

反面词采用“不宜”或“不可”。

（2）条文中指明应按其他有关标准、规范执行的，写法为“应按……执行”或“应符合……要求或规定”。

非必须按所指定的标准和规范执行的写法为“可参照……执行”。

附加说明

本规程主编单位、参加单位和主要起草人名单

主编单位： 同济大学建筑城规学院

参加单位： 中国船舶工业总公司第九设计研究院
上海机电设计研究院
华东建筑设计院
上海第一建筑工程公司
上海第七建筑工程公司
上海市虹口区房产管理局
中外合资宁波爱维拒水粉有限公司

主要起草人： 施承继 韩建新 王启华 林关云
李以欣 马兴宝 徐功明 陶裕宝
林铭嘉 唐 林 毛一帆 俞华昌
张富生

中国工程建设标准化协会标准

建筑拒水粉屋面防水工程技术规程

CECS 47：93

条文说明

目　次

1　总　则

建筑拒水粉是由浙江省余姚市防水材料二厂科技人员于1985年研制成功的，属国际首创的憎水松散性防水材料。1986年与同济大学进行科技合作，对本材料进行理化性能的检测及应用技术的研究和开发，在建筑防水工程中得到了应用。1987年由上海市技术监督局颁发了"'建筑拒水粉'上海市标准"，经四百多万平方米的工程实践和多次学术研讨，总结出了一套完整的应用技术资料，确立了"松散型防水体系"，为我国建筑防水技术开辟了一个新的途径。1988年4月通过了由国家建材局主持的"建筑拒水粉及其应用技术"的部级鉴定。1989年1月获国家专利局授予的"发明专利权"，并在1991年列为"国家级重点新产品"。

建筑拒水粉的理化性能、防水机理及其应用，根本区别于传统的刚性防水和柔性防水，因此在屋面防水工程中如何正确使用建筑拒水粉，合理进行构造设计，全面掌握施工技术，是确保防水工程质量的关键。

建筑拒水粉屋面防水工程是由建筑拒水粉作防水层并和隔离层；保护层组成的综合体。主要适用于平屋面防水，也可适用于与其条件类似的其它防水工程，如：楼地面、水池、水塔等防渗防漏工程，应用时可参照本规程执行。

由于建筑拒水粉具有随动性，故适用于坡度较为平坦的防水基层。

2 材 料

2.0.1 对建筑拒水粉理化性能的指标是检验和应用的依据。在本规程中所列的技术指标是根据目前产品质量已达到的实际水平和工程质量所提出的实际需要而制订的。

（1）采用 0.2mm 的方孔筛，允许有 20%以内的筛余率来控制细度，使由粉粒集团所构成的防水层粗细级配合理，既能提高抗渗性，又可避免因过细而滑动，以便于施工。

（2）含水率高于 4%的产品，表明有效成分含量的不足，小于 2%则滑动性太强，不易施工，因此含水率应有上、下限。

（3）建筑拒水粉的化学成分是钙的化合物，因此 CaO 的总含量是材料内在质量的重要标志之一。

（4）建筑拒水粉是由长碳链憎水端组成的非亲水性物质，因此脂肪酸钙包裹体的覆盖量越高，表明建筑拒水粉的憎水性越强。

（5）3mm（压实）的粉厚，能承受 1500mmH_2O（静水压法）高是不透水性指标的下限，24h 不透水也是指标的下限，又是代表大于 24h 的不定数，这是检测本材料性能的最直接、最重要的指标。

建筑拒水粉的导热系数尽管较低，但因用于屋面作为防水层，厚度较薄，它仅起着一点热工作用，而不能代替隔热板，更不能取代保温层。不可能将防水、保温、隔热等多功能熔于一体，因此我们无须将“导热系数”列入本技术指标。

2.0.2 生产厂应按批号对产品进行检测，检测报告应备案供用户查询。产品的销售必须向用户提交“质量保证书”，施工单位应对货品进行抽样检测，对于质量不明确的产品或抽样检测数据达不到本规程指标的产品，一律不得用于防水工程。

2.0.3 无纺布具有一定的透气性，遇水后不易破损，抗拉性也好，故采用它作隔离层较包装纸更好。隔离层在施工时都应呈卷状，以便于施工。

一般普通屋面宜采用 C20 细石混凝土作保护，造价低，又可兼作上人层。而采用铺贴式的块材作保护层的，具有施工简单、工效高、易维修的特点，又可减少因变形而产生的裂缝。

嵌缝材料主要用于保护层的分格缝，防止分格缝中建筑拒水粉的损失，又要有一定的弹性，但又不要有很高密闭性。

建筑拒水粉的运输与贮藏，除了成品袋不被破损外，没有其它的特殊要求。

3 设 计

3.0.1 建筑拒水粉屋面防水是在屋面基层上设有单一的建筑拒水粉所构成的憎水、松散、透气的防水层，防水层、隔离层、保护层，是屋面防水工程最基本的，也是最必要的构造层次。根据屋面功能的不同，可按个体设计需要而增补。防水层是屋面防水工程质量的关键，其防水机理是“憎而拒之，以松克刚，封而不闭”；隔离层的设置为便于保护层的施工，保护层的设置是保证防水层能正常行使其功能。

3.0.2 居于建筑物顶部的屋面，在温度变化、荷载作用以及不均匀沉降等因素使屋面引起开裂，特别在屋面板的支承端、檐口四周及屋脊等部位是渗漏水的常见病、多发病处，因此在这些部位，必须在结构层本身就应考虑防水即设计第二道防水线，灌入建筑拒水粉以强化防水。采用 C20 混合砂浆灌缝以适应结构层的变形。

3.0.5 由粉粒集团所组成的防水层，不仅具有良好的不透水性，又具有较好的透气性，这是区别并优于其它柔性防水材料的一大特征，因为屋面的防水基层或保温层中的水分可以利用粉粒之间的间隙得以扩散。利用透气性这一特性可以在设计中不考虑防水基层的干湿度，并可简化保温屋面的构造设计。

防水层厚度的决定除满足不透水要求外，还考虑了施工的条件以及基层平整度因素，所以防水层的设计厚度：一般屋面为 7mm，特殊屋面为 10mm。所谓特殊屋面是指有特殊功能的屋面、活动频繁的屋顶球场、舞池，使用荷载大而难以维修的蓄水屋面、种植屋面或是特级重要的屋面防水等。

3.0.7 整浇式的保护主要存在的问题是开裂，尽管其开裂不影响屋面防水，但不利于视觉效果和长期功效，因此在构造设计中仍应考虑防裂措施。如设置分格缝，但分格缝的处理与刚性防水层分格缝处理有所不同，缝道的构造是“刚中有柔，封而不闭”，即既能使刚性的保护层能自由地胀缩，又能具有排汽的功能，防止建筑拒水粉的损失。

采用配筋混凝土作保护层，应增设保护用砂浆层，以便于铺置钢筋网片，和防止已铺完的防水层产生位移。

铺贴式的保护层，因尺度小、缝隙多、胀缩变形值小，因此在一般情况下可以不设分格缝。

3.0.8 建筑拒水粉是松散性材料，它不能垂直铺置，因此在泛水高度处筑成 30° 的斜坡，使之既不下滑，又能满足泛水的高度，在斜坡的上部做凹槽，灌入建筑拒水粉，以适应变形的需要。该节点构造设计同样可以适用于高低跨泛水、变形缝、烟囱、设备座等处的节点防水。

水落口上下两节为标准铸铁件，中间插入的 PVC 圆管为工地现场加工，安装后与外水落口头子形成间隙，当做屋面防水时，一起将建筑拒水粉铺至该间隙，形成一个连续无缝的防水层。

穿通管道根部防水构造，考虑到管道的动势以及它与屋面结构层的变形不一，因此在管道根部筑凹槽，加厚防水层，并利用其憎水、随动的特性，来达到防水目的。

4 施 工

4.0.1 建筑拒水粉屋面防水是一项屋面防水的新技术，为确保工程质量，必须加强施工管理，做到精心施工。

防水基层的质量直接影响着整个屋面防水的优劣，其中包括屋面板的板缝处理，泛水处理以及基层的平整度等，因此在做防水层前，必须对此进行验收认可后方可施工。

建筑拒水粉是粉状材料，它有一定的透气性，而且可以在+110℃、-40℃的条件不变质、不结块，因此可以在潮湿的基层上，或是雨后，都可施工，也可不受季节或气温的影响。为此尽管它由于重量较轻而不宜在5级风以上的条件下施工，但全年的有效施工日不会少于传统防水材料的有效施工日。

4.0.1.1 建筑拒水粉屋面防水工程的施工采用流水作业法，它可以节省人力、提高工效，也是防风的一个重要措施。

4.0.1.2 由于泛水处、檐口和局部节点部位防水需求高，施工要求精，故一般放在第二步施工，相接处的保护层应设施工缝(即分格缝)。

4.0.1.3 防水层施工铺粉厚度的控制方法：

（1）用刮尺铺粉，刮尺为20mm×150mm×1200mm，两端有钉子，露出的长度为防水层的设计厚度；

（2）计量法：如设计厚度为7mm，铺粉宽度为1m，则1包粉（25kg／包，容重500kg／m^3）应铺7m长；

（3）插扦法：用插扦插入已铺粉层，任意选点检测厚度。

防水层的施工是整个屋面防水工程施工的主导工序，是确保屋面防水质量的关键，因此，必须严格遵守规程进行施工，施工操作人员必须具有施工上岗证，严格把关。

逆风向铺粉，隔离层材料成卷，展平后压边，这又是防风的一个重要方面。

4.0.3 整浇式保护层在施工中控制水灰比、设置分格缝以及滚压和养护是防止或减少整浇式保护层开裂的有效措施。

铺贴式保护层当采用尺度较大的板材时，在泛水、檐口、天沟、变形缝处，为了便于施工，则仍可采用细石混凝土作保护层。当采用尺度较小的地砖时，必须要有基层，即浇筑15mm厚水泥砂浆，并压实抹平。

节点防水是屋面防水质量的关键部位，在施工时施工人员必须详尽地了解其构造设计和施工操作要点。如防水基层形体、表面比较复杂的部位（如天沟壁、横穿水落口等处）可选用卷材、涂料等防水材料组合应用，但应考虑其耐老化性与建筑拒水粉相匹配。

5　工 程 验 收

建筑拒水粉屋面在竣工后已成隐蔽体，既不能直观检验，又不可取样检测，因此在工程验收中查阅施工记录，及分阶段验收、核实防水材料的实际用量是很有必要的，而且采用蓄水检测和雨后检测也比较实际。

对于有渗漏现象的工程，必须寻求其原因，追究其责任并及时采取修补增强措施，严重的应全面返工。

建筑拒水粉屋面防水构造

目　次

建筑拒水粉技术指标

序号	项　目	指　标
1	外观	白色粉状
2	细度	0.2mm 方孔筛，筛余率＜20%
3	堆积密度(容重)	松散状态＜500kg／m^3
4	含水率	＜3%
5	含钙量(以 CaO 计)	＞60%
6	脂肪酸钙包裹率	＞80%
7	酸不溶物	＜3%
8	pH 值	＞12 (1∶2000 浸泡液)
9	不透水性	粉层厚 3mm，1500mmH_2O，24h 不透水
10	耐碱性	饱和 $Ca(OH)_2$，浸泡 15d，不变质
11	耐热性	100℃±2℃恒温 5h，不变质
12	抗冻性	−40℃～+20℃冻融 20 次不变质

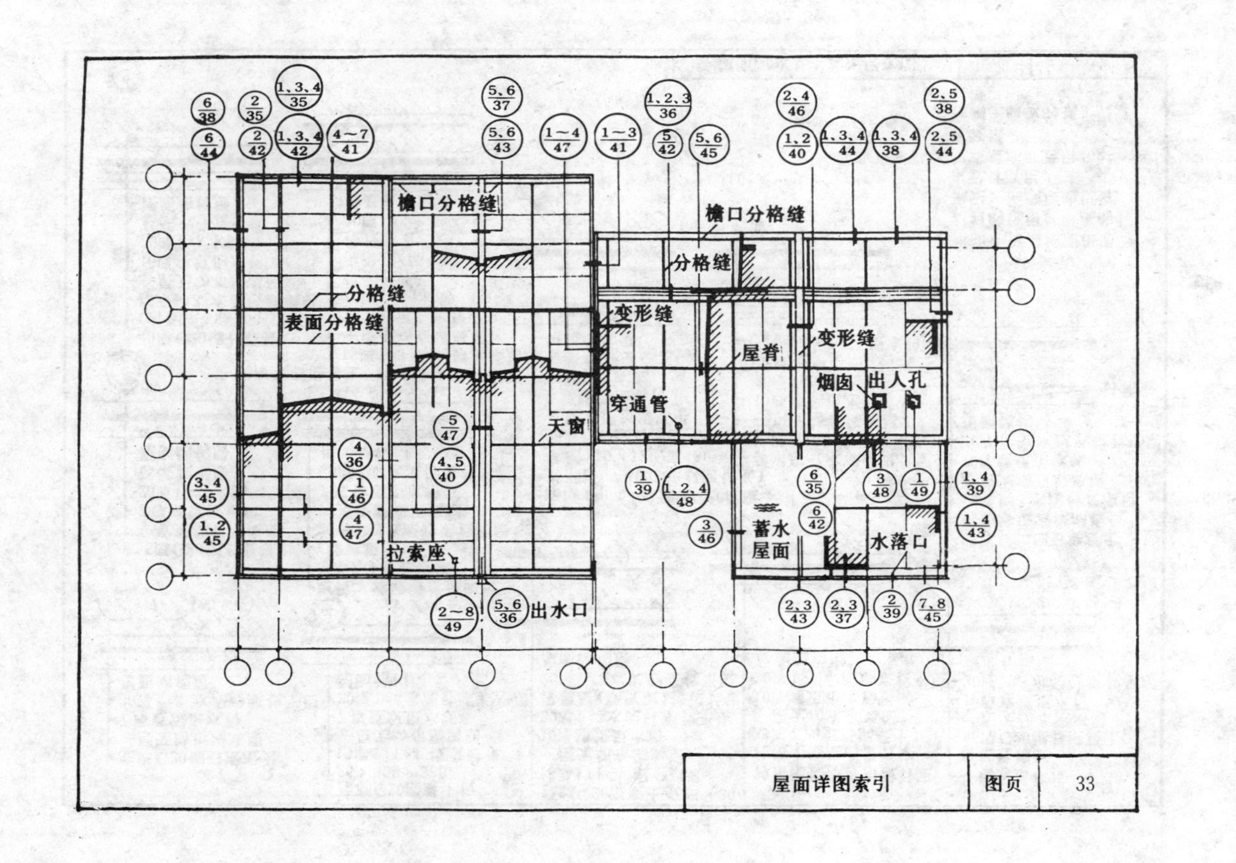
檐口分格缝
分格缝
表面分格缝
天窗
拉索座
出水口
檐口分格缝
分格缝
变形缝
屋脊
变形缝
穿通管
烟囱
出人孔
蓄水屋面
水落口
屋面详图索引
图页
33

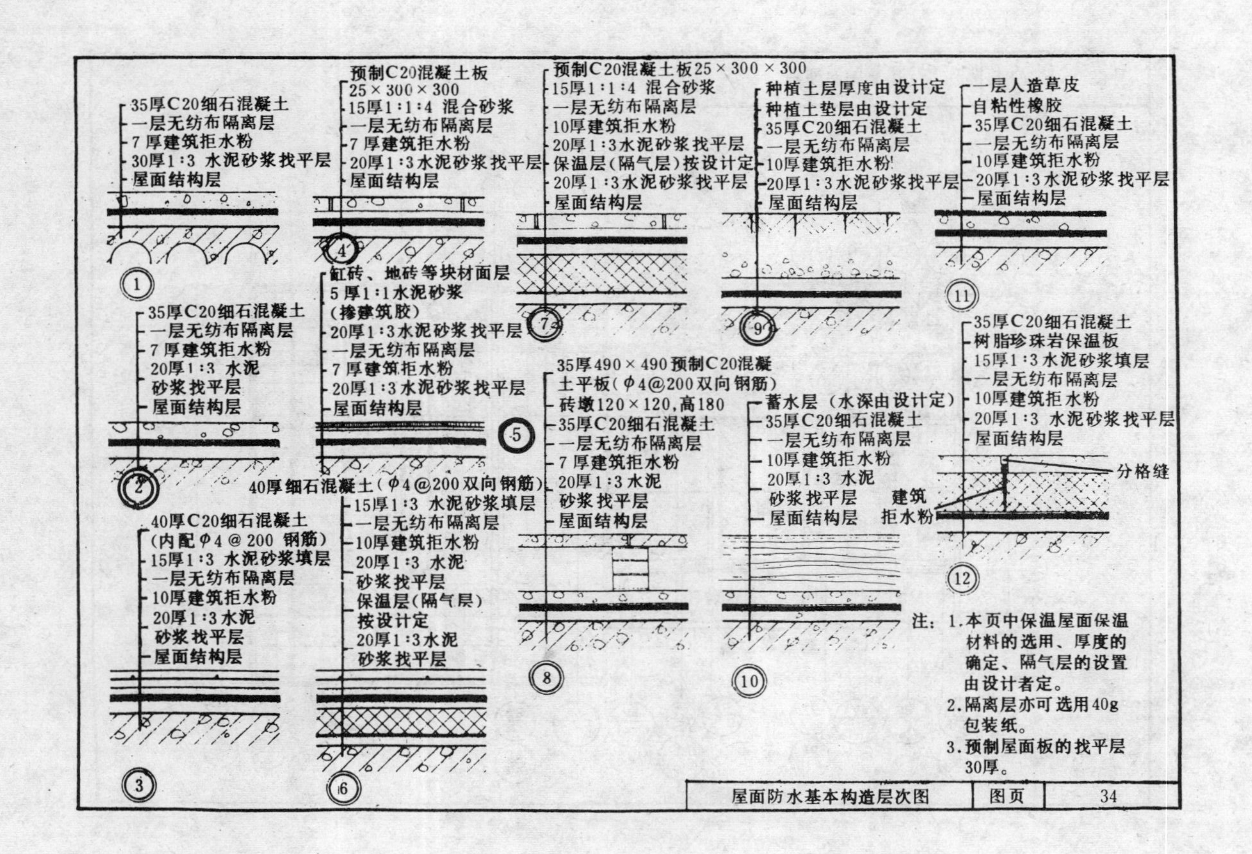

注：1. 本页中保温屋面保温材料的选用、厚度的确定、隔气层的设置由设计者定。
2. 隔离层亦可选用40g包装纸。
3. 预制屋面板的找平层30厚。

屋面防水基本构造层次图	图页	34

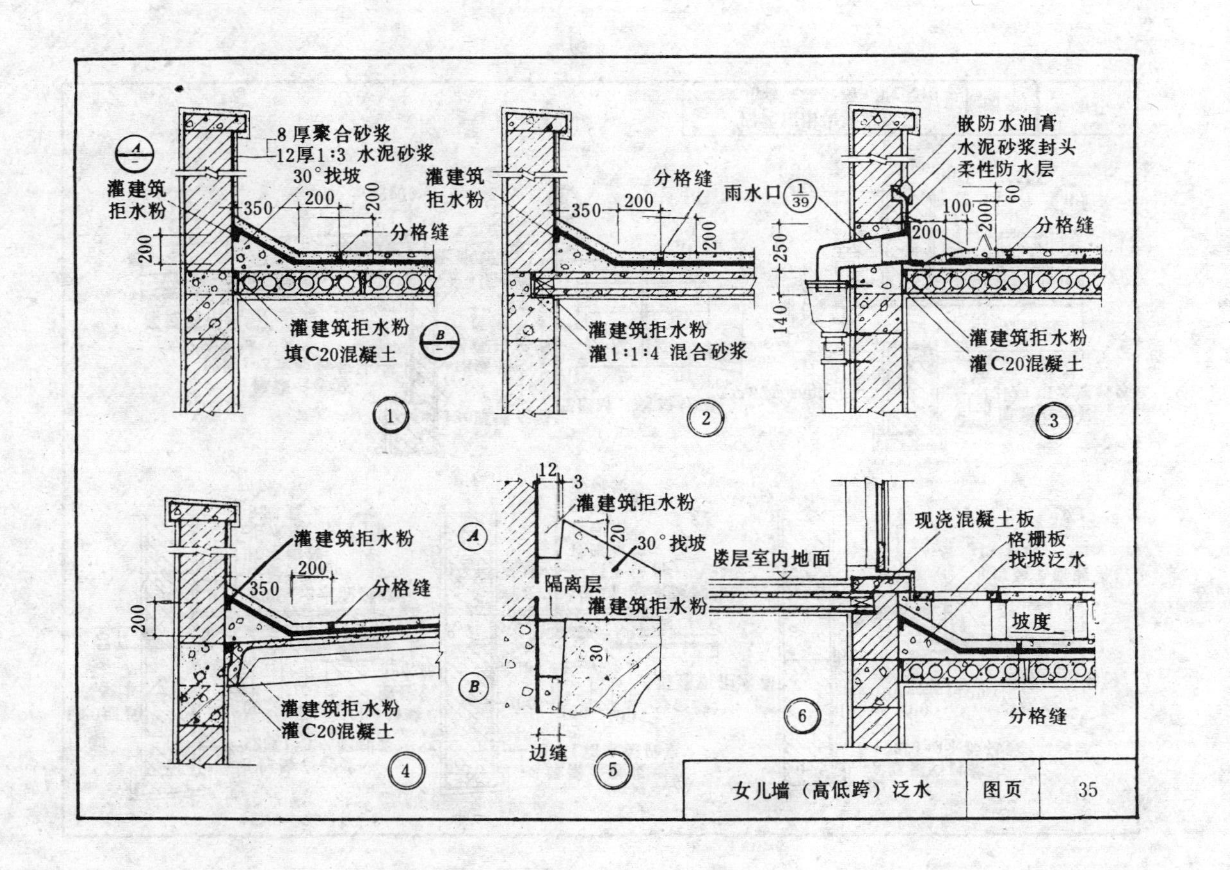
8 厚聚合砂浆
12厚1:3 水泥砂浆
30°找坡
灌建筑拒水粉
350
200
分格缝
灌建筑拒水粉
填C20混凝土
灌建筑拒水粉
灌1:1:4 混合砂浆
雨水口
嵌防水油膏
水泥砂浆封头
柔性防水层
250
140
100
60
灌建筑拒水粉
灌C20混凝土
12
3
20
30°找坡
隔离层
30
边缝
楼层室内地面
现浇混凝土板
格栅板
找坡泛水
坡度
1
2
3
4
5
6
女儿墙（高低跨）泛水
图页
35

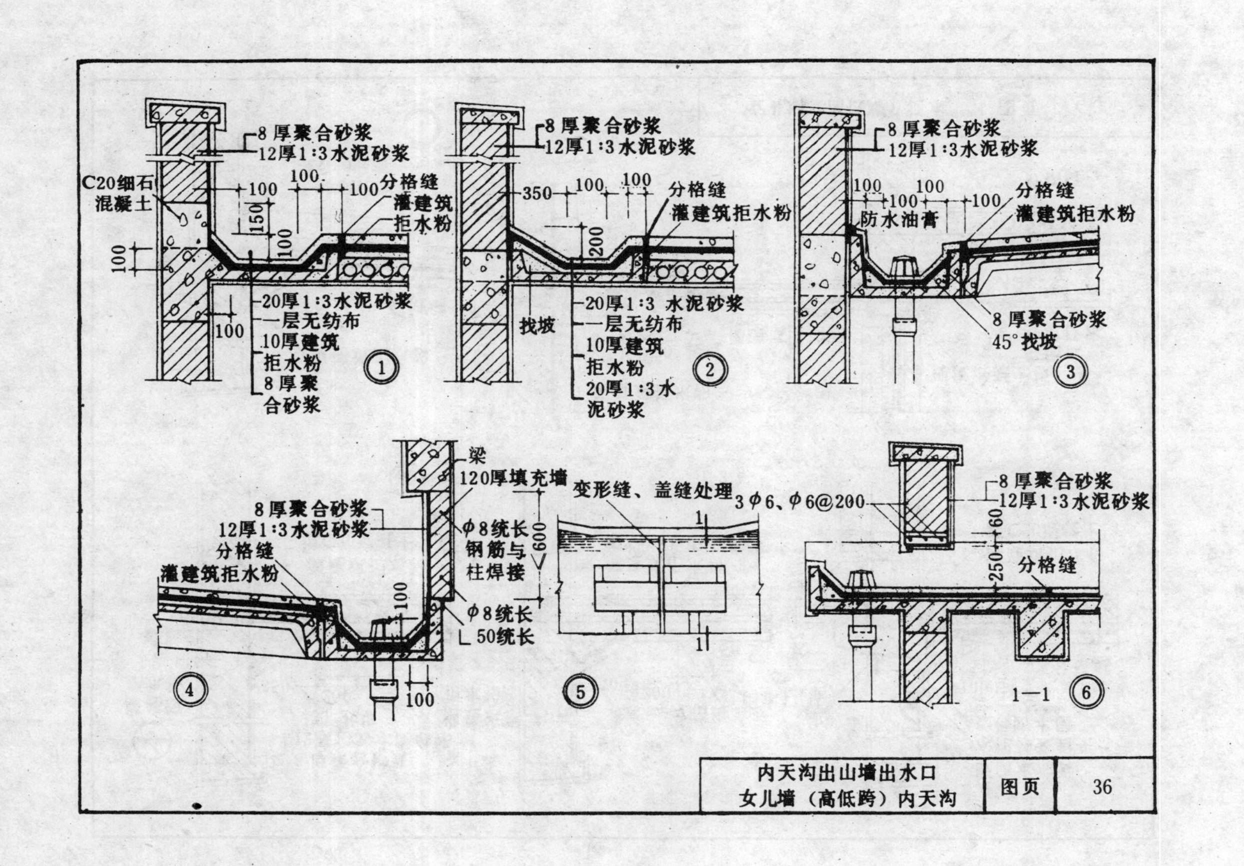
8厚聚合砂浆
12厚1:3水泥砂浆
C20细石混凝土
100
150
分格缝
灌建筑拒水粉
20厚1:3水泥砂浆
一层无纺布
10厚建筑拒水粉
8厚聚合砂浆
①
350
200
找坡
20厚1:3 水泥砂浆
20厚1:3水泥砂浆
②
防水油膏
8厚聚合砂浆
45°找坡
③
梁
120厚填充墙
φ8统长钢筋与柱焊接
600
φ8统长
L 50统长
④
变形缝、盖缝处理
1
⑤
3φ6、φ6@200
60
250
1—1
⑥
内天沟出山墙出水口
女儿墙（高低跨）内天沟
图页
36

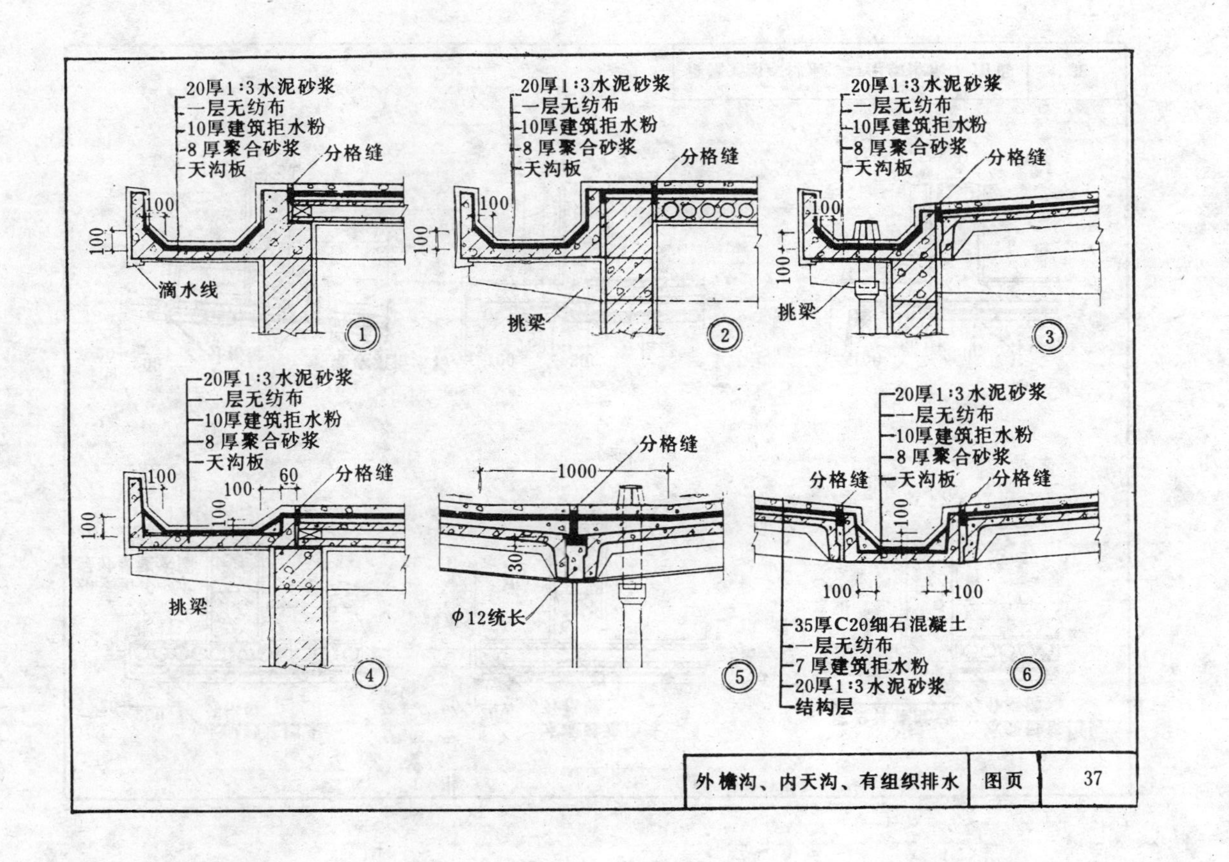

外檐沟、内天沟、有组织排水	图页	37

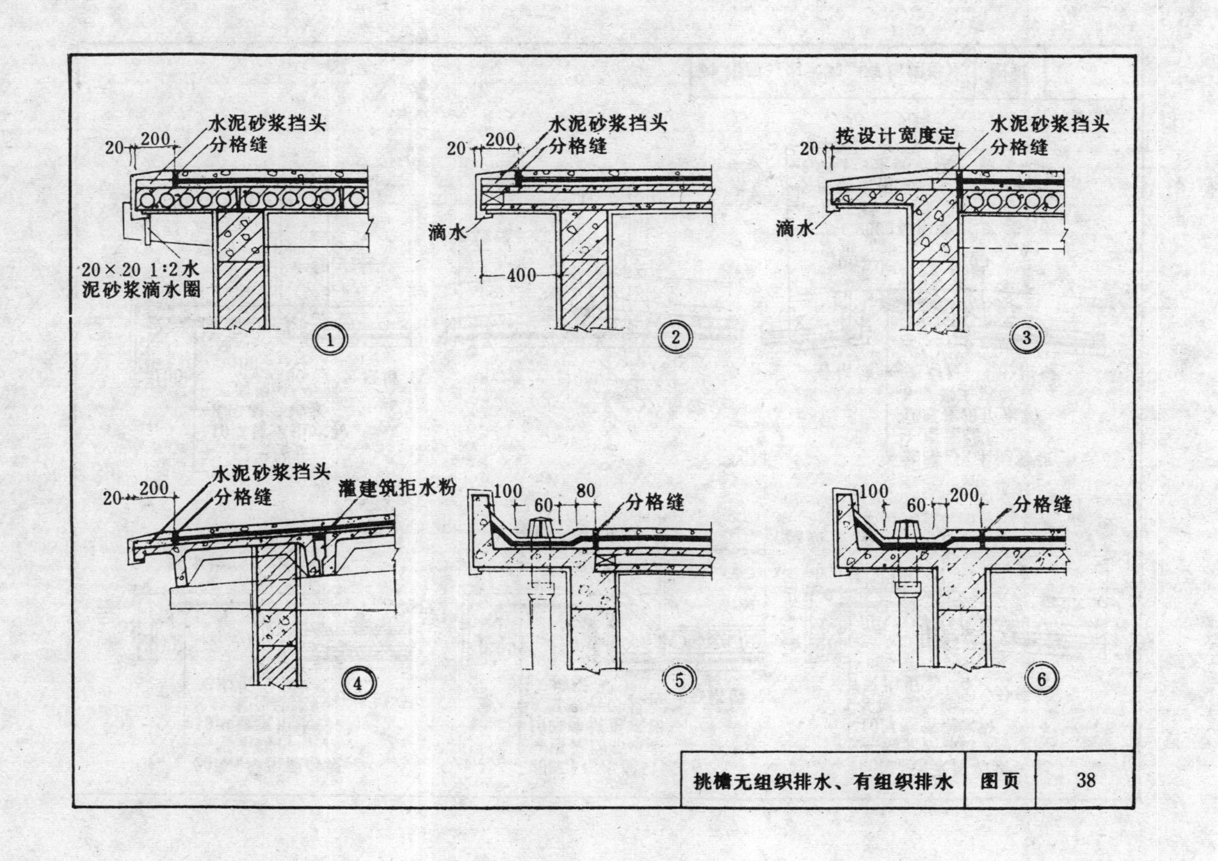

挑檐无组织排水、有组织排水	图页	38

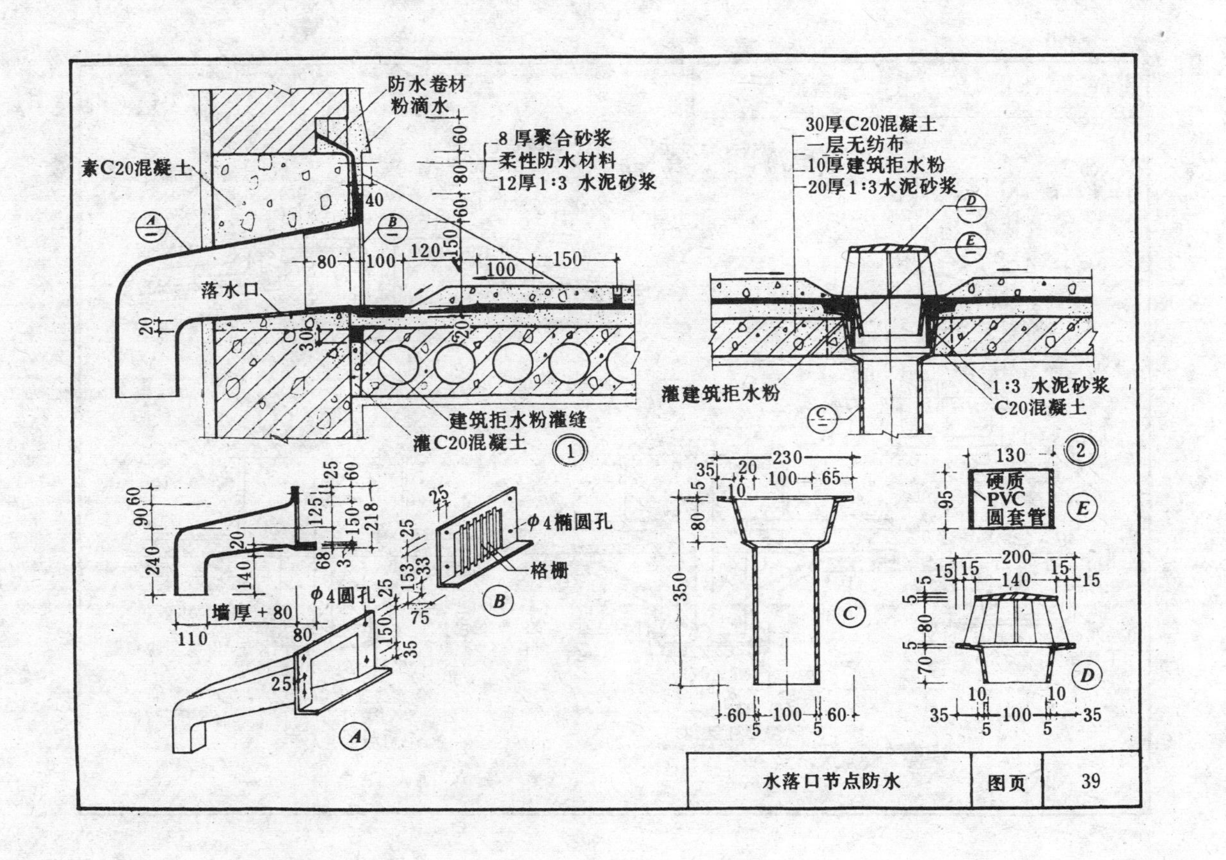
防水卷材
粉滴水
8 厚聚合砂浆
柔性防水材料
12厚1:3 水泥砂浆
素C20混凝土
落水口
建筑拒水粉灌缝
灌C20混凝土
①
30厚C20混凝土
一层无纺布
10厚建筑拒水粉
20厚1:3水泥砂浆
灌建筑拒水粉
1:3 水泥砂浆
C20混凝土
②
φ4圆孔
墙厚+80
φ4椭圆孔
格栅
A
B
C
硬质
PVC
圆套管
E
D
水落口节点防水
图页
39

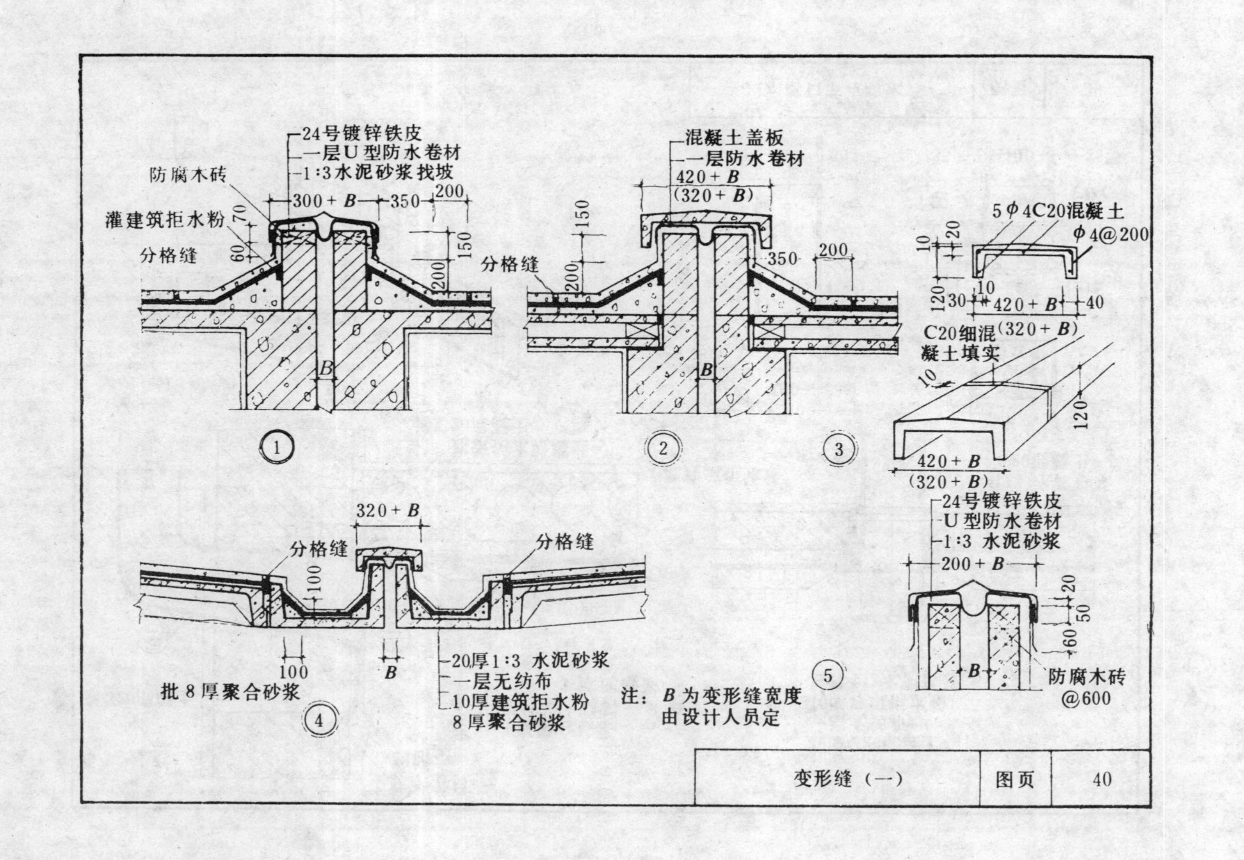

注：B为变形缝宽度由设计人员定

变形缝（一）	图页	40

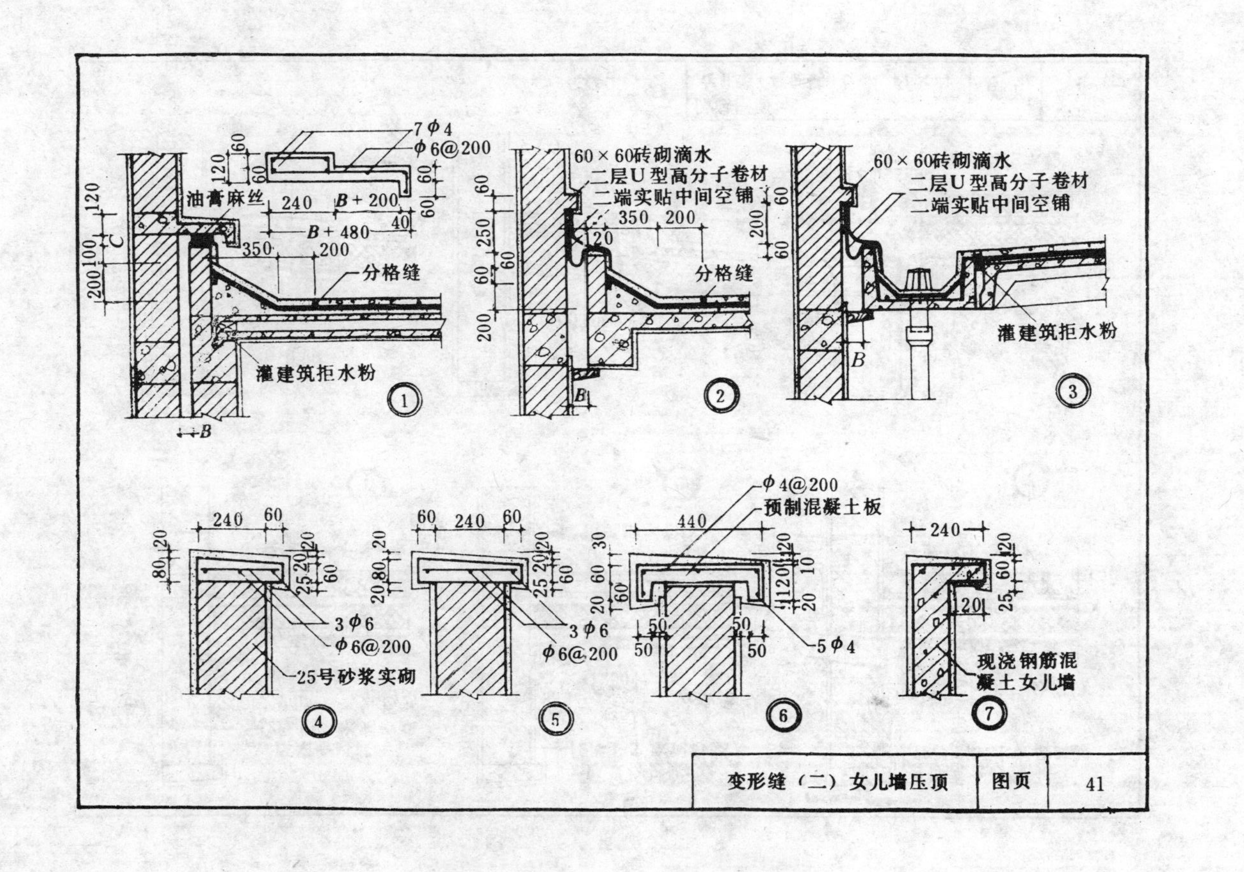
7φ4
φ6@200
油膏麻丝
B+200
B+480
分格缝
灌建筑拒水粉
60×60砖砌滴水
二层U型高分子卷材
二端实贴中间空铺
3φ6
φ6@200
25号砂浆实砌
φ4@200
预制混凝土板
5φ4
现浇钢筋混凝土女儿墙
变形缝（二）女儿墙压顶
图页
41

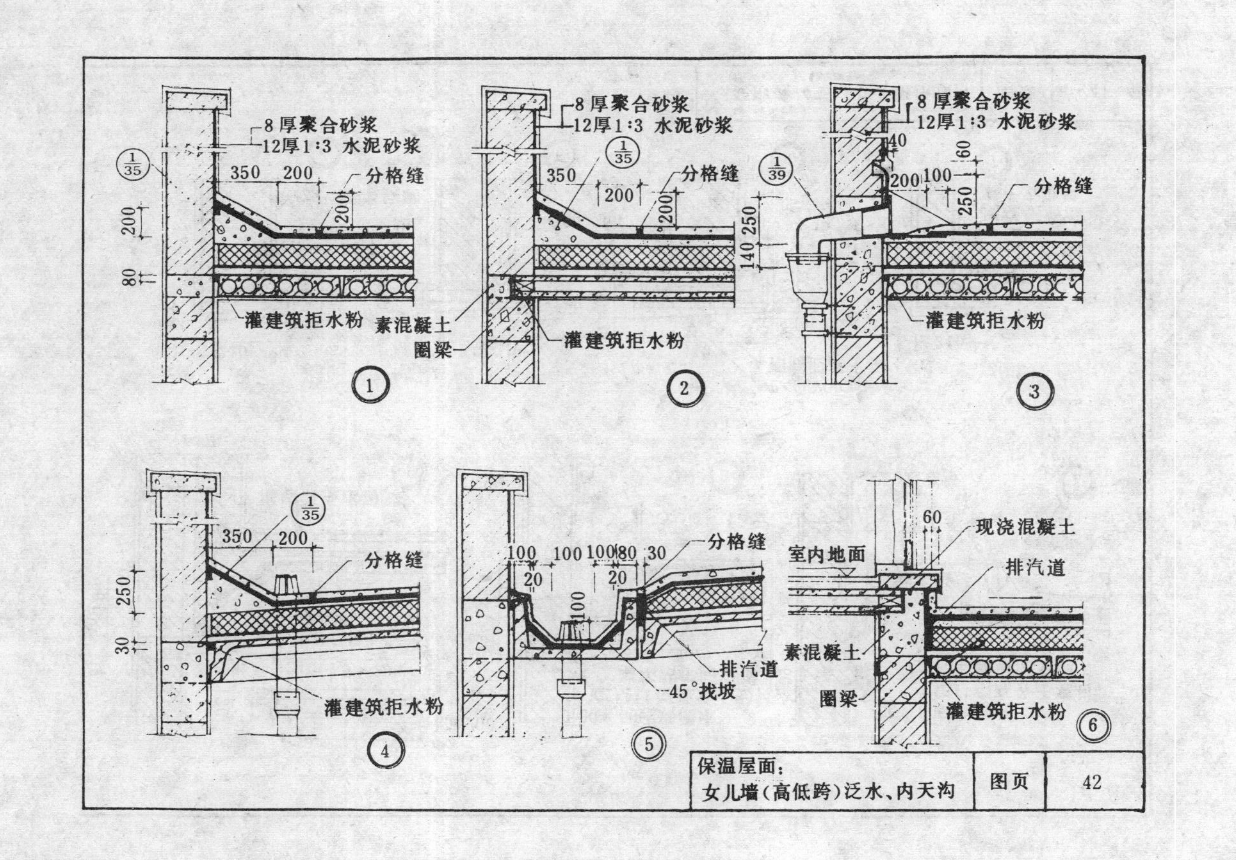

保温屋面： 女儿墙（高低跨）泛水、内天沟	图页	42

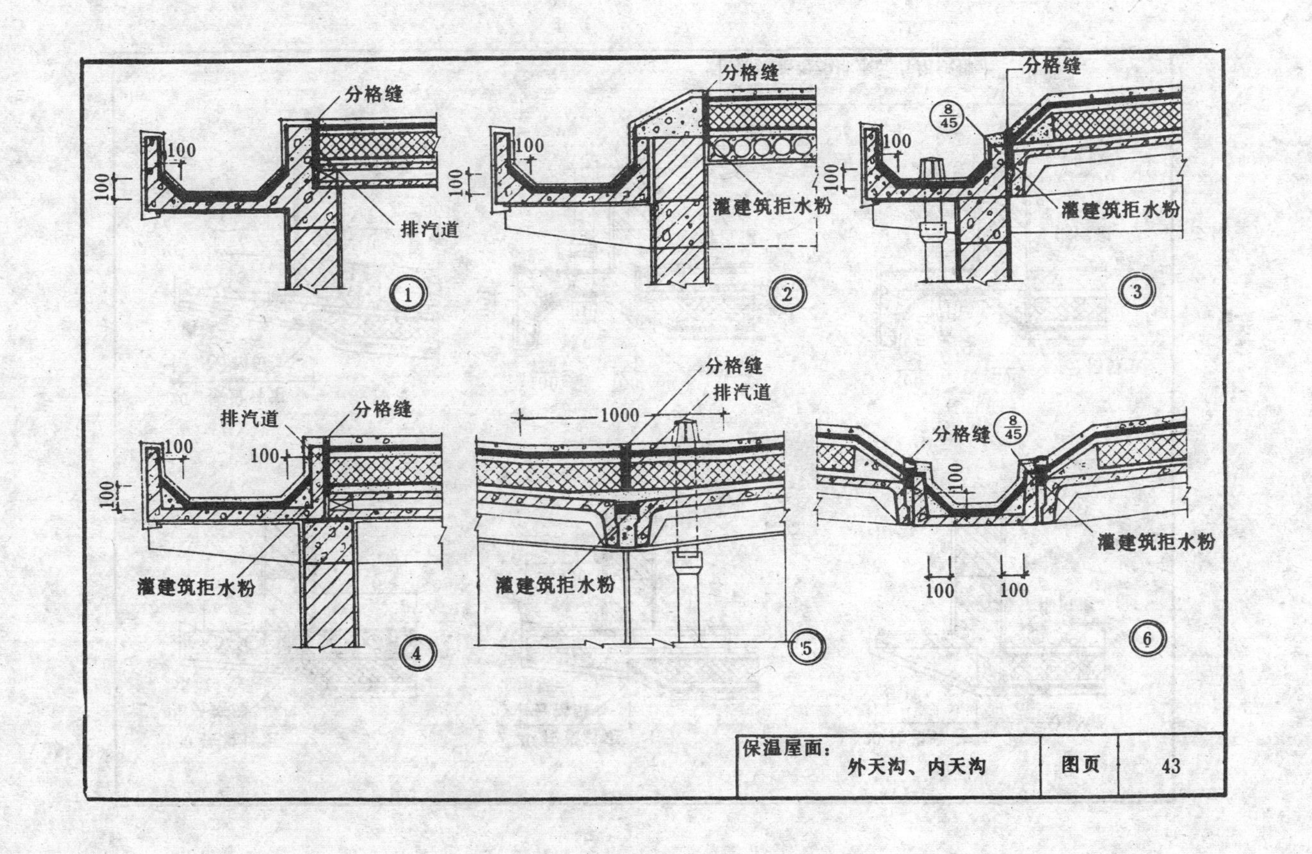

分格缝
100
100
排汽道
1
分格缝
100
100
灌建筑拒水粉
2
分格缝
8/45
100
100
灌建筑拒水粉
3
排汽道
分格缝
100
100
100
灌建筑拒水粉
4
分格缝
排汽道
1000
灌建筑拒水粉
5
分格缝
8/45
100
100
100
灌建筑拒水粉
6
保温屋面：
外天沟、内天沟
图页
43

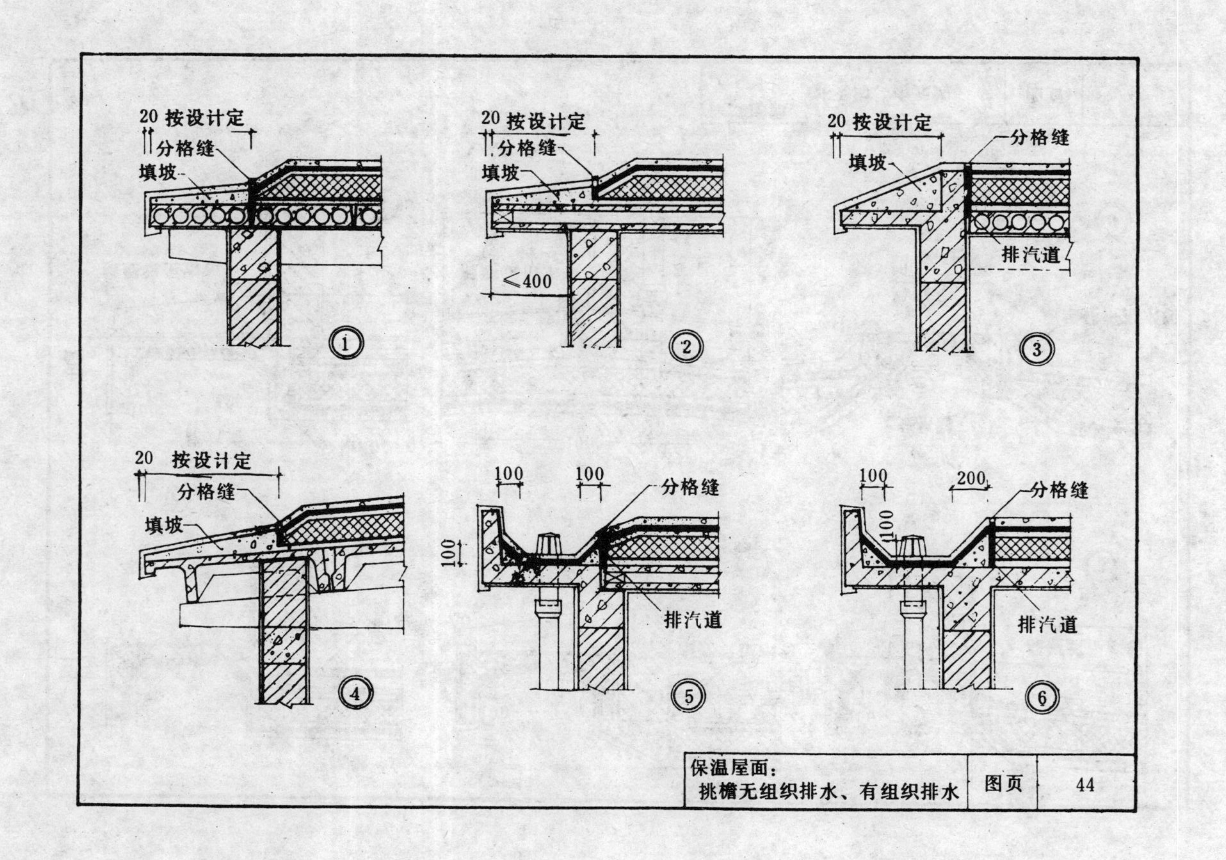

20 按设计定
分格缝
填坡
①
20 按设计定
分格缝
填坡
≤400
②
20 按设计定
分格缝
填坡
排汽道
③
20 按设计定
分格缝
填坡
④
100
100
100
分格缝
排汽道
⑤
100
200
100
分格缝
排汽道
⑥
保温屋面：
挑檐无组织排水、有组织排水
图页
44

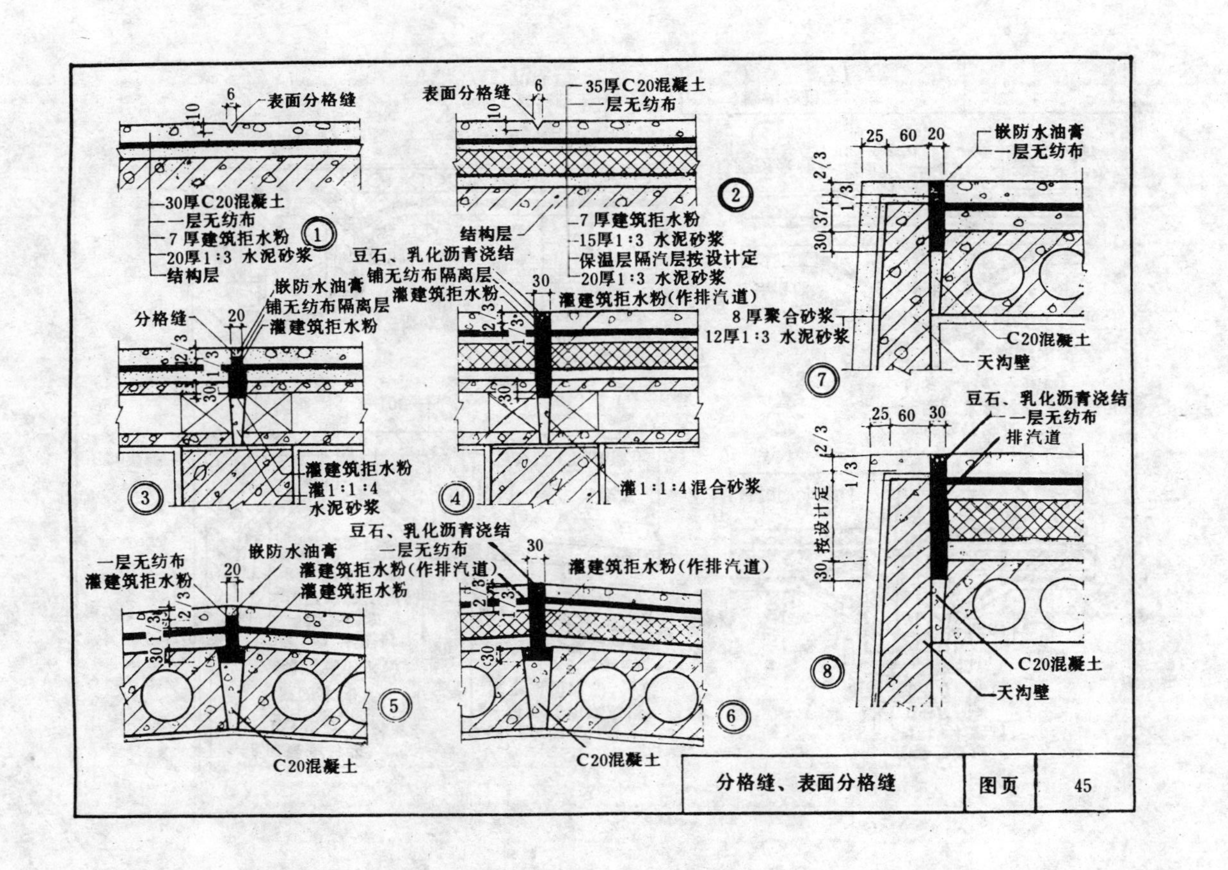

表面分格缝
30厚C20混凝土
一层无纺布
7厚建筑拒水粉
20厚1:3 水泥砂浆
结构层
1
表面分格缝
35厚C20混凝土
一层无纺布
结构层
7厚建筑拒水粉
15厚1:3 水泥砂浆
保温层隔汽层按设计定
20厚1:3 水泥砂浆
2
分格缝
嵌防水油膏
铺无纺布隔离层
灌建筑拒水粉
灌建筑拒水粉
灌1:1:4
水泥砂浆
3
豆石、乳化沥青浇结
铺无纺布隔离层
灌建筑拒水粉
灌建筑拒水粉(作排汽道)
8厚聚合砂浆
12厚1:3 水泥砂浆
灌1:1:4混合砂浆
4
一层无纺布
灌建筑拒水粉
嵌防水油膏
灌建筑拒水粉(作排汽道)
灌建筑拒水粉
C20混凝土
5
豆石、乳化沥青浇结
一层无纺布
灌建筑拒水粉(作排汽道)
C20混凝土
6
嵌防水油膏
一层无纺布
C20混凝土
天沟壁
7
豆石、乳化沥青浇结
一层无纺布
排汽道
按设计定
C20混凝土
天沟壁
8
分格缝、表面分格缝
图页
45

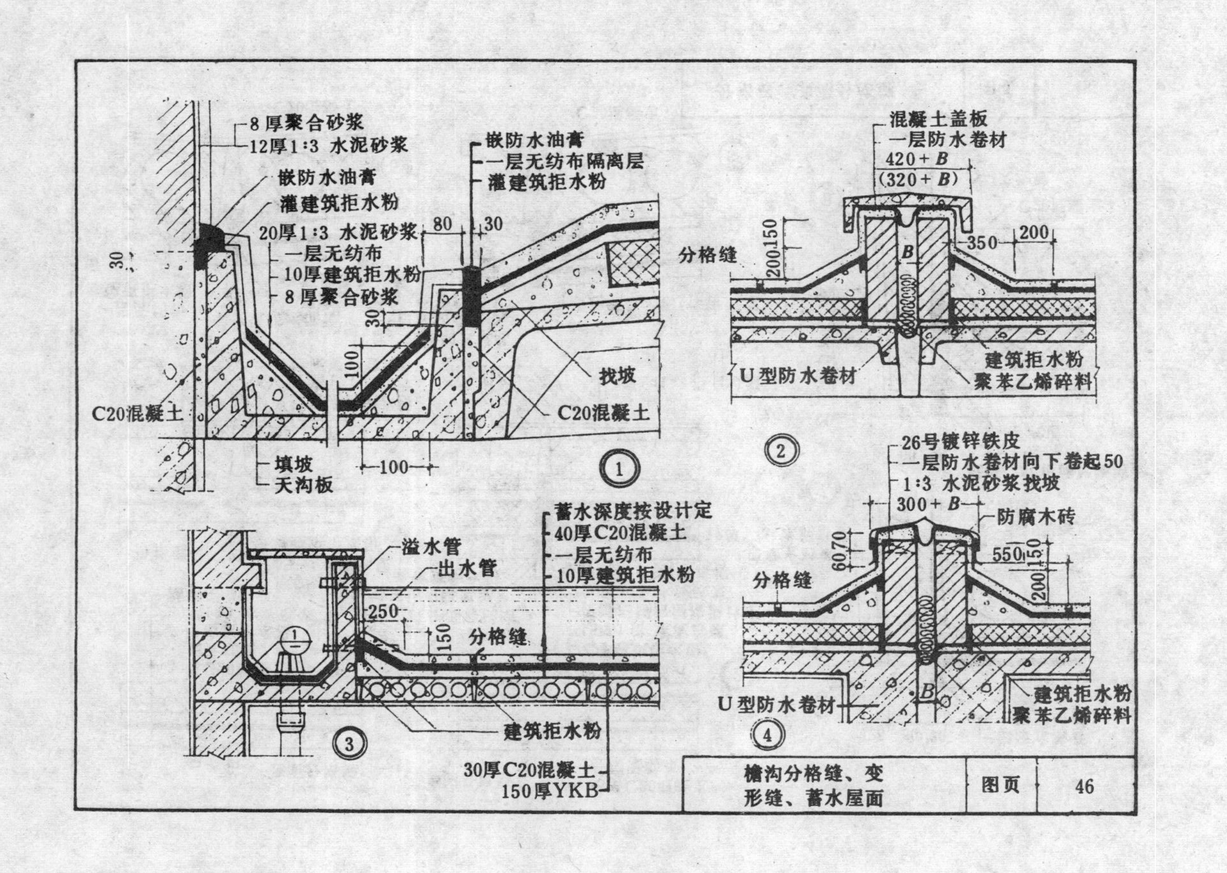

檐沟分格缝、变形缝、蓄水屋面	图页	46

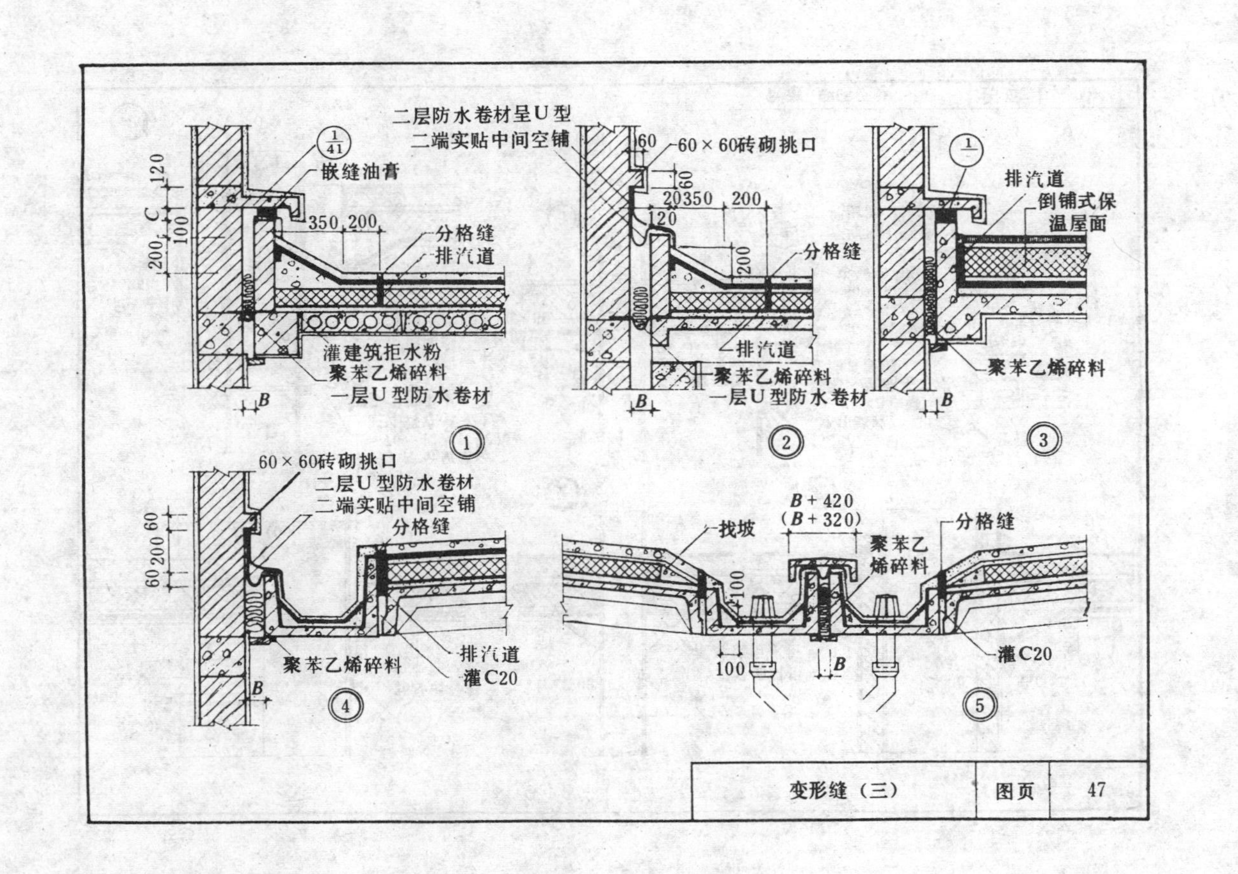

1/41
嵌缝油膏
120
C
100
200
350 200
分格缝
排汽道
灌建筑拒水粉
聚苯乙烯碎料
一层U型防水卷材
B
①
二层防水卷材呈U型
二端实贴中间空铺
60
60×60砖砌挑口
60
20350
200
120
200
分格缝
排汽道
聚苯乙烯碎料
一层U型防水卷材
B
②
1/—
排汽道
倒铺式保
温屋面
聚苯乙烯碎料
B
③
60×60砖砌挑口
二层U型防水卷材
二端实贴中间空铺
分格缝
60
200
60
聚苯乙烯碎料
排汽道
灌C20
B
④
B+420
(B+320)
找坡
聚苯乙
烯碎料
分格缝
100
100
B
灌C20
⑤

变形缝（三）	图页	47

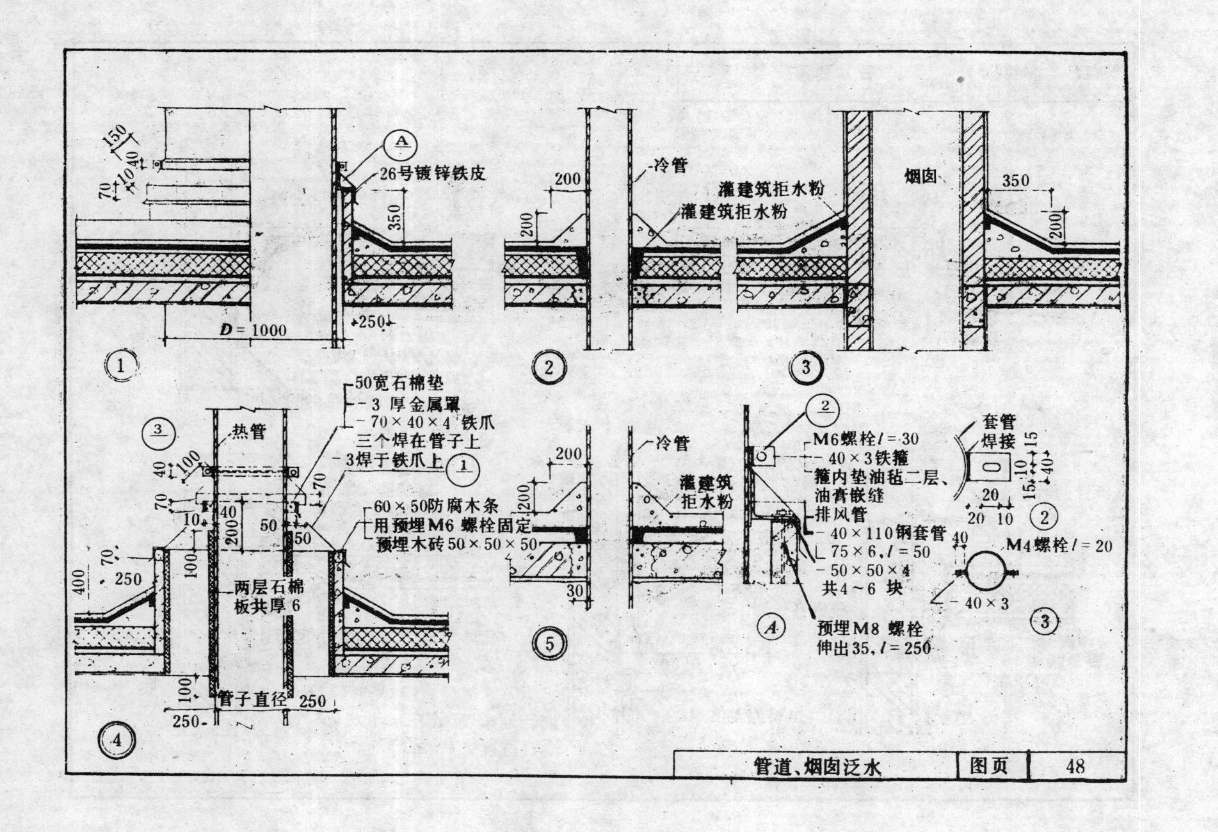
26号镀锌铁皮
D = 1000
冷管
灌建筑拒水粉
烟囱
50宽石棉垫
-3 厚金属罩
-70×40×4 铁爪
三个焊在管子上
-3焊于铁爪上
热管
60×50防腐木条
用预埋M6 螺栓固定
预埋木砖50×50×50
两层石棉
板共厚6
管子直径
M6螺栓 l = 30
-40×3铁箍
箍内垫油毡二层、
油膏嵌缝
排风管
-40×110钢套管
75×6, l = 50
-50×50×4
共4～6 块
预埋M8 螺栓
伸出35, l = 250
套管
焊接
M4螺栓 l = 20
-40×3
管道、烟囱泛水
图页
48

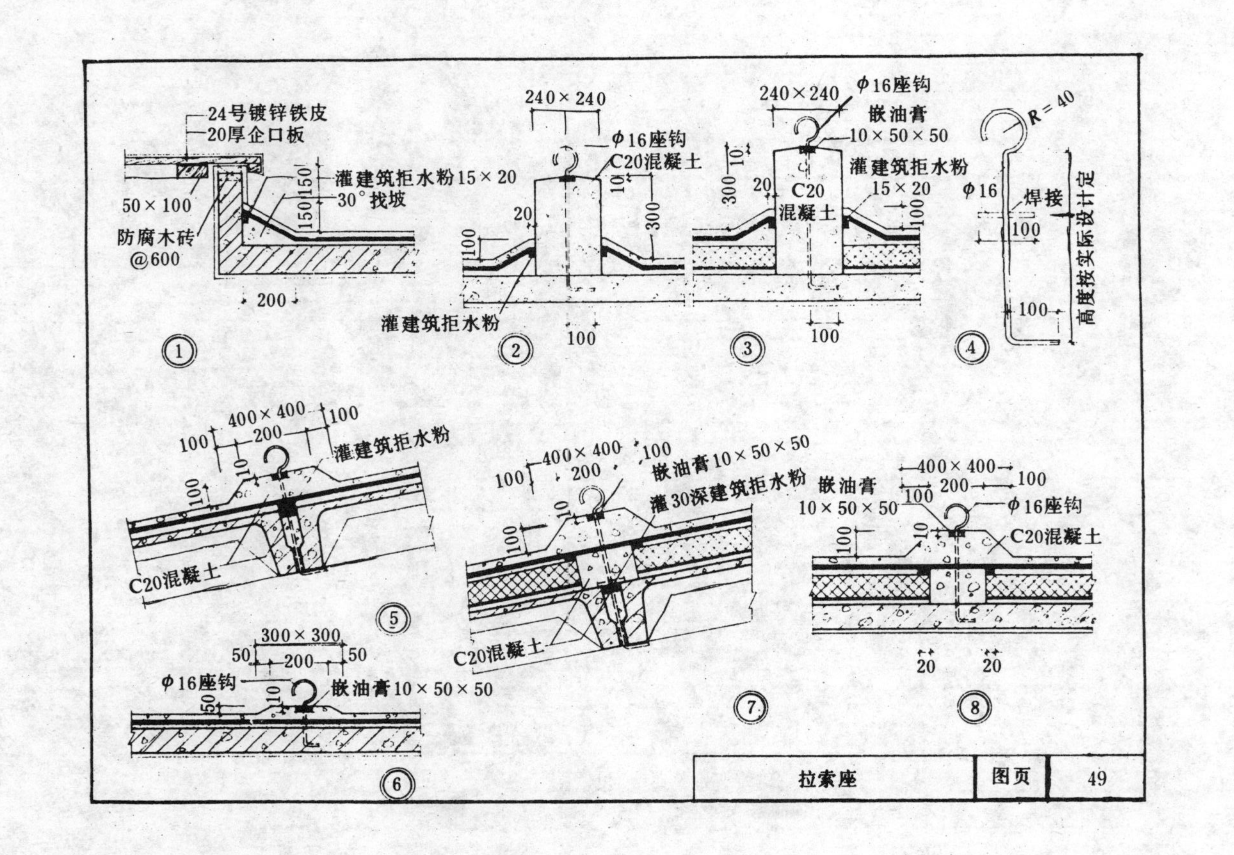
24号镀锌铁皮
20厚企口板
50×100
防腐木砖
@600
灌建筑拒水粉15×20
30°找坡
150
150
200
240×240
φ16座钩
C20混凝土
灌建筑拒水粉
300
100
嵌油膏
10×50×50
15×20
C20
混凝土
R=40
φ16
焊接
高度按实际设计定
400×400
200
C20混凝土
300×300
嵌油膏10×50×50
灌30深建筑拒水粉
20
拉索座
图页
49

中国工程建设标准化协会标准

增强氯化聚乙烯橡胶卷材防水工程技术规程

CECS 63：94

主编单位：浙 江 工 业 大 学
批准部门：中国工程建设标准化协会
批准日期：1 9 9 4 年 1 2 月 6 日

前　言

现批准《增强氯化聚乙烯橡胶卷材防水工程技术规程》CECS63：94，供全国各工程建设设计、施工、管理部门使用，并可供国外交流。在使用过程中，请将意见及有关资料寄交山西省太原市新建路8号山西省建筑工程总公司中国工程建设标准化协会建筑防水委员会（邮政编码：030002），以便修订时参考。

中国工程建设标准化协会
1994年12月6日

目　　次

1 总 则

1.0.1 为了提高增强氯化聚乙烯橡胶卷材的应用技术水平，确保防水工程质量，制定本规程。

1.0.2 本规程从材料、设计、施工、验收及维护等方面对增强氯化聚乙烯橡胶卷材防水工程进行了技术规定。

1.0.3 本规程适用于增强氯化聚乙烯橡胶卷材的工业与民用建筑屋面，地下防水工程的设计、施工及验收。

1.0.4 增强氯化聚乙烯橡胶卷材(以下简称卷材)防水工程的设计、施工及验收，除应符合本规程外，尚应符合国家现行有关标准、规范的规定。

2 材 料

2.0.1 卷材外观表面应平整，无疤痕、裂纹、粘结和孔洞，边缘应整齐，网布不得外露，上下胶层不得脱层。

每卷卷材允许有一处接头，其中较短的一段长度不应少于2.5 m，接头处应剪切整齐，并加长150 mm 备作搭接。

2.0.2 卷材的厚度规格应为1.00 mm、1.20 mm、1.50 mm、2.00 mm，宽度规格应为900 mm、1000 mm，每卷面积规格为10 m^2、15 m^2、20 m^2。

2.0.3 卷材的物理力学性能应符合表2.0.3的要求。

卷材的物理力学性能 **表2.0.3**

项目名称		性能要求	
拉伸强度(MPa)不小于		纵向	9.0
		横向	5.0
断裂伸长率(%)不小于		10	
低温弯折性		−20℃，无裂纹	
抗渗透性，0.3 MPa，30 min		不透水	
热老化保持率，80±2℃，168h	拉伸强度(%)不小于	80	
	断裂伸长率(%)不小于	70	

2.0.4 胶粘剂的质量应符合下列要求：

接缝胶粘剂的粘结剥离强度不应小于15 N/10 mm，浸水168 h后粘结剥离强度保持率不应小于70%；

基层胶粘剂的粘结剥离强度不应小于8 N/10 mm。

2.0.5 进场材料抽样复验应遵守下列规定：

同一牌号、规格的卷材，抽验数量为：大于1000卷，抽取5卷；500～1000卷，抽取4卷；100～499卷，抽取3卷；小于100卷，抽取2卷。

将抽取的卷材开卷进行规格、外观质量检验，全部指标达到标准规定时，即为合格。其中如有一项达不到要求，即应在受检产品中加倍取样复检，全部达到规定为合格。复检时有一项指标不合格，则判定该批产品外观质量为不合格。

卷材物理力学性能应检验拉伸强度、断裂伸长率、低温弯折性、抗渗透性。

胶粘剂性能应检验粘结剥离强度、浸水后粘结剥离强度保持率。

2.0.6 卷材的贮运、保管应遵守下列规定：

不同牌号、规格的产品应分别堆放。应贮存在阴凉通风的室内，避免雨淋、日晒，不得与有损卷材质量或影响卷材使用性能的物质接触，并远离热源。

运输途中或贮存期间，卷材应平放，贮存高度宜平堆5卷为限。

2.0.7 胶粘剂的贮运、保管应遵守下列规定：

不同品种、规格的胶粘剂应分别用桶密封包装存放；贮存在阴凉通风的室内，严禁接近火源、热源。

3 设计要点

3.0.1 屋面防水等级为Ⅰ级时，可采用三道卷材设防；为Ⅱ级时，可采用二道卷材设防；为Ⅲ级时，可采用一道卷材设防。屋面防水等级为Ⅰ、Ⅱ级时，亦可采用卷材与其它材料防水层构成多道设防，刚性防水层宜放在卷材防水层上面，涂膜防水层宜放在卷材防水层下面。

3.0.2 屋面防水等级为Ⅰ级时，卷材厚度不应小于1.5 mm；Ⅱ、Ⅲ级时，不应小于1.2 mm；Ⅲ级复合使用时，不应小于1.0 mm。

3.0.3 卷材防水屋面应根据建筑物性质、重要程度、结构特点、使用功能、环境条件、设防要求等进行防水构造设计，内容应包括保护层、防水层、找平层、保温层、隔汽层、隔离层、架空隔热层及基层处理等构造层次的设计以及防水节点构造。

3.0.4 屋面结构层应有较大的刚度和整体性。当采用装配式钢筋混凝土板时，应用强度等级不小于C20的细石混凝土嵌缝密实，细石混凝土宜掺微膨胀剂；当板缝宽度大于40 mm或上窄下宽时，板缝内必须设置构造钢筋。

找平层可采用水泥砂浆或细石混凝土，其厚度和技术要求应遵守《屋面工程技术规范》的有关规定。找平层应留设分格缝，分格缝应设在板端缝处、屋面转折处、防水层与突出屋面结构交接处。其纵横最大间距不宜大于6 m，缝宽宜为20 mm，并嵌填密封材料。分格缝兼作排汽道时，可适当加宽，并应与保温层连通。

3.0.5 在北纬40°以北地区且室内空气湿度大于75%，或其它地区空气湿度常年大于80%时，保温屋面应在结构层上、保温层下设置隔汽层。

隔汽层可采用1.0 mm厚的单层卷材空铺施工，卷材搭接宽度不应小于 70 mm。

设置的隔汽层卷材，在屋面与墙面连接处，高出保温层上表面不应小于 150 mm。

3.0.6 保温层厚度设计应遵守《屋面工程技术规范》的有关规定。

保温层设置在卷材防水层上部时，应采用憎水性或吸水率低的保温材料；设置在防水层下部时，应在保温层上做找平层。屋面坡度较大时，保温层应采取防滑措施。

3.0.7 在卷材上设置刚性防水层时，卷材与刚性防水层之间应设隔离层。

隔离层可采用纸筋灰、麻刀灰、低强度等级的砂浆、塑料薄膜、无纺布、粉砂、石灰浆、滑石粉等。

3.0.8 坡度大于 18 m 的屋面应采用结构找坡。平屋面宜采用结构找坡，排水坡度宜为 3%；当采用材料找坡时宜为 2%。

天沟、檐沟的纵向坡度不应小于 1%，沟底水落差不得超过 200 mm。

3.0.9 水落管内径不应小于 75 mm，一根水落管的最大汇水面积宜小于 200 m^2。水落管距离墙面不应小于 20 mm，其排水口距散水坡的高度不应大于 200 mm。

在结构构件（如柱）内埋设水落管时，其内径不应小于 100 mm，但弯管不应暗埋；水平水落管的坡度宜为 3%～10%。

3.0.10 在非寒冷地区通风较好的建筑物上采用架空隔热屋面时，架空板支座与卷材接触处宜设附加层。附加层可采用卷材或水泥砂浆、细石混凝土。

3.0.11 卷材铺贴可采用空铺法、点粘法、条粘法、满粘法。

当符合下列情况之一时，应优先采用空铺法、点粘法、条粘法：

屋面卷材防水层上有重物覆盖；

屋面卷材防水层上有刚性保护层压埋；

屋面基层变形较大；

地下工程平面卷材外防水。

采用空铺法、点粘法、条粘法时，距屋面或地下工程平面周边 800 mm 内应满粘，卷材与卷材之间亦应满粘。

当符合下列情况之一时，应采用满粘法：

基层坡度大于 25%或立面上铺贴；

经常承受动载作用的地下工程平面或坡面卷材防水；

多道卷材设防时，卷材与卷材之间的粘贴。

3.0.12 节点设计应充分考虑结构变形、温差变形、干缩变形、振动等因素，使节点设防能够适应基层变形的需要；按照增强设防的原则，采用附加增强、柔性密封、多种防水材料互补并用的多道设防、材料防水与构造防水相结合的作法；按照防排结合的原则，保证排水通畅。

3.0.13 天沟、檐沟、泛水、变形缝、水落口、水平和垂直出入口、伸出屋面的管道周围等节点处应设附加层。附加层可采用一层卷材满粘或防水涂膜。屋面板与檐沟的交接部位，无保温层屋面的板端缝等处的附加层宜采用一层卷材空铺，宽度宜为 200～300 mm。

3.0.14 高低跨屋面的高跨屋面为无组织排水时，低跨屋面受水冲刷的部位应加铺一层整幅卷材，再铺设 300～500 mm 宽的板材加强保护；有组织排水时，水落管下应加设钢筋混凝土水簸箕或冲水墩。

高低跨变形缝处应有适应变形的防水构造措施。

3.0.15 采用排汽屋面时，找平层设置的分格缝可兼作排汽道。排汽道应纵横设置，间距宜为 6 m，并同与大气连通的排汽孔相通。排汽孔可设在檐口下或排汽道交叉处。排汽孔以不大于 36 m^2 设置一个为宜，排汽孔必须做好防水处理。

3.0.16 卷材屋面宜做保护层。保护层宜采用与卷材材性相容的浅色涂料或块材、20 mm 厚水泥砂浆、30 mm 厚细石混凝土。刚性保护层与卷材防水层之间应做隔离层。

3.0.17 上人屋面应根据使用功能选用块材或细石混凝土面层，并按要求确定其厚度。

3.0.18 倒置式屋面的保温层可采用干铺，亦可采用与卷材材性相容的胶粘剂或水泥砂浆粘贴。保温层上可用混凝土板材、水泥砂浆或卵石做保护层。卵石保护层与保温层间应铺纤维织物，混凝土板材可干铺，亦可用砂浆铺砌。

3.0.19 卷材防水屋面上放置的设施基座与结构层相连时，防水层宜包裹至设施基座的上部，并在地脚螺栓周围做密封处理。

当在防水层上放置设施时，设施下部的防水层应做附加增强层，必要时在其上浇筑厚度为 50 mm 以上的细石混凝土。

3.0.20 卷材用于地下防水工程时，可采用外防外贴或外防内贴方案。设计应根据水文地质条件、地下工程的类型和使用要求以及施工条件选择。

3.0.21 对一层地下结构或地下水位低于地下结构底标高时，应设一道卷材防水；对二层地下结构或低于地下水位的地下结构，以及有特殊设防要求的一层地下结构，宜设二道卷材防水。卷材厚度不应小于 1.2 mm。

3.0.22 地下工程卷材防水层的基层应找平。平面防水层应设置厚度不小于 40 mm 的细石混凝土，立面外防水可采用厚度不大于 10 mm 泡沫塑料或砖砌保护层。

3.0.23 地下工程的变形缝、出入口、排水沟、集水坑、侧壁洞口或突出构件等节点处，地下结构高低错层处，立面与平面、立面与立面交接处应设附加增强层，附加增强层应采用一层卷材满粘。地下防水工程的阴角、阳角应设涂膜或金属附加增强层。

4 细部构造

4.0.1 天沟、檐沟应增设与卷材材性相容的防水涂膜附加层，亦可采用增铺一层卷材。

天沟、檐沟与屋面交接处的附加层宜空铺，空铺宽度应为 200 mm(图 4.0.1-1)。

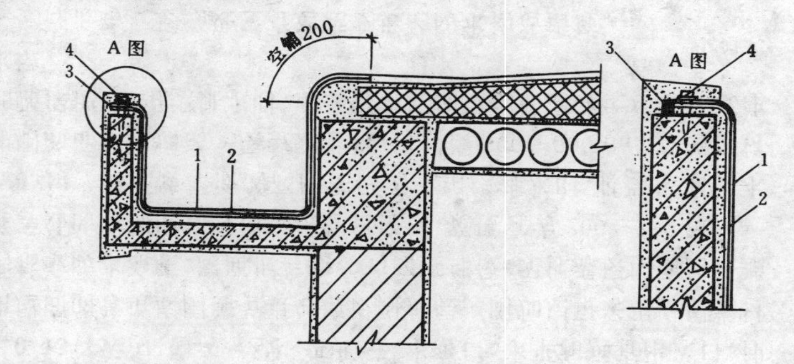

图 4.0.1-1 檐 沟

1——卷材防水层；2——附加层；3——密封材料；4——聚合物砂浆

天沟、檐沟内侧宽高比不应小于 2∶1，当檐沟外侧壁系倾斜高壁板时其檐沟处宽高比亦不应小于 2∶1。

高低跨交接处设有内排水天沟，其与立墙交接处应采取密封处理(图 4.0.1-2)。

4.0.2 无组织排水檐口 800 mm 范围内卷材应采取满粘法，在变坡处应空铺 500 mm 宽的一层卷材，卷材收头应固定密封(图 4.0.2)。

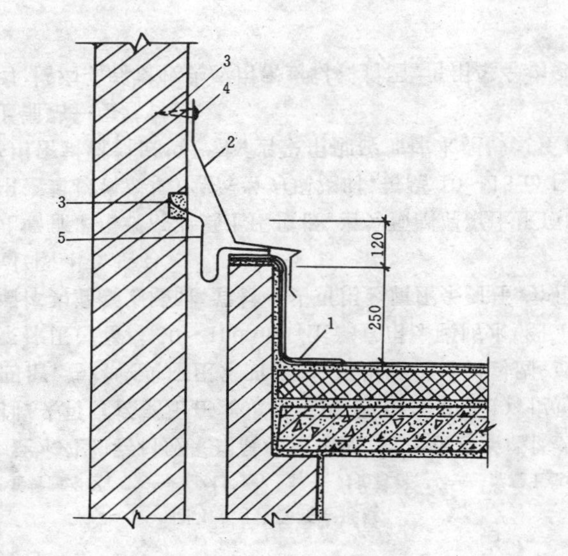

图 4.0.1-2　高低跨变形缝

1——卷材防水层；2——合成高分子卷材或金属板；3——密封材料；
4——金属压条钉压；5——卷材封盖

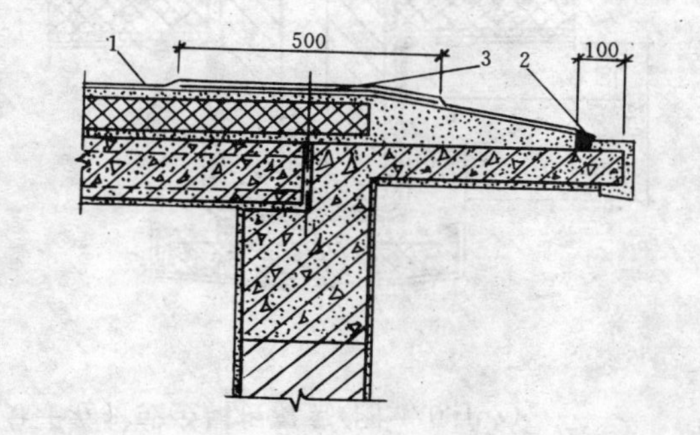

图 4.0.2　无组织排水檐口

1——卷材防水层；2——密封材料；3——附加空铺层

4.0.3　水落口埋设标高应考虑水落口设防时增加的涂膜附加层、密封层的厚度及排水坡度增加的尺寸。

水落口周围直径 500 mm 范围内坡度不应小于 5%，并应用与卷材相容的涂料涂刷，再将卷材开洞铺至水落口，剪口处用密封材料封口（图 4.0.3-1、图 4.0.3-2）。

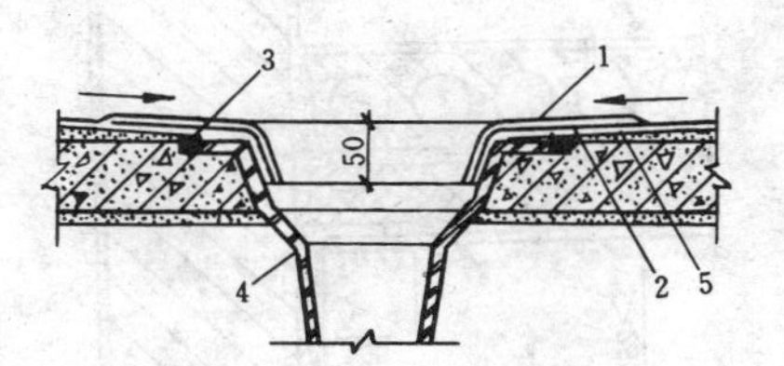

图 4.0.3-1　直式水落口

1——卷材防水层；2——附加层；3——密封材料；
4——水落口杯；5——涂膜层

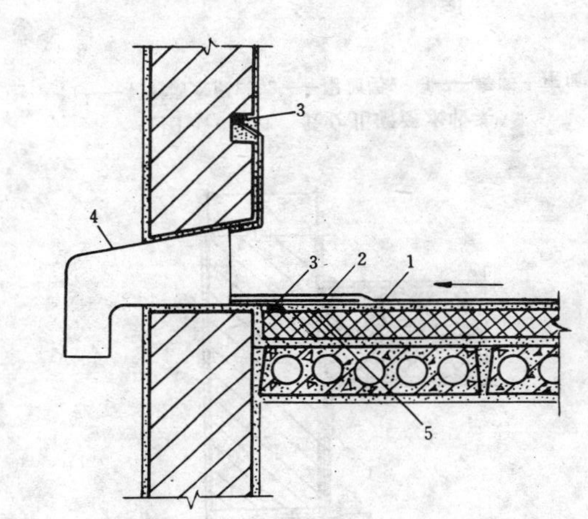

图 4.0.3-2　横式水落口

1——卷材防水层；2——附加层；3——密封材料；
4——水落口杯；5——涂膜层

4.0.4 变形缝内宜填充泡沫塑料，上部填放衬垫材料，并用卷材封盖。然后在顶部加扣混凝土盖板(图 4.0.4)。高低跨变形缝处应用合成高分子卷材或金属板覆盖(图 4.0.1-2)。

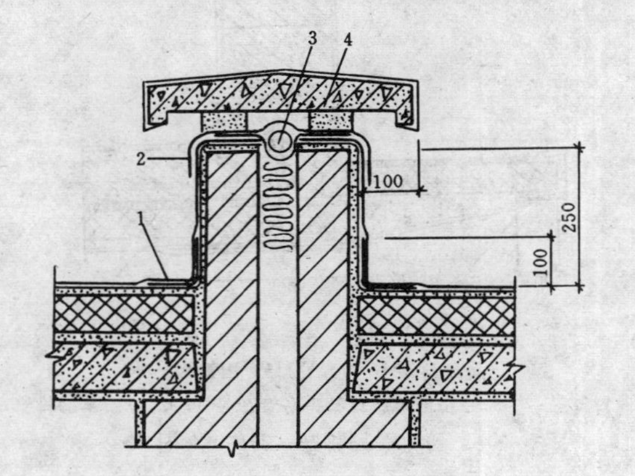

图 4.0.4　等高变形缝

1——卷材防水层；　2——卷材封盖；　3——衬垫材料；　4——混凝土盖板

4.0.5 泛水处的卷材应采用满粘法铺贴。泛水收头当墙体为砖墙时，卷材收头可直接铺压在女儿墙压顶下(图 4.0.5-1)，也可在砖墙上留凹槽，卷材收头应压入凹槽内，再用密封材料封固，或用聚合物砂浆抹压过卷材 50～100 mm，上部宜用涂膜防水(图 4.0.5-2)。当墙体为混凝土墙时，卷材收头可用金属压条钉压，并用密封材料封固(图 4.0.5-3)。

女儿墙宜采用现浇混凝土压顶板。当为预制混凝土压顶时，接缝处应用密封材料嵌填严密；当为现浇时，每隔 10～15 m 应留分格缝，并用密封材料嵌填严密；当采用砌砖加抹水泥砂浆压顶时，应在其上铺贴一层卷材。

天沟、檐沟的卷材收头应用密封材料封固，再用聚合物砂浆抹压。

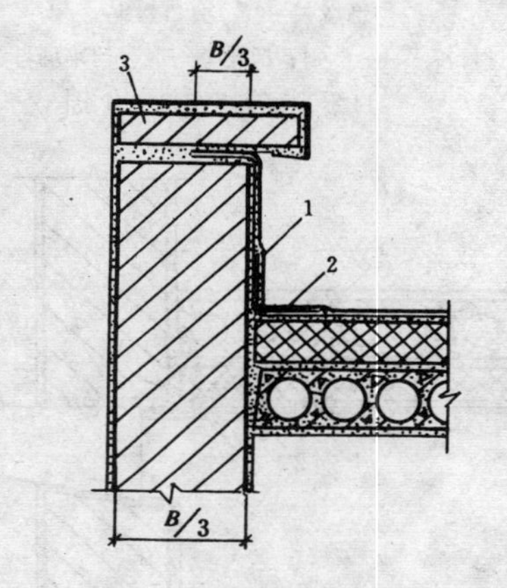

图 4.0.5-1　低女儿墙泛水收头

1——卷材防水层；　2——附加层；　3——混凝土压顶

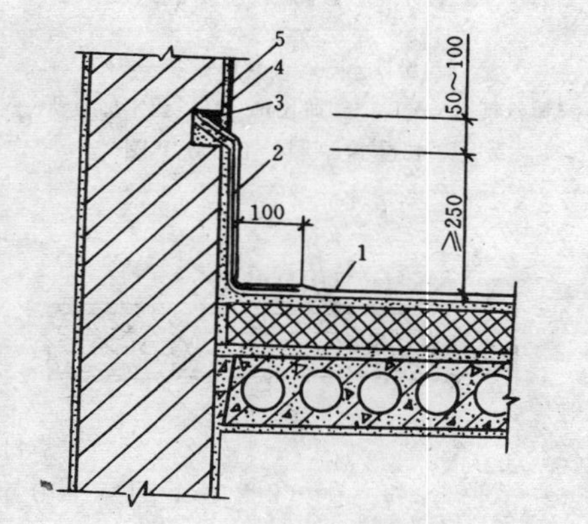

图 4.0.5-2　砖墙泛水收头

1——卷材防水层；　2——附加层；　3——密封材料；
4——水泥砂浆抹面；　5——涂膜防水

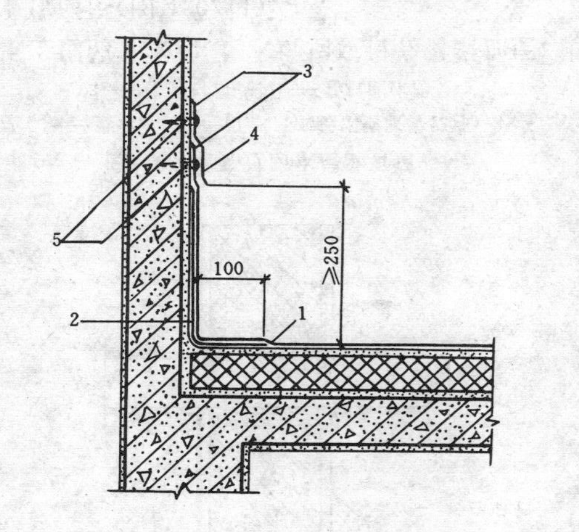

图 4.0.5-3　混凝土泛水收头

1——卷材防水层；2——附加层；3——密封材料；
4——合成高分子卷材或金属板；5——金属压条钉压

4.0.6　屋面垂直出入口卷材收头应压在混凝土压顶圈下(图 4.0.6-1),水平出入口卷材收头应压在混凝土踏步板下,泛水应设护墙(图 4.0.6-2)。

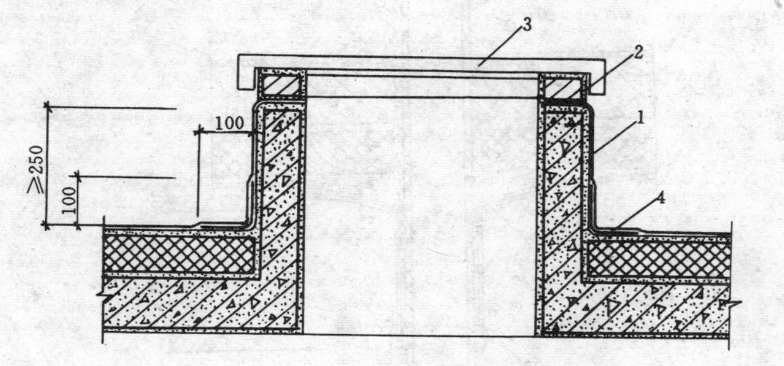

图 4.0.6-1　垂直式出入口

1——卷材防水层；2——混凝土压顶圈；3——人孔盖；4——附加层

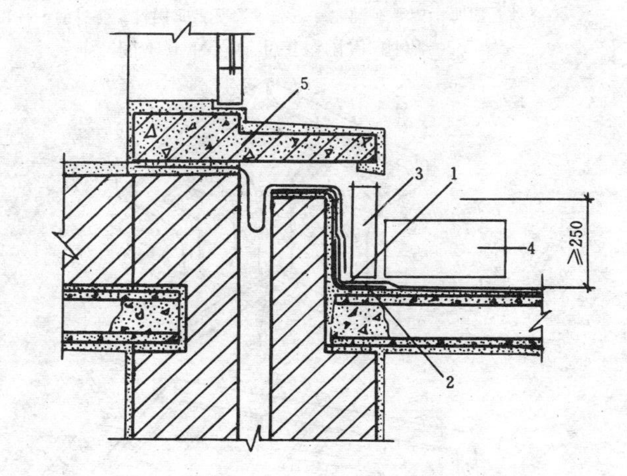

图 4.0.6-2　水平式出入口

1——卷材防水层；2——附加层；3——护墙；4——踏步；5——踏步板

4.0.7　反梁过水孔应根据排水要求确定孔口尺寸及距沟底板的高度。过水孔高度不应小于 150 mm,宽度不应小于 250 mm,过水孔可用涂膜或密封材料防水。采用预埋管做过水孔时,管径不应小于 75 mm,预埋管道两端周围与混凝土接触处应留凹槽,用密封材料封严。

4.0.8　伸出屋面管道周围的找平层应做成圆锥台,管道与找平层间应留凹槽并嵌填密封材料。卷材收头处应用金属箍箍紧,并用密封材料封严(图 4.0.8)。

4.0.9　穿过地下结构的管道应预埋套管,加焊止水环或用遇水膨胀橡胶环;套管周围与混凝土间应留置 20×20(mm)的凹槽,填嵌密封材料,再做防水层。管道与套管之间应做密封处理(图4.0.9)。

4.0.10　地下工程变形缝内宜填充泡沫塑料或其它轻质憎水材料。变形缝应设置止水带并与结构层固定密封。卷材防水层于变形缝处应设置二层凹形卷材附加层,卷材外必须有保护层。

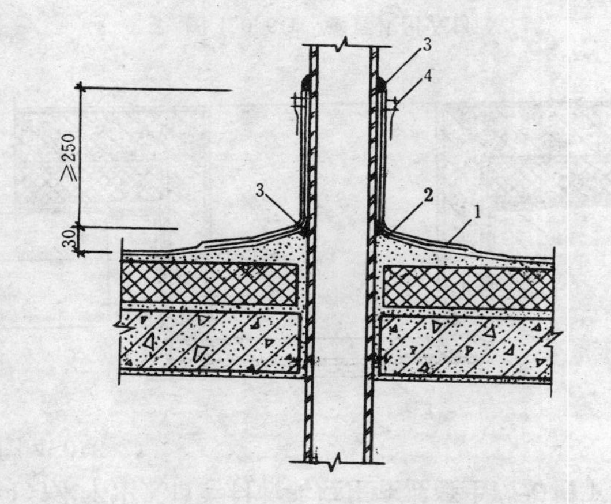

图 4.0.8　伸出屋面的管道

1——卷材防水层；　2——附加层；

3——密封材料；　4——金属箍

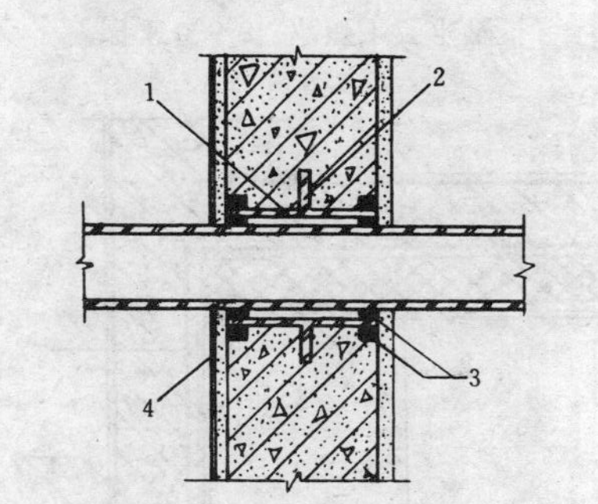

图4.0.9　穿过防水层的管道

1——套管；　2——止水环或遇水膨胀橡胶环；

3——密封材料；　4——卷材防水层

4.0.11　地下工程的排水沟、集水坑均应设卷材附加层，其上宜做刚性保护层兼作面层(图 4.0.11)。

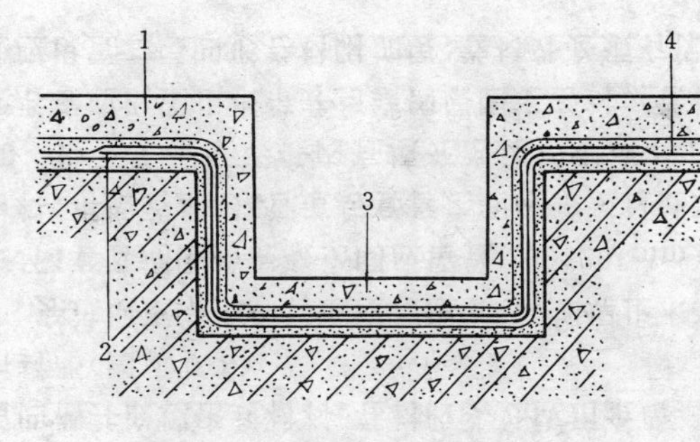

图 4.0.11　地下工程排水沟、集水坑

1——地面面层；　2——附加层；　3——保护层；　4——防水层

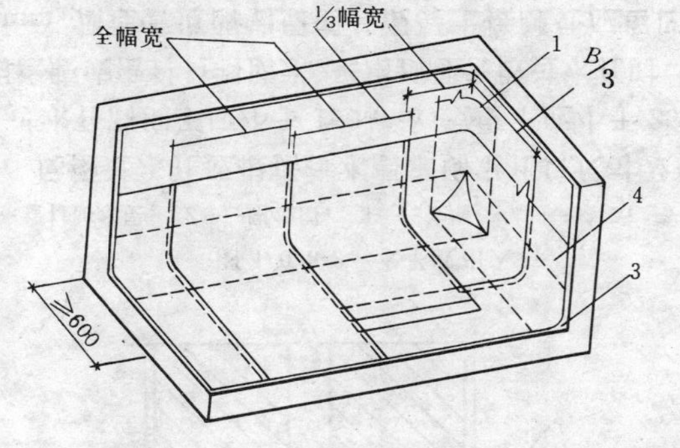

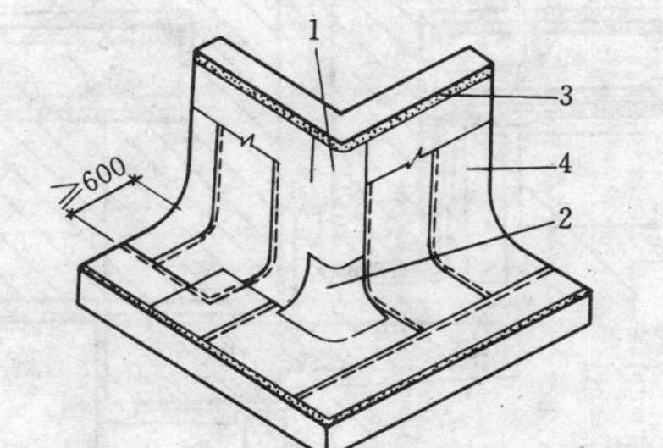

图 4.0.12　地下工程阴角、阳角

1——转折处卷材附加增强层；　2——涂膜或金属附加增强层；

3——找平层；　4——卷材防水

4.0.12 地下工程阴阳角应采用涂膜或金属附加增强层，金属附加增强层应满粘。卷材搭接处不得留在立面与立面、立面与平面交接处（图 4.0.12）。

5 卷材施工

5.1 一般规定

5.1.1 施工准备工作应遵守下列规定：

5.1.1.1 防水工程施工前，施工单位应通过图纸会审，领会设计意图，掌握节点处理方法和技术要求，并应作好防水工程施工方案，向操作人员进行技术交底。

5.1.1.2 应按施工人员配足施工机具，配备消防设备，做好劳动安全设施。

5.1.1.3 进场的卷材及胶粘剂必须查验出厂证明文件，并按 2.0.5 条的要求进行现场抽检复验，合格后方可使用。

5.1.1.4 穿过防水层的管道、预埋件、水落口的埋设及安装，设备基础及支座应在卷材铺贴前完成，避免在卷材铺贴后再在其上凿孔打洞。

5.1.1.5 屋面卷材铺贴应待高跨建筑或屋面上设备间、构筑物的结构及装饰完成拆除脚手架以后，方可进行。

5.1.2 铺贴卷材的基层应符合下列要求：

5.1.2.1 预制装配结构的屋面板缝内石屑残渣应剔除干净，并浇水湿润，然后用细石混凝土嵌填密实。

5.1.2.2 找平层坡度应符合设计要求，平整度用 2 m 直尺检查，面层与直尺间最大空隙不应超过 5 mm，空隙允许平缓变化，每米长度内不应多于一处。水泥砂浆找平层收水后应进行二次压光，并充分养护。表面不得酥松、起皮、起砂、脱壳。

5.1.2.3 屋面找平层分格缝位置应符合设计要求，对缝边不整齐、缺棱掉角处应进行修整。分格缝可采取嵌木条预留，也可用混凝土锯锯缝。

5.1.2.4　平面与立面基层连接处、基层转角处均应作成半径为20 mm 圆弧。

5.1.2.5　铺贴卷材的基层必须进行清理清扫，干净后方可铺贴卷材，除空铺法、压埋法和排汽屋面外，基层必须干燥。干燥程度的简易检验可将 1 m^2 卷材平坦地干铺在找平层上，静置 3～4 h 后掀开检查，找平层覆盖部位与卷材上未见水印即可铺设卷材。

5.1.2.6　如遇找平层开裂，当裂缝宽度小于 0.5 mm 时，应用密封材料涂刷；大于 0.5 mm 时，应沿缝凿开，嵌填密封材料。

5.1.3　屋面保温层施工应遵守《屋面工程技术规范》第 8 章的规定。

保温层铺设后，当含水率超过设计规定且干燥有困难时，应采用排汽屋面。

5.1.4　卷材施工时气候条件应符合下列要求：

5.1.4.1　卷材在雨天、雪天严禁施工；霜雾天须待霜雾退去，找平层干燥后施工。

5.1.4.2　五级风及其以上时不得铺贴卷材。

5.1.4.3　卷材铺贴时遇雨、雪应停止施工，并及时将已铺贴的卷材周边用胶粘剂封口。

5.1.4.4　冬期室外气温低于 0℃时不宜铺贴卷材。夏季夜间施工，后半夜遇露水不得铺贴卷材。

5.1.5　卷材铺贴顺序应遵守下列规定：

5.1.5.1　铺贴卷材前，应先对节点部位进行密封处理和附加增强处理。

5.1.5.2　铺贴卷材应从防水层最低标高处开始向上施工。

5.1.5.3　铺贴高低跨屋面的卷材，应先铺高跨屋面，后铺低跨屋面；在同一层面上铺贴卷材时，应先铺离上料点较远部位，后铺较近的部位。

5.1.6　卷材铺贴的方向应遵守下列规定：

5.1.6.1　基层坡度小于 25%时，卷材宜垂直流水方向铺贴；基层坡度大于 25%或有振动的建筑，卷材宜平行流水方向铺贴，但上下层卷材不得相互垂直铺贴。

5.1.6.2　屋面天沟、檐沟卷材宜顺天沟纵向铺贴，从水落口向分水线铺贴，短边搭接应顺流水方向。

5.1.6.3　地下工程卷材铺贴方向，底面宜平行于长边铺贴，立墙应垂直底面方向铺贴。

5.1.7　卷材铺贴应采用压接法搭接，铺贴方向垂直流水方向时，应顺流水方向搭接，平行流水方向时，应顺主导风向搭接。

5.1.8　卷材搭接宽度：短边搭接宽度不应小于 80 mm，长边搭接宽度不应小于 100 mm。短边搭接相邻两幅卷材搭接缝应相互错开 300 mm 以上。多层卷材铺贴时，上下层搭接缝应错开 1/3 幅宽。

5.1.9　卷材防水层的成品保护应遵守下列规定：

5.1.9.1　在防水层上做刚性保护层或铺设架空隔热板时，应设置施工道，避免直接在防水层上行车或操作。

5.1.9.2　地下工程平面卷材防水层上浇注混凝土时，应待防水层上的保护层达到能上人操作后，方可绑扎钢筋和浇筑底板混凝土。

5.2　节点处理

5.2.1　附加层施工时应遵守下列规定：

5.2.1.1　卷材附加层铺贴时，应在附加部位弹线，裁剪卷材，试铺合适。满粘时，应在基层上均匀涂刷胶粘剂，平坦地铺贴卷材，从幅中向两边排出空气，辊压严实。当空铺时，可采用单边粘贴或点粘，使卷材定位。卷材应平直、不扭曲、不皱折。

5.2.1.2　涂膜附加层应在干净、干燥基层上涂布至少二遍以上涂料，涂层厚度不应少于 2 mm。涂布时不得露底、堆积，应均匀一致，待第一遍涂膜干燥后再涂布第二遍涂料，未结膜严禁上人或继续施工。

5.2.1.3 加筋涂膜附加层至少应分三遍涂布。第一遍涂膜干燥后，涂布第二遍涂料时将加筋布展平铺实，干燥后再涂布一遍涂料。

5.2.1.4 防水层的阴阳角，采用金属增强处理时，位置应准确，并用胶粘剂满粘。

5.2.2 节点密封处理应遵守下列规定：

5.2.2.1 节点密封的基层或缝槽必须干净、干燥，表面不得有酥松、蜂窝、麻面、积灰或污垢。

5.2.2.2 分格缝凹槽嵌填密封材料应先涂刷基层处理剂，底部放置背衬材料，嵌填的密封材料应与缝侧粘牢，表面应平整，不得有空隙气泡。

5.2.2.3 卷材收头固定后的密封，应连续、完全覆盖卷材端头，不得有空隙气泡。

5.2.3 卷材收头固定应遵守下列规定：

5.2.3.1 卷材收头处设置凹槽时，应将卷材裁剪平直整齐，压入凹槽中，卷材端头用密封材料封口，再抹聚合物砂浆压埋。

5.2.3.2 卷材收头直接钉压在混凝土墙上时，应将卷材裁剪平直，用金属压条距卷材末端 5～10 mm 处用射钉枪依次钉压压紧，钉距 500 mm，卷材端头用密封材料封严。

5.2.3.3 卷材收头直接铺至女儿墙顶部出檐下时，卷材与压顶留空距离不应大于 10 mm，端头用密封材料封严。

5.2.4 天沟、檐沟卷材铺贴应遵守下列规定：

5.2.4.1 天沟、檐沟铺贴卷材时，长边搭接宜留设在沟侧，当留在沟底时，则应在接缝上加贴宽 200 mm 的卷材条。

5.2.4.2 天沟、檐沟卷材应采用满粘法。

5.2.4.3 大挑檐檐沟和反梁及反梁过水孔均应作防水处理，铺贴的卷材应裁剪整齐，搭接宽度不应小于 100 mm。

5.3 屋面卷材的铺贴

5.3.1 铺贴卷材前应在基层上弹出基准线或在已铺好卷材边量取规定的搭接宽度弹出标线，然后展开卷材按铺贴位置裁剪并试铺，合适后重新成卷待铺。

5.3.2 涂刷胶粘剂前应将基层表面清扫干净。涂刷可采取滚刷法、涂刷法，每平方米用胶量为 0.25～0.35 kg，应均匀一致，不露底、不堆积。采用点粘法、条粘法时，应在需要粘结的部位涂刷胶粘剂。

5.3.3 屋面卷材应先铺贴平面，后铺贴泛水立面，平面铺贴时应预留出铺贴泛水立面的卷材。大面卷材铺贴时不得拉紧卷材，应成自然松弛状，对准弹好的基线，推铺后，立即用压辊或橡皮刮板从中间向卷材幅两边排出空气，使之粘贴严实。

5.3.4 待大面卷材铺贴后，再进行立面卷材的铺贴，铺贴立面卷材应采用满粘法。短边卷材铺贴，可每幅卷材分别进行粘贴；长边卷材铺贴，应同时粘贴。铺贴立面卷材应从下而上排出卷材下的空气，辊压粘实。

5.3.5 卷材搭接缝的粘贴应先将接缝两面擦拭干净，并用汽油擦洗，待汽油挥发后即可在搭缝卷材上下面用小刷涂刷接缝胶粘剂，涂胶应均匀，不露底，不堆积，随后粘合滚压，排出空气，压紧粘牢，并将缝边溢出的胶粘剂沿缝刮抹在缝口。

5.3.6 搭接缝粘贴 12 h 后，经检查合格，在搭接缝上用接缝胶粘剂或密封材料封缝，封缝宽度不应小于 10 mm。

5.4 地下工程卷材的铺贴

5.4.1 地下防水工程施工，应先降低地下水位距防水层 300 mm 以下，才能铺贴卷材，并保持水位至保护层、回填土完成。

采取外防内贴法，应先砌保护墙，并待砂浆找平层干燥后，方可铺贴卷材。

5.4.2 立面卷材应采用满粘法铺贴。卷材应按铺贴高度先行裁剪。外防、外贴法由平面伸出的卷材不应小于 500 mm，并应采取临时保护措施避免扯断拉裂。继续施工时，应先补好损坏处，将接缝粘贴面清理干净，并用汽油擦洗。

5.4.3 立面卷材铺贴时，交角处不得留设搭接缝。

5.4.4 防水卷材铺贴方法应符合本规程第 5.3 节的规定。

5.5 保护层施工

5.5.1 防水层检查合格后方可进行保护层施工。

5.5.2 涂料保护层施工时，卷材表面必须干净、干燥，涂刷应均匀一致，不露底。

5.5.3 水泥砂浆、块材或细石混凝土刚性保护层与卷材之间铺设的隔离层应满铺平整。刚性保护层施工时不得直接在隔离层上行车。留设的分格缝距离不宜超过 6 m。水泥砂浆保护层尚应留置表面分格缝，分格面积为 1 m^2。

5.5.4 当采用外防外贴法施工时，防水层完成后应先作保护层，方可分层夯实回填土。采用泡沫塑料板保护层可以点粘于防水层。采用砖墙保护层，在砌筑时砖不得直接顶压防水层，应预留 20 mm 以上空隙，边砌砖边填石灰砂浆、细砂或干土。

6 工程验收及维护

6.1 质 量 要 求

6.1.1 卷材防水层不得有渗漏和积水现象。

6.1.2 排水坡度、泛水高度、节点密封、附加层的铺设应符合设计规定。

6.1.3 卷材铺贴的方法应正确，搭接顺序应符合规定，搭接宽度准确，接缝严密，不得有皱折、鼓泡、翘边现象，收头固定牢固，密封严密。

6.1.4 涂料保护层应覆盖均匀，不露底，粘结牢固。刚性保护层不得松动，分格缝留置应准确，隔离层应完整。

6.2 检 查 验 收

6.2.1 卷材防水层施工过程应有施工小组自检、交接检、中间检查和验收检查环节。完工验收检查应以上述检查为基础，并查验原始资料和施工记录。

6.2.2 与防水层相关的工程，由其它队伍施工时，应有交接检，包括找平层、保温层、隔汽层等分项。防水层上做保温层或刚性保护层时，防水层应经检查验收合格后方可进行下道工序施工。

6.2.3 屋面渗漏和积水、排水系统的检验，可在雨后或持续淋水 2 h 以后进行。有可能作蓄水检验的屋面宜作蓄水检验，其蓄水时间不宜小于 24 h。

6.2.4 屋面的节点处理、接缝、保护层等应进行外观检验。

6.2.5 防水工程竣工后应将施工方案、材料检验记录及证明文件、施工记录、验评报告等作为交工资料统一存档。

6.3 保养与维护

6.3.1 工程竣工验收后，应由使用单位指派专人负责屋面管理。严禁在防水层和保温隔热层上凿孔打洞、重物冲击；不得任意在屋面上堆放杂物及增设构筑物，并应经常检查节点的变形情况。

6.3.2 在需要增加设施的屋面上，应做好相应的防水处理。

6.3.3 严防水落口、天沟、檐口堵塞，保持屋面排水系统畅通。

6.3.4 管理人员应在每年雨季、冬季前进行检查并清扫，发现问题应及时维修，并作出维修保养记录。

附录A 本规程用词说明

A.0.1 为便于在执行本规程条文时区别对待，对要求严格程度不同的用词说明如下：

(1)表示很严格，非这样做不可的：

正面词采用“必须”；

反面词采用“严禁”。

(2)表示严格，在正常情况均应这样做的：

正面词采用“应”；

反面词采用“不应”或“不得”。

(3)表示允许稍有选择，在条件许可时首先应这样做的：

正面词采用“宜”或“可”；

反面词采用“不宜”。

A.0.2 条文中指定应按其它有关标准、规范执行时，写法为“应符合……的规定”或“应按……执行”。

附加说明

本规程主编单位、参加单位和主要起草人名单

主 编 单 位:浙江工业大学

参 加 单 位:绍兴市建筑设计院

绍兴市橡胶厂

常熟玻璃钢厂

黑龙江龙光建筑材料有限公司

主要起草人:项桦太　杨　杨　许四法　王修本

徐一鸣　黄旭初　沈国富　刘凤兰

王英伟　李家豪　徐国忠　吕铁峰

中国工程建设标准化协会标准

增强氯化聚乙烯橡胶卷材防水工程技术规程

CECS 63：94

条 文 说 明

目　次

1 总　则

1.0.1 增强氯化聚乙烯橡胶防水卷材及配套胶粘剂由航空部621所、航空部第四设计院、绍兴市橡胶厂于1982年研制成功，通过试点工程应用总结，于1985年4月通过部级鉴定。现已有绍兴市橡胶厂、常熟玻璃钢厂、黑龙江龙光建筑材料有限公司等6家生产厂家。年生产能力达600万m^2，迄今在全国建筑屋面及地下防水工程上应用面积达800多万m^2。为了进一步提高卷材质量，完善设计和施工技术，有必要制订增强氯化聚乙烯橡胶卷材防水工程技术规程，统一标准，以确保使用该卷材的防水工程质量。

1.0.2 根据国家建工和建材部门的权威调查，影响防水工程质量、造成建筑渗漏的原因主要有四个方面，即材料、设计、施工和管理维护。本规程编制组对增强氯化聚乙烯橡胶卷材防水工程的全国重点调查也同样如此。因此防水工程是一项系统工程，其质量的提高应贯彻综合治理的原则，这一观念已成为学术界和工程界的共识，编制组贯彻以“材料为基础、设计为前提、施工是关键，管理维护要加强”的原则，从这四个方面入手编制技术规程。

1.0.3 依照《屋面工程技术规范》体例，体现综合治理原则。本规程将材料、设计、施工单独成章，又统一在一本规程中，使设计、施工一体化，共同遵守一本规程，减少设计和施工脱节的矛盾。

2 材 料

2.0.1～2.0.3 根据防水工程对防水材料的要求，参考《屋面工程技术规范》和《氯化聚乙烯防水卷材》，给出了增强氯化聚乙烯橡胶防水卷材的外观质量、规格尺寸和物理力学性能的要求。

由于目前我国增强氯化聚乙烯橡胶防水卷材生产厂家现有设备的情况，卷材的宽度规格给出了 900、1000 mm 两种。

条文中的物理力学性能要求是满足工程应用必须具备的几项指标，而不是材料的全部技术指标，参考《屋面工程技术规范》以拉伸强度、断裂伸长率、低温弯折性、抗渗透性和热老化保持率作为主要控制指标，只要这些指标达到要求，就可以满足工程应用的需要。

2.0.4 胶粘剂的粘结剥离强度是保证卷材与基层、卷材与卷材粘结的关键，同时，胶粘剂浸水后粘结剥离强度保持率是防水可靠性、耐久性的保证。因此依据《屋面工程技术规范》提出了胶粘剂的基本质量要求。

2.0.5 卷材抽验数量及进场材料质量的评定规定是依据《屋面工程技术规范》的有关规定，结合现场使用要求制定的。对卷材和胶粘剂的检验项目，主要是考虑既能保证工程对材料质量的要求，又为一般检验单位力所能及，便于实施。

2.0.6 由于卷材的牌号、规格不同，性能各异，因此要求按不同牌号、规格分别堆放，不得混杂，避免在使用时误用造成质量事故。同时贮存时应避免雨淋和受潮，以免施工后影响粘结和出现起鼓现象，还应避免与有害物质直接接触，防止卷材被侵蚀，影响性能。

2.0.7 增强氯化聚乙烯橡胶防水卷材使用的基层胶粘剂、接缝胶粘剂都为溶剂型，应密封包装，以免溶剂挥发和胶粘剂外漏，同时应严禁接近火源、热源，以避免影响胶粘剂性能及引起火灾，同时还应分别存放，以防混杂。

3 设计要点

3.0.1 增强氯化聚乙烯橡胶卷材属合成高分子防水卷材，按《屋面工程技术规范》，适用于Ⅰ～Ⅲ级屋面防水等级，这里作了具体规定。对屋面防水等级为Ⅰ～Ⅱ级，采用卷材和其它材料防水层构成多道设防，以便材性互补，复合使用。条文还提出刚性防水层宜放在卷材防水层上面，涂膜防水层宜放在卷材防水层下面，目的为了发挥两种防水层各自的优势，提高屋面工程的整体防水功能。

3.0.3 根据建设部(1991)370号文《关于治理屋面渗漏的若干规定》中"房屋建筑工程屋面防水设计，必须要有防水设计经验的人员承担，设计时要结合工程的特点，对屋面防水构造进行认真处理"作出本条规定。

3.0.4 结构基层刚度大小，对屋面变形大小起主要作用，为了减少防水层受屋面结构变形的影响，必须提高屋面结构刚度。所以，屋面结构最好是整体现浇。但是目前也有不少采用预制装配式混凝土板，故应加强灌缝，使之具有一定程度的整体性。且由于灌缝质量直接影响刚度，条文中提出了具体要求。

找平层的质量直接影响到防水层质量。根据调查报告，有的水泥砂浆中掺入陶土，造成强度不足，不少工程分格缝留得不足，造成卷材拉裂，局部起鼓，如广州白云机场候机楼较为典型。

3.0.5 对于北纬40°以北冬季取暖地区和室内空气湿度大于75%时会发生结露，潮汽会通过屋面板渗到保温层中，影响保温效果，并易使卷材起鼓。故作此规定。隔汽层不仅要防水而且能隔汽，增强氯化聚乙烯橡胶卷材属气密性好的材料，可作为隔汽层材料。

3.0.6 随着新型憎水性保温材料的增多，目前倒置屋面有所推广，将保温层设在防水层上面，对延缓、保护防水层起到了良好的作用。特予规定。

3.0.7 卷材上设置刚性防水层，卷材与刚性防水层之间设置隔离层，主要防止粘结，避免由于刚性防水层变形而拉裂卷材。

3.0.8 根据《屋面工程技术规范》的规定，结合本规程编制组的调查，适当提高和明确了排水坡度。大跨度屋面如不采用结构找坡，势必增大荷载，增大投资，对控制变形也不利，故明确规定要结构找坡。

3.0.9 根据《屋面工程技术规范》的规定，结合本规程编制组的调查，明确规定了水落管内径尺寸及汇水面积控制。

3.0.10 架空隔热屋面是南方地区为解决炎热夏季室内温度过高问题而设置的一种屋面形式。在卷材上作架空隔热板，主要是与卷材接触的支座处保护问题，条文提出宜设置附加层。

3.0.11 根据《屋面工程技术规范》和本规程编制组的调查，空铺、点粘、条粘法近几年发展较快。这些工艺使防水层与基层尽量脱开，防水层有足够长度参加应变，避免防水层被拉裂而失去效用。条文提出优先采用的情况和部位，同时规定了必须满粘的情况和部位。

3.0.12 节点是屋面变形集中和首先反映变形的部位，也是当前屋面防水工程渗漏最严重的部位。从设防角度考虑，应采取增强措施，进行多道设防。从材料上、构造上、布置上、密闭上采用综合性措施，以适应基层变形的需要，消除渗漏，保证防水可靠性。

3.0.13 屋面防水局部渗漏比较严重，大部分为节点渗漏。从调查情况看，有的没有采用柔性设防，有的缺乏能满足变形的措施，有的施工保护不足，有的施工方法不当，本条文对节点部位提出设置附加层。从附加层使用效果看，采用满粘一层卷材或防水涂膜都是有效的，对于容易引起变形集中的部位和节点采用空铺附加层，实践证明是可行的，条文对此作了具体规定。

目前屋面上附设设施增多，且大多搁置在防水层上，因此应设置附加增强层，以保证防水层免受损坏。

3.0.14 高跨屋面采用无组织排水时，低跨屋面将受水冲刷，故需加强保护。

高低跨变形缝是容易发生渗漏的部位，从防水角度既要保证其较大的变形，又要不产生渗漏，因此提出卷材要具有适应变形能力的构造作法。

3.0.15 目前多数保温层、找平层含水量过高，往往由于湿作业和淋雨，难以干燥，但防水卷材又需施工，因此条文作此规定。工程调查也表明，有的工程没有等保温层干燥后就施工，分格缝也都满粘，结果屋面竣工不久，找平层拱起，大面积开裂，卷材也被拉裂，造成大面积渗漏。

3.0.16 卷材屋面宜做保护层，主要是因为卷材直接外露，由于日晒、雨淋或冲刷、风吹、霜冻，人们的踩踏和活动而受影响，条文提出宜做保护层，并介绍保护层的常用作法。刚性面层与卷材防水层之间应作隔离层，目的为了让面层与防水层脱开，避免面层因温差变形开裂或收缩，使防水层拉伸挤压而破坏。

3.0.17 目前屋面的使用功能正逐步扩大，除遮阳、蔽雨、隔热防寒等原有功能外，现正逐步利用作为活动场所，又鉴于有些屋面曾用水泥砂浆作面层，耐久性差。因此条文规定了上人屋面要根据使用要求进行设计。

3.0.18 倒置式屋面对保证屋面质量和使用年限是有利的，卷材防水层上的保温层一般采用干铺和粘贴，对上人屋面应采用粘贴，对增强氯化聚乙烯卷材宜优先用其胶粘剂粘贴。保温层上还应做保护层。

3.0.19 屋面上设施直接与结构层相连，防水层应包裹基座，否则会发生渗漏。屋面上设施放置在防水层时，应设附加增强层，以防止防水层破损。对于设施重，与防水层接触面小的应设细石混凝土衬垫。

3.0.20 卷材地下防水工程，根据国内外已有的设防作法，采用外防外贴或外防内贴方案。目前国内的地下防水工程也出现过不少渗漏情况，而事后加固补强比较复杂和困难，又鉴于国家对工程防水设防标准的要求，随着经济建设的发展而逐步提高，因此条文提出了结合具体情况和要求选择适应的防水方案。

3.0.21 目前国家尚未制定出卷材地下防水工程设防标准。条文参考《屋面工程技术规范》的屋面设防标准，结合地下工程的特点提出了设防要求。

3.0.22 地下工程采用卷材外防水时，从施工保护或室外回填土均需要对卷材进行保护，条文对此作出规定，这也是常规要求和作法。

3.0.23 地下工程节点也是地下防水工程最易渗漏部位，而地下工程大多处于潮湿状态或水位变化部位，或地下水位以下，应按照增强设防的原则，设置附加增强层。地下工程的阴角、阳角，根据过去的工程经验，涂膜或金属附加增强层效果较好。

4 细部构造

4.0.1 根据《屋面工程技术规范》的历次调查和本规程的调查报告，由于天沟、檐沟施工面窄、弯折多，与屋面交接处断面变化大，容易产生变形，又是排水集中部位，调查发现有的不做柔性防水，只用水泥砂浆抹面，开裂后即渗漏，有的卷材在沟壁顶部不采取固定措施而翘边脱落渗漏，有的屋面交接处起鼓或开裂，所以应采用柔性防水并设附加层，与屋面交接处设置空铺附加层，以及控制天沟、檐沟的侧高比等措施。

4.0.2 条文系保证无组织排水檐口的卷材粘贴和收头密封，以防止风吹翘起，雨水浸入，导致渗漏。对于预制板，该处又是变形较大的部位，所以需采取空铺措施。

4.0.3 根据调查，水落口是渗漏比较严重的部位之一，主要原因是做法不规范，用卷材剪口粘贴，剪口多，卷材较硬难于粘贴，个别甚至剪口后不加粘贴，既不做附加层，又不做密封处理，结果造成渗漏。故规定应有附加层，卷材按水落口径开成圆洞铺贴并用密封材料封口，水落口埋设应考虑附加层、密封层等厚度，以防倒坡积水而渗漏。

4.0.4 根据调查，有的等高变形缝只盖白铁皮，时间一长，钉子松动或锈蚀而被风吹掉，有的在等高变形缝上平铺卷材，后因结构变形而使卷材拉裂造成渗漏，个别的情况甚至先在变形缝上盖一块平板，再在上面铺贴卷材的作法。但是在调查中也发现有的工程先在缝上做一层凹形卷材，再加一层凸形卷材，上面再盖卡口盖板，效果比较好，故条文作此相应规定。

4.0.5 调查中发现，泛水节点渗漏现象主要是由于山墙只作水泥砂浆抹面或卷材收头封口不牢，收头处不钉压，或砖砌女儿墙不做混凝土压顶，仅用水泥砂浆抹面等因素造成的，而且发现即使做了混凝土压顶，由于未留置分格缝，每 10 m 左右就会产生裂缝，进而发生渗漏，故条文对泛水收头和压顶作出有关要求。

4.0.6 屋面的垂直出入口和水平出入口，也是进行防水设防的重要节点，目前有多种不同的作法，条文仅提出一些原则要求。

4.0.7 据调查，由于反梁过水孔过小、标高不准，造成渗漏已是常见的节点症害，而且过水孔过小又无法进行孔内防水处理。因此条文对孔口高宽尺寸以及孔底标高进行了明确规定，并提出过水孔的防水处理要求。同时调查发现埋管作法也因管径小、标高不准以及管理不善而造成管孔堵塞，长年积水。故条文对管径作了最小限制，并要求对埋管两端周围留槽密封。

4.0.8 过去伸出屋面管道处也时有渗漏发生。条文根据增强设防、柔性密封的原则，作出了对管道周围找平层形成 30 mm 高的圆锥台、交接处予以密封、再设置附加层、卷材收头处用金属箍紧固、密封材料封严的规定。

4.0.9 穿过地下结构的管道，习惯作法是预埋套管，加焊止水环或采用遇水膨胀橡胶环，其节点防水处理也是根据增强设防和柔性密封的原则，条文提出了相应要求。

4.0.10 地下工程的变形缝是地下结构最易渗漏的部位，既要适应变形，更要增强设防和柔性密封。条文提出首先设置止水带与结构层固定密封，其次增设两层附加层的要求来体现多道设防的原则。

4.0.11 本条文对地下工程的排水沟、集水坑的增强设防作出了规定。

4.0.12 地下工程的阴阳角，是多面交接、构造复杂、施工条件困难的部位，防水施工质量至关重要。条文规定了设置涂膜或金属附加增强层，以避免阴阳角发生渗漏。又由于多面交接，卷材搭接必须避开交接处。

5 卷材施工

5.1 一般规定

5.1.1 施工准备工作，包括技术准备和物资准备，充分的准备工作是保证施工正常、顺利进行的必要条件，是确保工程质量的重要手段。

建设部(1991)837号文《关于提高防水工程质量的若干规定》中第五条规定，“防水工程施工前，施工单位要组织图纸会审，通过会审，掌握施工图中的细部构造及有关要求”。这个规定有两层意义：一是通过图纸会审，使设计更完善，更切合施工实际，解决图纸中的差错；二是使施工单位掌握工程设计要求，制订相应措施，确保质量。

施工单位编制防水工程施工方案，是确保施工正确进行和保证工程质量的关键，如今一些专业防水施工队伍都专门编制了施工方案，取得了很好效果。如北京市住宅建筑集团总公司承建恩济里小区的防水工程施工，编制了方案，使渗漏率大大降低。

防水工程施工，实际上是对防水材料的一次再加工，向操作人员进行技术交底，通过技工的操作技术和对防水工程的了解，是保证防水工程质量的一个重要环节。

施工机具、消防设备、劳保设施是物资准备的重要内容，机具不完善，往往使施工不能顺利进行，不能确保质量。消防、劳保设施不事先准备，很容易发生事故，造成重大损失。

建设部(1991)370号文件《关于治理屋面渗漏的若干规定》中第三条“对进入施工现场的屋面防水材料，不仅要有出厂合格证，还必须要有进场试验报告，确保其符合标准和设计要求，否则施工单位不得使用。”据此作出本条规定。

穿过防水层管道、预埋件、水落口等是防水工程的重要节点，处理不当，很容易发生渗漏，所以要求事先埋好，再进行防水层施工。否则，防水层施工后再凿开，势必破坏其整体性，不能保证防水层的完整。

屋面防水层施工应是屋面工程最后一道工序，防水层完成后不允许其它工序再行施工，否则会损伤防水层，造成渗漏。因此，有高跨的建筑或屋面上有设施的建筑，应待这些工程的结构、装修完成，脚手架拆除后再进行屋面卷材防水层的施工。

5.1.2 基层是防水层直接依附的层次，质量好坏将会直接影响到卷材防水层的质量，故制订条文，以保证其质量。

为了提高屋面整体刚度，减少防水层受结构变形的影响，屋面结构层最好是整体现浇层，但由于种种原因，许多建筑采用预制装配板，为提高屋面整体刚度，根据《屋面工程技术规范》规定作此相应规定。

为了保证屋面排水流畅，不发生积水和保证卷材铺贴平整及均匀地涂刷胶粘剂，对找平层的平整度提出具体的质量标准，数据是根据《屋面工程技术规范》所规定的限值。另外，为了保证卷材与基层有良好的粘结及卷材防水层在人们行走时不致变形穿刺而要求找平层有一定强度和表面硬度。

根据调查表明，目前对找平层施工很马虎，很多工程未作分格缝，有的分格缝质量很差，因此规定分格缝位置并按设计要求准确留设。采取分格缝嵌木条预留或锯缝的方式，以保证分格缝的质量。

过去转角的圆弧都是根据沥青油毡要求规定的，圆弧半径较大，而增强氯化聚乙烯卷材质地柔软，且较薄，转角圆弧半径可以小，而且小圆弧对卷材在该处收缩受拉伸时有好处，同时也便于施工。

铺贴卷材的基层必须干净、干燥，否则卷材与基层就不可能很好粘结。基层不干燥，蒸发的水蒸气体积膨胀，会使卷材起鼓，这已是常识，但对基层含水率和限值至今不能给出具体数据，因此可铺贴卷材的基层含水率是与当地湿度相平衡的含水率，含水率的量值因地而异，而目前也无可靠测定仪器，因此将根据日本资料和《屋面工程技术规范》提出的简易检验含水率的方法写入规程，这是实用可行的办法。

良好质量的找平层是防水层的一个辅助层次，为了避免因找平层裂缝过大而拉裂防水层，应对找平层的裂缝作事先处理，避免因找平层拉裂卷材而发生渗漏。

5.1.3 保温层的施工，在《屋面工程技术规范》中已有专门章节条款作了详细规定，本规程只是要求按规范规定进行。

5.1.4 卷材施工多数为露天作业，受天气影响极大，故对施工时天气要求作出规定。

雨、雪天基层不会干燥，卷材无法粘贴，且会发生卷材防水层起鼓，霜、雾天亦如此，必须待霜雾退去，找平层干燥后方可施工。

刮大风时（含五级风），一则易扯裂卷材，影响质量，造成施工困难；二则高跨和脚手架上灰尘、砂粒刮到基层上使卷材不能铺贴，砂粒还易戳破已铺好的卷材，造成渗漏。

施工中途下雨，刚铺好卷材的周边应先密封，以防止雨水冲刷渗入卷材下，造成粘结不良起鼓。

气温低于0℃时，施工困难，操作不便，所以不宜施工。在炎热的夏天，人们往往安排在夜间施工，夏天夜间后半夜会发生露水凝结在找平层和卷材表面，所以不得铺贴卷材。

5.1.5 卷材铺贴正确的顺序是保证防水工程质量的重要环节，故作此条文规定。

节点密封处理和附加层一般应做在大面卷材下部，故应先做，另外，它的工作零散，处理时又费事，应事先全部做好，以利大面卷材的铺贴，既提高工效，又保证了质量。

从最低处标高开始向上施工是使卷材顺流水方向搭接，避免出现呛水现象。

先铺高跨屋面是避免低跨铺贴时，高跨屋面上灰尘、砂粒刮到低跨屋面，造成施工困难，先铺上料点较远部位、后铺较近部位是避免已铺贴卷材屋面受踩踏。

5.1.6 卷材铺贴方向，是卷材施工中的基本内容，所以作此规定。

增强氯化聚乙烯卷材和胶粘剂耐温性好，涂层薄，不存在流淌问题，所以在屋面坡度小于25%时，都可以垂直流水方向（即平行屋脊方向）铺贴，这样便于施工，能提高施工效率和质量。大于25%的屋面，坡度大，尤其在有震动的建筑屋面，为防万一，宜平行流水方向（垂直脊方向）铺贴。当采用满粘法时也可以垂直流水方向铺贴，由于粘结可靠，工程实践证明也是可行的。

上下两层卷材不允许相互垂直铺贴，是因为搭接处重叠多，屋面不容易平整，接缝处重叠，容易发生渗漏。

天沟、檐沟卷材要求纵向铺贴，是为了减少在天沟中过多地出现搭接缝，避免接缝受水浸泡而开缝。搭接顺流水方向，是为了避免接缝呛水，可减少接缝受水冲刷而引起的损害。

地下工程铺贴方向，主要是便于施工，便于粘贴，保证施工质量。

5.1.7 卷材搭接缝的方法很多，有搭接法、平接法、贴缝法，而搭接法最常用，实践证明比较可靠，故作此规定。搭接方向顺流水方向和主导风向是避免呛水。

5.1.8 卷材搭接缝是卷材防水的薄弱环节，搭接宽度关系到胶粘剂的性能和可靠性。该条按《屋面工程技术规范》的要求作出规定。

5.1.9 防水层的成品保护很重要。在实地调查中常常发现许多施工质量优良的工程，在防水层上作保护层或架空隔热层时，由于未采取任何保护措施而损坏防水层，造成渗漏或全部返修现象。

卷材防水层上做刚性保护层或铺设架空隔热板，避免对卷材防水层的踩踏或直接行车，故应设置行车道和人行道，一般搭高架板以便于运输和行走。

地下防水层完成后，浇注基础承台混凝土，一般基础中配置的钢筋较粗，混凝土较厚，施工时极易损坏防水层，故必须在完成的卷材防水层上做一层砂浆保护层或细石混凝土保护层，避免直接在防水层上绑扎钢筋或浇筑混凝土。同时还应注意待保护层达到能上人操作后才能继续施工，避免损坏保护层，继续施工时损坏防水层。

5.2 节点处理

5.2.1 附加层是提高防水工程质量的有效方法，故作此规定。

为了准确铺设卷材附加层，要事先在铺贴的位置弹线或划线，将卷材裁剪后试铺，才能起到准确的附加层作用。

本条规定了涂膜附加层的施工要求和方法，因为与合成高分子卷材配套的涂料，也应是合成高分子涂料或高聚物改性涂料，因此按照增强层次的要求规定涂层厚度不应小于 2 mm。

涂膜加筋附加层，在涂料施工中加铺增强胎体材料。

防水层交角处是防水层应力集中的部位，最容易产生开裂，在一些重要的地下工程中常常采用金属增强层，这里规定了施工要求，主要是位置应正确，粘贴牢固。

5.2.2 防水系统的接缝是漏水的主要通道，节点接缝密封是防水施工中的关键。密封处理质量的好坏，将直接影响防水工程的连续性和整体性，是一个很重要的环节。

如果接触密封材料的基层强度不够，或有蜂窝、麻面、起皮、起砂现象，就会降低密封材料与基层的粘结强度。如果基层表面不平整、不密实，填嵌的密封材料也不可能均匀，受拉伸时，受力不均匀，局部容易拉坏，失去防水能力。如果基层表面不干燥、不干净，也会降低密封材料与基层的粘结，尤其对于溶剂型和反应型的密封材料，基层必须干燥。

密封材料嵌缝，底部加背衬材料，目的是当密封材料受拉伸时，密封材料底面与背衬材料脱开，使密封材料两侧受力，加大拉伸范围。

卷材收头钉压时，有可能在局部产生卷材与基层不平服现象（张嘴），所以要求密封材料将卷材端头完全覆盖密封。

5.2.3 卷材收头固定是目前防水工程中的薄弱环节，传统的油毡端头固定方法落后，很不适应现代建筑和新型防水材料的要求，而且各地作法很不统一。根据《屋面工程技术规范》的要求和本材料配套胶粘剂的粘结特点及经过工程实地调查，本条文规定的作法是可行的。

针对砖墙泛水可以留置凹槽的情况，应采用将卷材端头裁齐压入凹槽用密封材料密封，再抹水泥砂浆的工序进行，避免卷材翘起张嘴或卷材收缩拉脱而影响防水效果。

针对混凝土墙泛水不能留凹槽的作法，5.2.3.2 款作出了规定。

当女儿墙泛水较低时，采用卷材直接铺至女儿墙压顶下的处理方法。

5.2.4 天沟、檐沟转角多，面积小，工作面狭小，铺贴卷材难度大，须特别认真施工，确保质量。

天沟、檐沟是受雨水冲刷和排水集中的部位，且容易积水，所以在沟底留置卷材搭接缝是极为不利的，一般应留在沟侧。如果沟底过宽，搭接缝必须留在沟底时，缝上应加盖 200 mm 卷材条，以增加接缝的可靠性。

天沟、檐沟常受雨水冲刷并易积水浸泡，所以必须采取满沾法工艺，以避免卷材被穿刺后雨水浸入卷材下部造成渗漏。

在近年来工程调查中发现，大挑檐檐沟的渗漏率很高，原因是过水孔过小，不做防水处理和过水孔标高不准，施工马虎造成的。

5.3 屋面卷材的铺贴

5.3.1 铺贴大面卷材，在基层上弹基准线，是保证卷材铺贴顺直平整、搭接缝宽度准确的重要手段，因此，铺贴卷材必须弹线。

5.3.2 根据工程实践经验，施工场所的尘土、砂粒、石屑，随施工人员的活动，常常被带到已清扫的基层上，一旦疏忽将卷材铺上，可能导致卷材与基层粘贴不牢，或被砂粒、石屑戳破，因此必须多次清扫。尤其在铺贴卷材涂刷胶粘剂前，还应作一次清扫，以确保质量。胶粘剂涂刷的厚度和均匀性也是卷材铺贴质量的关键，故作此规定。

5.3.3 本条主要规定大面卷材铺贴工艺要点，一是要求先铺平面，预留立面卷材尺寸，后铺泛水立面；二是要求平面铺贴时不得拉伸，因合成高分子卷材都存在后期收缩，尤其是未硫化型的卷材，因此，铺贴卷材时必须在自然松弛状态下铺贴；三是要求将铺贴后卷材下部的空气排净，便于粘贴牢固，如残留空气，当气温上升，体积膨胀时，会使卷材起鼓。

5.3.4 规定立面铺贴的卷材必须采用满粘法工艺，避免卷材因粘贴不牢在重力作用下下坠，拉裂卷材或将端头固定拉脱造成防水层破损。

5.3.5 搭接缝粘贴和密封是大面卷材铺贴的最后工序，也是卷材施工的关键工序，所以要求对铺贴的大面卷材进行一次全面检查后集中统一进行，以确保搭接缝的施工质量。搭接缝的操作工序和要点，首先是清理接合面，使之干净，并用汽油擦洗，以确保接缝粘合严密牢固。

5.3.6 为了保证搭接缝的严密，在接缝口涂刷密封材料前还应对搭接缝进行一次全面检查，然后再进行密封，接缝口密封是为了提高卷材的防水可靠性能。

5.4 地下工程卷材的铺贴

5.4.1 铺贴卷材需要干燥的环境和基层，因此必须降低地下水位。外防内贴法要求先砌好保护墙，底部和立墙同时铺贴卷材，否则，先铺贴于底面的卷材，在后砌保护墙时容易损伤。

5.4.2 立面卷材采取满粘法，是为了避免卷材自重下坠不能铺贴平整或粘贴不牢，因而必须根据卷材铺贴高度事先裁剪卷材，如边铺贴边裁剪，不但造成施工困难，而且影响卷材铺贴质量。同时事先裁剪还可以合理安排卷材搭接位置。外防外贴卷材时，事先预留的卷材搭接头，应待立墙施工后，再向面上粘贴卷材。因为在结构施工过程中极易损坏和污染预留的卷材搭接部分，所以，继续施工时，必须清理干净，损坏处应补好，以免影响质量。

5.4.3 地下工程交角处是防水薄弱环节，是结构应力集中部位，也是变形集中处，施工比较困难，故规定搭接缝不允许留在交角处。

5.4.4 防水卷材铺贴的方法与屋面基本相同，故应遵守本规程第5.3节的有关规定。

5.5 保护层施工

5.5.1 防水层完成后应对其作全面的、细致的检查，如有缺陷或不足，应立即进行修整，这也是施工质量的最后把关。检查合格后，方可进行保护层的施工。

5.5.2 涂料保护层是要求涂料牢固地粘贴于卷材表面不得脱落，所以要求卷材表面要干净、干燥，为了对卷材有良好的保护，要求涂料覆盖均匀一致。保护层的涂料材性应与卷材材性相容，否则不但粘结差，而且会造成腐蚀。

5.5.3 刚性防水层施工时，隔离层完整是很关键的，否则由于温差作用使刚性保护层伸缩变形致使卷材受拉伸而断裂。另外，在刚性保护层施工时不能直接在防水层上行车和直接用小车倾倒灰浆或混凝土，所以应铺设行车道或垫铺保护物。为避免刚性保护层任意开裂，应预先留置分格缝和表面分格缝，缝的间距是根据常规做法。

5.5.4 地下工程回填土时，由于土块、土中夹带块石、杂物等极易刺破防水层，造成防水层失效，所以在回填土前必须先做好防水层的保护层。

6 工程验收及维护

6.1 质量要求

6.1.1 防水层不得渗漏是防水工程的目的，是防水层的主要功能，这是基本的要求。

积水是屋面排水不畅的表现，积水不但增加渗漏的概率，更主要的是对卷材的损害，浸泡卷材和接缝胶粘剂，在长期干湿交替下加速卷材的老化，所以也是不允许的。

6.1.2 本条的几项要求是设计中的主要要求，施工应予保证。

6.1.3 本条规定的施工中保证质量的几个主要项目，是施工的关键，所以必须达到要求。

6.1.4 本条规定保护层的几项质量要求，达到这些要求才能起到保护层作用。

6.2 检查验收

6.2.1 本条规定了防水工程质量检验所必须执行的过程，这些都是我国多年来保证工程质量的成功经验。质量检验首先是"自检"，其它检验都以它为基础，"自检"是主动检查，其它检查都是被动的，只有高度质量意识的施工队伍才会有真正的"自检"检查。"中间检查"对防水工程相当重要，经验证明，一个分项、一道工序的失误可能会导致整个防水工程的失败，这种例子是很多的。

6.2.2 "交接检查"是保证工程质量和分清质量责任的一项重要方法，是我国多年实践、行之有效的方法，所以必须贯彻执行，使每一个工序或分项工程质量得到保证，这样，防水工程的质量保证才有基础。

6.2.3 本条对防水工程质量检验中主要项目的检验方法作出明确规定。屋面有否渗漏、积水和排水系统是否畅通，雨后检查最方便、简易，但在少雨地区或季节，完工后的屋面立即验收；规定了淋水和蓄水检验方法，平屋面提倡作蓄水检验，它对检验是否有渗漏比较准确，如坡度较大，水困难时可用淋水检验。

6.2.4 本条规定了屋面防水工程检验中一般项目应进行外观检验。

6.2.5 本条对竣工资料内容作了具体规定。这些资料都是对今后保养、维护和修理有很大作用的，是这些工作的依据，所以必须存档保存。

6.3 保养与维护

6.3.1 本条要求使用单位有专人负责屋面管理，并对管理内容作了一般性规定。目前许多屋面的渗漏，管理维护不善也是重要原因之一，只有将保养维护工作作好了，才能保持和延长屋面工程使用年限，保证使用年限内不出现渗漏现象。

6.3.2 近年来不少工程交付使用后，又在屋面上增设电视天线等设施，从而造成防水层损坏，导致屋面渗漏。所以本条文规定，如果增设设施，必须做好相应的防水处理。

6.3.3 排水系统不但交工时要畅通，在使用过程中仍应保持畅通、防止堵塞，以免造成屋面长期积水和大雨溢水，因此，作此规定。

6.3.4 为使管理、保养和维护经常化、制度化，规定了每年雨季、冬季要进行屋面检查和清扫。以便及时发现问题，及时进行维修，以延长防水层的使用寿命。维护、保养或修理后应记录其维修部位，所用材料、方法、时间等内容，以利今后维修时参考。